教育部高等学校电子信息类专业教学指导委员会规划教材
高等学校电子信息类专业系列教材·新形态教材

Arduino开源硬件概论

（第2版）

李永华 编著

清华大学出版社
北京

内 容 简 介

本书在"大众创业，万众创新"的时代背景下，结合当前高等院校创新实践课程，总结基于 Arduino 开源硬件的开发方法，并给出系统开发 Arduino 智能硬件产品的实际案例。主要内容包括：开源硬件的发展，常用的开发板及编程语言，Arduino 硬件设计，Arduino 入门程序设计，库文件的使用方法，外围设备、传感器和模块的原理、电路连接和实例程序。

本书讲解由浅入深，引导读者先思考后实践，将创新思维与实践相结合，以满足不同层次人员的需求；同时，本书提供实际项目的电路图、实验代码、视频讲解、授课课件、案例实战、习题答案等配套资源。

本书可作为各大院校信息与通信工程及相关专业的本科生教材，也可作为智能硬件爱好者的创新手册或从事物联网、创新开发和设计的专业技术人员的参考书，还可以为创客分析产品、设计生产、产品实现提供帮助。

图书在版编目(CIP)数据

Arduino 开源硬件概论/李永华编著. —2 版. —北京：清华大学出版社，2023.6
高等学校电子信息类专业系列教材·新形态教材
ISBN 978-7-302-61339-8

Ⅰ. ①A… Ⅱ. ①李… Ⅲ. ①单片微型计算机－程序设计－高等学校－教材 Ⅳ. ①TP368.1

中国版本图书馆 CIP 数据核字(2022)第 122371 号

策划编辑：盛东亮
责任编辑：钟志芳
封面设计：李召霞
责任校对：时翠兰
责任印制：朱雨萌

出版发行：清华大学出版社
网　　址：http://www.tup.com.cn，http://www.wqbook.com
地　　址：北京清华大学学研大厦 A 座　　**邮　　编：**100084
社 总 机：010-83470000　　**邮　　购：**010-62786544
投稿与读者服务：010-62776969，c-service@tup.tsinghua.edu.cn
质量反馈：010-62772015，zhiliang@tup.tsinghua.edu.cn
课件下载：http://www.tup.com.cn，010-83470236
印 装 者：三河市春园印刷有限公司
经　　销：全国新华书店
开　　本：185mm×260mm　　**印　　张：**19.75　　**字　　数：**481 千字
版　　次：2019 年 6 月第 1 版　2023 年 7 月第 2 版　　**印　　次：**2023 年 7 月第1次印刷
印　　数：1～1500
定　　价：59.00 元

产品编号：097161-01

高等学校电子信息类专业系列教材

序

FOREWORD

我国电子信息产业占工业总体比重已经超过10%。电子信息产业在工业经济中的支撑作用凸显，更加促进了信息化和工业化的高层次深度融合。随着移动互联网、云计算、物联网、大数据和石墨烯等新兴产业的爆发式增长，电子信息产业的发展呈现了新的特点，电子信息产业的人才培养面临着新的挑战。

(1) 随着控制、通信、人机交互和网络互联等新兴电子信息技术的不断发展，传统工业设备融合了大量最新的电子信息技术，它们一起构成了庞大而复杂的系统，派生出大量新兴的电子信息技术应用需求。这些“系统级”的应用需求，迫切要求具有系统级设计能力的电子信息技术人才。

(2) 电子信息系统设备的功能越来越复杂，系统的集成度越来越高。因此，要求未来的设计者应该具备更扎实的理论基础知识和更宽广的专业视野。未来电子信息系统的设计越来越要求软件和硬件的协同规划、协同设计和协同调试。

(3) 新兴电子信息技术的发展依赖于半导体产业的不断推动，半导体厂商为设计者提供了越来越丰富的生态资源，系统集成厂商的全方位配合又加速了这种生态资源的进一步完善。半导体厂商和系统集成厂商所建立的这种生态系统，为未来的设计者提供了更加便捷却又必须依赖的设计资源。

教育部2020年颁布了新版《高等学校本科专业目录》，将电子信息类专业进行了整合，为各高校建立系统化的人才培养体系，培养具有扎实理论基础和宽广专业技能的、兼顾“基础”和“系统”的高层次电子信息人才给出了指引。

传统的电子信息学科专业课程体系呈现“自底向上”的特点，这种课程体系偏重对底层元器件的分析与设计，较少涉及系统级的集成与设计。近年来，国内很多高校对电子信息类专业课程体系进行了大力度的改革，这些改革顺应时代潮流，从系统集成的角度，更加科学合理地构建了课程体系。

为了进一步提高普通高校电子信息类专业教育与教学质量，推动教育与教学高质量发展，教育部高等学校电子信息类专业教学指导委员会开展了“高等学校电子信息类专业课程体系”的立项研究工作，并启动了“高等学校电子信息类专业系列教材”(教育部高等学校电子信息类专业教学指导委员会规划教材)的建设工作。其目的是推进高等教育内涵式发展，提高教学水平，满足高等学校对电子信息类专业人才培养、教学改革与课程改革的需要。

本系列教材定位于高等学校电子信息类专业的专业课程，适用于电子信息类的电子信息工程、电子科学与技术、通信工程、微电子科学与工程、光电信息科学与工程、信息工程及其相近专业。经过编审委员会与众多高校多次沟通，初步拟定分批次建设约100门核心课程教材。本系列教材将力求在保证基础的前提下，突出技术的先进性和科学的前沿性，体现创新教学和工程实践教学；将重视系统集成思想在教学中的体现，鼓励推陈出新，采用“自顶向下”的方法编写教材；将注重反映优秀的教学改革成果，推广优秀的教学经验与理念。

为了保证本系列教材的科学性、系统性及编写质量，本系列教材设立顾问委员会及编审委员会。顾问委员会由教指委高级顾问、特约高级顾问和国家级教学名师担任，编审委员会由教育部高等学校电子信息类专业教学指导委员会委员和一线教学名师组成。同时，清华大学出版社为本系列教材配置优秀的编辑团队，力求高水准出版。本系列教材的建设，不仅有众多高校教师参与，也有大量知名的电子信息类企业支持。在此，谨向参与本系列教材策划、组织、编写与出版的广大教师、企业代表及出版人员致以诚挚的感谢，并殷切希望本系列教材在我国高等学校电子信息类专业人才培养与课程体系建设中发挥切实的作用。

吕志伟 教授

前言

PREFACE

自21世纪以来，信息技术的发展日新月异，特别是经过近五年的快速发展，移动互联网、物联网、智能硬件给社会带来了巨大的影响，个性化、定制化和时尚化的智能硬件设备已经成为未来发展的趋势。大学作为传播知识、科研创新、服务社会的主要机构，为社会培养具有创新思维的现代化人才责无旁贷，而具有时代特色的教材又是培养现代化人才的基础，所以教材的重要性不言而喻。

工业的发展使人类社会经历了大规模机械化生产、电气化生产、自动化生产、智能定制化生产的阶段。不同的发展阶段对人才的需求是不同的，因此，人才培养模式在不同的时代背景下，应该具有不同的要求。作者依据当今信息社会的发展趋势，结合智能硬件的发展需求，基于工程教育教学经验，探索工程教育的基本方法，力求编写出适合我国国情的具有自身特色的创新实践教材。

本书针对实践教学，总结了开源硬件的发展，并详细介绍了Arduino开源硬件的开发方法，给出了系统开发Arduino智能开源硬件产品的实际案例。主要内容包括三个方面：第0～3章介绍了Arduino开源硬件的发展、常用的开发板、Arduino IDE的使用和相关的编程语言等基本知识；第4～6章介绍了Arduino开发产品的基本方法，包括硬件设计Fritzing的使用、Arduino入门程序设计和扩展板的使用；第7～10章介绍了外围设备、传感器的使用方法及各种传感器模块，从原理、电路连接和实验方法进行描述，希望对教育教学有所帮助，起到抛砖引玉的作用。

本书的内容和素材(除了引用的参考文献之外)主要来源于以下几个方面：作者所在学校近几年承担的教育部和北京市的教育、教学改革项目与成果；作者指导的研究生在物联网和智能硬件方面的研究工作及成果总结；北京邮电大学信息工程专业的创新实践，该专业的学生通过基于CDIO工程教育方法，实现了创新产品，不但学到了知识，提高了能力，而且为本书提供了第一手素材和资料，在此向信息工程专业的所有学生表示感谢。

本书的编写得到了教育部电子信息类专业教学指导委员会、信息工程专业国家第一类特色专业建设项目、信息工程专业国家第二类特色专业建设项目、教育部CDIO工程教育模式研究与实践项目、教育部本科教学工程项目、信息工程专业北京市特色专业项目、北京高等学校教育教学改革项目的大力支持；本书得到北京邮电大学教学综合改革项目(2020JC03)资助，在此表示感谢！

由于作者水平有限，书中不当之处在所难免，衷心地希望各位读者多提宝贵意见，以便作者进一步修改和完善书稿。

李永华

2023年2月于北京邮电大学

教学建议

TEACHING SUGGESTION

本书讲述 Arduino 开发技术构成的完整理论与实践体系，通过本课程使学生掌握 Arduino 开源软硬件基本知识、Arduino 开源硬件的开发方法、典型开发板和外围传感器的控制方法，完成基本的嵌入式系统设计，并为后续专业课程的学习打下良好的实践基础。

本书主要内容：第 0～3 章介绍开源硬件、Arduino 开发板、开发环境及编程语言，为开源硬件开发提供基本知识和方法；第 4～6 章为 Arduino 程序设计开发的基础，包括硬件设计方法、入门程序设计和库文件的使用；第 7～10 章为外围硬件及传感器使用方法，包括智能开源硬件平台、各种传感器和模块。

序号	教学内容	学时分配	教学要求
1	0.1 Arduino	1	了解开源硬件的概念、发展和应用
2	0.2 Raspberry Pi		了解 Raspberry Pi 界面、类型及开发板的特性
3	0.3 BeagleBone		了解开发板通用接口的引脚、可编程实时单元和工业通信子系统、存储器、终端控制器及能够支持多种接口和协议的外设
4	0.4 Cubieboard		了解 Cubieboard 开发板及功能
5	0.5 乐鑫开源硬件		了解乐鑫开源硬件的种类
6	0.5.1 ESP8266 系列		了解 ESP8266 的功能及特性
7	0.5.2 ESP32 系列		了解 ESP32 系列
8	0.5.3 ESP32-S 系列		了解 ESP32-S 系列芯片的具体参数、所形成的模组和开发板
9	0.5.4 ESP32-C 系列		了解 ESP32-C3 芯片和 ESP32-C2 芯片具体参数、所形成的模组和开发板
10	1.1.1 Arduino UNO 概述	1	了解 Arduino UNO 功能及微控制器参数
11	1.1.2 Arduino UNO 技术规范		掌握 Arduino UNO 开发板的电源、存储器、输入和输出、通信、编程、自动(软件)复位、USB 过电流保护和物理特性
12	1.2.1 Arduino YUN 概述	1	了解 Arduino YUN 开发板及处理器、微控制器参数
13	1.2.2 Arduino YUN 技术规范		了解 Arduino YUN 开发板的电源、存储器、输入和输出、通信、编程、自动(软件)复位、USB 过电流保护、物理特性和输出引脚
14	1.3.1 Arduino DUE 概述	1	了解 Arduino DUE 开发板及处理器、微控制器参数
15	1.3.2 Arduino DUE 技术规范		了解 Arduino DUE 开发板的电源、存储器、输入和输出、通信、编程、自动(软件)复位、USB 过电流保护、物理特性和输出引脚

续表

序号	教学内容	学时分配	教学要求
16	1.4.1 Arduino MEGA 2560概述	1	了解Arduino MEGA 2560开发板及微控制器参数
17	1.4.2 Arduino MEGA 2560技术规范		了解Arduino MEGA 2560开发板的电源、存储器、输入和输出、通信、编程、自动(软件)复位、USB过电流保护、物理特性和输出引脚
18	1.5.1 Arduino LEONARDO概述	1	了解Arduino LEONARDO开发板及微控制器参数
19	1.5.2 Arduino LEONARDO技术规范		了解Arduino LEONARDO开发板的电源、存储器、输入和输出、通信、编程、自动(软件)复位、USB过电流保护、物理特性和输出引脚
20	1.6.1 Arduino ETHERNET概述	1	了解Arduino ETHERNET开发板及微控制器参数
21	1.6.2 Arduino ETHERNET技术规范		了解Arduino ETHERNET开发板的电源、存储器、输入和输出、通信、编程、自动(软件)复位、USB过电流保护、物理特性和输出引脚
22	1.7.1 Arduino ROBOT概念	1	了解Arduino ROBOT开发板及微控制器和电机板参数
23	1.7.2 Arduino ROBOT技术规范		了解Arduino ROBOT开发板的电源、存储器、输入和输出、通信、编程、自动(软件)复位、USB过电流保护、物理特性和输出引脚
24	1.8.1 Arduino NANO概念	1	了解Arduino NANO开发板及微控制器参数
25	1.8.2 Arduino NANO技术规范		了解Arduino NANO开发板的电源、存储器、输入和输出、通信、编程、自动(软件)复位、USB过电流保护、物理特性和输出引脚
26	2.1 Arduino平台特点	1	了解Arduino平台特点
27	2.2 Arduino IDE的安装	1	学习Arduino IDE的安装方法
28	2.3 Arduino IDE的使用	1	掌握Arduino IDE如何使用
29	2.4 Arduino程序结构	1	掌握void setup()和void loop()的程序结构
30	2.5.1 基本语法	1	掌握Arduino编程语法,包括;、{}、#define、#include、//和/**/的使用方法
31	2.5.2 控制结构语句		掌握if、if…else、for、switch…case、while、do…while、break、continue、return、goto的用法
32	2.5.3 运算符		掌握算术运算符(=、+、-、*、/和%)、比较运算符(==、!=、<、>、<=和>=)、布尔运算符(&&、||和!)、位操作符(&、|、~、^、≪和≫)、指针操作符(&和*)、复合操作符(&=、*=、++、+=、--、-=、/=和|=)的使用方法
33	2.6.1 常量定义	1	掌握整型常量、浮点型常量、布尔常量、引脚电平常量、引脚模式常量和内建常量
34	2.6.2 数据类型		掌握String()、array、bool/boolean、byte、char、double、float、int、long、short、unsigned char、unsigned int、unsigned long、void、word和string字符数组的使用方法
35	2.6.3 变量修饰		掌握程序运行中一些必要的修饰限定操作,包括转换函数、变量限定范围和其他扩展操作

续表

序号	教学内容	学时分配	教学要求
36	3.1 Arduino 函数概述	1	掌握数字输入/输出函数、模拟输入/输出函数、高级输入/输出函数、时间函数、外部中断函数、数学函数、串口通信函数等，用于控制 Arduino 开发板和执行各种操作
37	3.2 数字 I/O 函数	1	掌握数字 I/O 引脚悬空、pinMode()、digitalWrite()和 digitalRead()函数的使用方法
38	3.3 模拟 I/O 函数	1	掌握 analogReference()、analogRead()、analogWrite()以及用于 ARM 开发板的 analogReadResolution()、analogWriteResolution()函数的使用方法
39	3.4 高级 I/O 函数	1	掌握 tone()、noTone()、shiftOut()、shiftIn()、pulseIn()高级操作函数的使用方法
40	3.5 时间函数	1	掌握 delay()、delayMicroseconds()、millis()和 micros()函数的使用方法
41	3.6 中断函数	1	掌握 attachInterrupt()、detachInterrupt()和 interrupts()、noInterrupts()的使用方法
42	3.7 串口通信函数	1	掌握 Serial. begin()、Serial. end()、Serial. flush()、Serial. print()、Serial. println()、Serial. available()、Serial. read()、Serial. peek()、Serial. readBytes()、Serial. readBytesUntil()、Serial. readString()、Serial. readStringUntil()、Serial. parseInt()、Serial. find()、Serial. findUntil()、Serial. write()和 Serial. parseFloat()函数的使用方法
43	3.8 数学函数	1	掌握 abs()、constrain()、map()、max()、min()、pow()、sqrt()/sq()、sin()、cos()、tan()、randomSeed()和 random()函数的使用方法
44	3.9 字符处理函数	1	掌握 isAlpha()、isAlphaNumeric()、isAscii()、isControl()、isDigit()、isGraph()、isHexadecimal Digit()、isLowerCase()、isPrintable()、isPunct()、isSpace()、isUpperCase()和 isWhitespace()字符处理函数的使用方法
45	3.10 位/字节函数	1	掌握 bit()、bitClear()、bitRead()、bitSet()、bitWrite()、highByte()和 lowByte()函数的使用方法
46	3.11 字符串函数 3.12 USB 函数	1	掌握字符串函数和 USB 函数的使用方法
47	4.1.1 主界面	1	了解面包板原理和三种视图
48	4.1.2 项目视图		学习如何利用项目视图中的视图切换器快捷地在三种视图中进行切换
49	4.1.3 工具栏		了解元件库、指示栏、撤销历史栏、导航栏、层的功能
50	4.2.1 查看元件库已有元件	1	学习如何查看元件库已有元件
51	4.2.2 添加新元件到元件库		学习如何添加新元件到元件库
52	4.2.3 添加新元件库		学习如何添加新元件库
53	4.2.4 添加或删除元件		学习如何添加或删除元件
54	4.2.5 添加元件间连线		学习如何添加元件间连线

续表

序号	教学内容	学时分配	教学要求
55	4.3 Arduino 电路设计	1	如何利用 Fritzing 软件绘制一个完整的 Arduino 电路图
56	4.4 Arduino 开发平台样例与编程	1	学习如何编程
57	5.1.1 Blink	2	学习如何显示 Arduino 开发板作为物理输出最简单的方法
58	5.1.2 AnalogReadSerial		学习如何使用电位计读取来自物理世界的模拟输入
59	5.1.3 DigitalReadSerial		学习如何通过 Arduino 和计算机的 USB 接口建立串口通信，监控开关状态
60	5.1.4 Fade		掌握如何使用 analogwrite()功能对 LED 渐变的关闭。使用采用脉冲宽度调制(PWM)，把一个数字引脚快速关闭，转变为开关之间的比例，创造一个渐变效果
61	5.1.5 ReadAnalogVoltage		学习如何读取模拟引脚 0 模拟输入，将 analogread()读取的值转换成电压值，并通过 Arduino 串口监控软件(IDE)打印出来
62	5.2.1 BlinkWithoutDelay		学习如何在不使用 delay()函数时，进行 LED 闪烁
63	5.2.2 Button		掌握按钮或开关连接电路中的两个点
64	5.2.3 Debounce		学习如何去除这种抖动的输入
65	5.2.4 DigitalInputPullup		学习如何使用 pinMode(INPUT_PULLUP)命令读取数字引脚上的输入并将结果打印到串行监视器
66	5.2.5 StateChangeDetection		学习如何统计电路中按钮的按下次数
67	5.2.6 toneKeyboard		学习如何通过压力传感器，使用 tone()命令产生不同的音高
68	5.2.7 toneMelody		学习如何使用 tone()命令生成的音频，可以演奏一首熟悉的旋律
69	5.2.8 toneMultiple		学习如何使用 tone()命令在多个输出引脚播放不同的音符
70	5.2.9 tonePitchFollower		学习如何使用 tone()命令生成模拟输入值的音高
71	5.3.1 AnalogInOutSerial	1	学习如何读取模拟输入引脚，并将结果映射到 0～255 的范围，使用该结果设置脉冲宽度调制(PWM)输出引脚，使得 LED 变暗或变亮，并通过 Arduino 软件串口监测值
72	5.3.2 AnalogInput		学习如何使用可变电阻(电位器或光敏电阻)，Arduino 开发板通过模拟输入的值，改变内置 LED 相应的闪烁速率，电位器模拟值被读取为电压，显示模拟输入的工作过程
73	5.3.3 AnalogWriteMEGA		学习如何使用 Arduino Mega 开发板，通过 12 个 LED，在 Arduino 开发板逐个渐变
74	5.3.4 Calibration		学习如何校准传感器输入的方法，在开发板启动过程中需要 5s 的传感器读数，并跟踪它得到的最高值和最低值

续表

序号	教 学 内 容	学时分配	教 学 要 求
75	5.3.5 Fading	1	学习如何使用模拟输出(脉冲宽度调制 PWM)逐渐改变 LED 的亮度
76	5.3.6 Smoothing		学习如何从模拟输入重复读取数据,计算运行平均值并将其输出到计算机上
77	6.1.1 Arduino 库文件导入	1	掌握 Arduino 库文件导入的几种方法
78	6.1.2 Arduino 开发板管理		了解 Arduino 开发板管理的步骤
79	6.2 EEPROM 库文件	1	(1) 掌握如何写入字节、存储字节、读取字节; (2) 掌握如何将任何数据类型或对象写入 EEPROM,以及从 EEPROM 读取任何数据类型或对象,通过操作符,可以像数组一样使用标识符“EEPROM”
80	6.3.1 LCD 库文件	1	掌握通过创建一个 LiquidCrystal 类型的变量,使用 4 或 8 条数据线控制显示
81	6.3.2 OLED 库文件		学习如何定义 Adafruit_SSD1306 类型的 display 变量
82	6.4 舵机库文件	1	(1) Servo. attach()将 Servo 变量连接到引脚; (2) Servo. detach()从其引脚分离舵机变量; (3) Servo. attached()检查舵机变量是否连接到引脚; (4) Servo. writeMicroseconds()以微秒(μs)值写入舵机,从而相应地控制转轴; (5) Servo. write()向舵机写入一个值,从而相应地控制转轴; (6) Servo. read()读取舵机的当前角度(传递给最后一次调用 Servo. write()的值)
83	6.5 SPI 库文件	1	(1) 了解四种 SPI 的工作模式; (2) 学习为 SPI 写代码的注意事项; (3) 掌握库函数的使用方法
84	6.6 步进电机库文件	1	掌握在 Arduino IDE 中使用 Stepper. h 库文件
85	6.7 Wire 库文件	1	(1) 掌握 Wire. h 库文件使用 I2C/TWI 进行通信,通过 SDA(数据线)和 SCL(时钟线)引脚与设备连接; (2) 掌握该库文件中可以使用的库函数
86	6.8 SoftwareSerial 库文件	1	掌握 SoftwareSerial 库文件中函数的使用方法
87	6.9.1 Ethernet 类	1	学习 Ethernet 类初始化以太网库文件和网络设置
88	6.9.2 Server 类		掌握 Server 类创建服务器端,可以发送或者接收客户端的数据(在其他计算机或设备上运行的程序)
89	6.9.3 Client 类		掌握 Client 类可以连接到服务器端,并发送和接收数据
90	6.9.4 EthernetUDP 类		掌握 EthernetUDP 类可以发送和接收 UDP 消息
91	7.1 温湿度采集	2	掌握温湿度采集的原理、电路图和实现方法
92	7.2 水位采集		掌握水位采集的原理、电路图和实现方法
93	7.3 光强采集		掌握光强采集的原理、电路图和实现方法
94	7.4 气体传感器		掌握气体传感器的原理、电路图和实现方法
95	7.5 超声波传感器		掌握超声波传感器的原理、电路图和实现方法
96	7.6 压力传感器		掌握压力传感器的原理、电路图和实现方法

续表

序号	教学内容	学时分配	教学要求
97	7.7 PIR 运动传感器	2	掌握运动传感器的原理、电路图和实现方法
98	7.8 声音传感器		掌握声音传感器的原理、电路图和实现方法
99	7.9 三轴加速传感器		掌握三轴加速传感器的原理、电路图和实现方法
100	8.1 LED	1	掌握 LED 的原理、电路图和实现方法
101	8.2 数码管		掌握数码管的原理、电路图和实现方法
102	8.3 点阵		掌握点阵的原理、电路图和实现方法
103	8.4 LCD		掌握 LCD 的原理、电路图和实现方法
104	8.5 OLED		掌握 OLED 的原理、电路图和实现方法
105	9.1 直流电机	2	掌握直流电动机的原理、电路图和实现方法
106	9.2 步进电机		掌握步进电动机的原理、电路图和实现方法
107	9.3 舵机		掌握舵机的原理、电路图和实现方法
108	9.4 继电器		掌握继电器的原理、电路图和实现方法
109	10.1 SPI 通信	1	掌握 SPI 串口通信的原理、电路图和实现方法
110	10.2 红外线通信		掌握红外线通信的原理、电路图和实现方法
111	10.3 RFID 通信		掌握 RFID 通信的原理、电路图和实现方法
112	10.4 以太网通信		掌握以太网通信的原理、电路图和实现方法

教学方法

选用本书作教材的教师可以根据不同学校的学时安排、先修课程和办学特色进行适当调整，可以在 32～64 学时范围内完成本书的教学。学时较少的教学情况，可以选择讲授第 0～10 章中的部分内容，不会影响课程系统的完整性和其他章节内容的学习。

建议先修计算机基础、C/C++程序设计、模拟电路和数字电路等课程。

从第 3 章开始的教学内容，建议开设对应的教学实验，加强学生的实践动手能力。

本书可用于课程设计、系统设计、综合实验、创新实验等理论结合实践的课程。

目录

CONTENTS

视频目录

VIDEO CONTENTS

视频名称	时长/分钟	位　置
第 1 集　0.1	28	0.1 节节首
第 2 集　1.1	25	1.1 节节首
第 3 集　1.2	12	1.2 节节首
第 4 集　1.3	11	1.3 节节首
第 5 集　1.4	10	1.4 节节首
第 6 集　1.5	7	1.5 节节首
第 7 集　1.6	5	1.6 节节首
第 8 集　1.7	10	1.7 节节首
第 9 集　1.8	7	1.8 节节首
第 10 集　2.1～2.4	15	2.1 节节首
第 11 集　2.5	25	2.5 节节首
第 12 集　2.6	17	2.6 节节首
第 13 集　3.1	7	3.1 节节首
第 14 集　3.2	11	3.2 节节首
第 15 集　3.3	16	3.3 节节首
第 16 集　3.4	21	3.4 节节首
第 17 集　3.5	7	3.5 节节首
第 18 集　3.6	16	3.6 节节首
第 19 集　3.7	28	3.7 节节首
第 20 集　3.8	5	3.8 节节首
第 21 集　3.9	4	3.9 节节首
第 22 集　3.10	4	3.10 节节首
第 23 集　3.11	12	3.11 节节首
第 24 集　3.12	13	3.12 节节首
第 25 集　4.1～4.4	18	4.1 节节首
第 26 集　5.1	16	5.1 节节首
第 27 集　5.2	39	5.2 节节首
第 28 集　5.3	22	5.3 节节首
第 29 集　6.1	10	6.1 节节首

续表

视频名称	时长/分钟	位　　置
第30集　6.2	8	6.2节节首
第31集　6.3.1	20	6.3.1节节首
第32集　6.3.2	17	6.3.2节节首
第33集　6.4	8	6.4节节首
第34集　6.5	14	6.5节节首
第35集　6.6	5	6.6节节首
第36集　6.7	11	6.7节节首
第37集　6.8	14	6.8节节首
第38集　6.9	27	6.9节节首
第39集　7.1	5	7.1节节首
第40集　7.2	4	7.2节节首
第41集　7.3	4	7.3节节首
第42集　7.4	5	7.4节节首
第43集　7.5	5	7.5节节首
第44集　7.6	4	7.6节节首
第45集　7.7	4	7.7节节首
第46集　7.8	9	7.8节节首
第47集　7.9	5	7.9节节首
第48集　8.1	4	8.1节节首
第49集　8.2	7	8.2节节首
第50集　8.3	7	8.3节节首
第51集　8.4	17	8.4节节首
第52集　8.5	5	8.5节节首
第53集　9.1	10	9.1节节首
第54集　9.2	11	9.2节节首
第55集　9.3	5	9.3节节首
第56集　9.4	11	9.4节节首
第57集　10.1	15	10.1节节首
第58集　10.2	7	10.2节节首
第59集　10.3	13	10.3节节首
第60集　10.4	15	10.4节节首
第61集　10.5	18	10.5节节首
第62集　10.6	15	10.6节节首

注：共62集750分钟

第 0 章 开源硬件概述

CHAPTER 0

电子电路是人类社会发展的重要成果，早期电路的硬件设计和实现都是公开的，包括电子设备、电器设备、计算机设备以及各种外围设备的设计原理图，大家认为公开是十分正常的事情，所以，早期公开的设计图并不称为开源。1960 年左右，很多公司根据自身利益，选择了不公开设计图(闭源)，由此也就出现了贸易壁垒、技术壁垒、专利版权等问题，引发了不同公司之间的互相起诉。例如，国内外的 IT 公司之间由于知识产权而法庭相见的现象屡见不鲜。虽然这种做法在一定程度上有利于公司自身的利益，但是，不利于小公司或者个体创新者的发展。特别是，在互联网进入 Web 2.0 的个性化时代，更加需要开放、免费和开源的开发系统。

因此，在"大众创业，万众创新"的时代背景下，Web 2.0 时代的开发者思考硬件是不是可以重新开源。电子爱好者、发烧友及广大的创客一直致力于开源硬件的研究，推动开源硬件的发展，从最初很小的硬件开始，到现在已经有开源的 3D 打印机、单片机系统等。

一般认为，开源硬件是指与开源软件采取相同的方式，设计各种电子硬件的总称。也就是说，开源硬件是考虑对软件以外的领域进行开源，是开源文化的一部分。开源硬件可以自由传播硬件设计的各种详细信息，例如，电路图、材料清单和开发板布局数据，通常使用开源软件来驱动开源的硬件系统。本质上，共享逻辑设计、可编程的逻辑器件重构也是一种开源硬件，是通过硬件描述语言代码实现电路图共享。硬件描述语言通常用于芯片系统，也用于可编程逻辑阵列或直接用在专用集成电路中，这在当时称为硬件描述语言模块或知识产权内核。

众所周知，安卓就是开源软件之一。开源硬件和开源软件类似，通过开源软件可以更好地理解开源硬件，即在之前已有硬件的基础上进行二次开发。二者也有差别，一方面，在复制成本上，开源软件的成本几乎是零，而开源硬件的成本较高；另一方面，开源硬件延伸着开源软件代码的定义，包括软件、电路原理图、材料清单、设计图等都使用开源许可协议，自由使用分享，完全以开源的方式去授权，避免了以往自己制作产品分享的授权问题。同时，开源硬件把开源软件常用的 GPL(General Public License，通用性公开许可证)、CC(Creative Commons，创作共用或知识共享)等协议带到硬件分享领域，为开源硬件的发展提供了规范。

目前比较流行的开源硬件包括 Arduino、Raspberry Pi、BeagleBone、Cubieboard 和 ESP32/ESP8266 等。Arduino 是扩展性很好的平台，便于与各种设备交互。Raspberry Pi

适合用于用户界面和需要网络支持的项目，其性价比高。BeagleBone 拥有 Arduino 良好的可扩展性，兼具 Raspberry Pi 快速处理器和 Linux 灵活的开发环境。Cubieboard 由国内研发团队开发，与 Raspberry Pi 性能类似，是应用广泛的开源硬件。ESP32/ESP8266 由乐鑫公司生产，是支持物联网的开发板，并且支持 Arduino 的软件平台。未来，随着开源硬件的不断发展，将会出现更多的开源产品。

0.1
微课视频

0.1 Arduino

Arduino 是一款便捷灵活、方便上手的开源平台，包含硬件（各种型号的 Arduino 开发板）和软件（Arduino IDE），由意大利开发团队于 2005 年冬季开发。其成员包括 Massimo Banzi、David Cuartielles、Tom Igoe、Gianluca Martino、David Mellis 和 Nicholas Zambetti 等。

Arduino 开发环境构建开放原始代码的简单输入和输出控制，并且具有使用类似 Java、C 语言的 Processing/Wiring 开发环境。硬件部分可以用来做电路连接的 Arduino 开发板；软件部分则是 Arduino IDE，只要在 IDE 中编写程序代码，将程序上传到 Arduino 开发板后，程序便会控制 Arduino 开发板的外围设备。

Arduino 软硬件平台能通过各种各样的传感器感知环境，采用控制灯光、直流电机和其他的装置来反馈、影响环境。开发板上的微控制器可以通过 Arduino IDE 编程语言编写程序，并编译成二进制文件，烧录进微控制器。基于 Arduino 开发板的项目，可以只包含 Arduino 系统，也可以包含计算机上运行的其他软件，实现与它们的通信，例如 Flash、Processing 和 MaxMSP。

Arduino 开源硬件在创新产品的开发中经常使用，Arduino 开发板有许多型号，每个型号具有不同的尺寸和特性，Arduino UNO 开发板是最具代表性的。它是一个开发平台，易于和其他设备相连，并且有大量的开源程序可参考。

Arduino 开发板设计的初衷是方便与不同的传感器交互，而且不需要设计其他电路以及太多相关的支持，就能轻松上手。对于初学者来说，推荐使用 Arduino 开发板。它拥有庞大的社区用户、大量的项目示例和教程。Arduino 除了拥有开源硬件，软件开发环境也是开源的。

Arduino 开发板可以支持可堆叠的外部扩展板，这样容易连接外部感应器。不同版本的 Arduino 开发板使用的电压不同（3.3V 或者 5V），可以轻易地连接到不同的外部设备。对于需要电池供电的项目，推荐使用 Arduino 开发板，它具有更低的功耗，并且拥有更广泛的使用场景，可以和多种输入电压的设备一起工作。关于 Arduino 开源硬件将在本书第 1 章介绍。

需要说明的是，Arduino 开发板在使用之前，通过 USB 连线与计算机连接，计算机安装开发板的硬件驱动程序之后，才可正常驱动 Arduino 开发板。正常情况下，所有的操作系统都可以自动安装开发板的驱动程序，然后开发者在计算机的设备管理器中查看 Arduino 开发板使用的 COM 端口，并在 Arduino IDE 的工具中选择该 COM 端口通信，完成正常的项目开发。

0.2 Raspberry Pi

Raspberry Pi，中文名称为树莓派，由注册于英国的慈善组织“树莓派基金会”开发，2012 年 3 月，英国剑桥大学埃本·阿普顿正式发售世界上最小的台式机，又称卡片式计算机，外形只有信用卡大小，却具有计算机的所有基本功能，这就是树莓派微型计算机。树莓派基金会以提升学校计算机科学及相关学科的教育，让计算机变得有趣为宗旨。树莓派基金会期望这一款微型计算机无论是在发展中国家还是在发达国家，都会有更多的应用开发出来，并运用到更多领域。

如果需要支持用户界面，推荐使用树莓派。树莓派拥有一个 HDMI 输出，这意味着可以接入鼠标、键盘和显示器。从这点来看，使用树莓派的用户拥有了一台功能完备的计算机，并且拥有用户操作界面。这样使得树莓派用于与用户交互的项目中，以低成本构建网页浏览设备。在树莓派上可以学习使用多种语言编程，也可以像在计算机上一样，实现从浏览网页和播放高清视频，到制作电子表格，处理文字，玩游戏等功能。树莓派具有与外界交互的能力，并已广泛应用于数码厂商的项目。

树莓派是一款针对计算机爱好者、教师、学生以及小型企业等用户的迷你计算机，支持 Linux 操作系统、Android 操作系统和 Windows 操作系统，搭载 ARM 架构处理器，运算性能堪比智能手机。在接口方面，树莓派提供了可供键盘、鼠标使用的 USB 接口，此外还有快速以太网接口、SD 卡扩展接口以及 1 个 HDMI 输出接口，可与显示器或者电视相连。

早期树莓派，即树莓派 1，有 A 和 B 两个型号，主要区别：A 型——1 个 USB 接口，无网络接口，功率为 2.5W，电流为 500mA，内存为 256MB；B 型——2 个 USB 接口，支持有线网络，功率为 3.5W，电流为 700mA，内存为 512MB，如图 0-1 所示。

2014 年 7 月和 11 月树莓派分别推出 A+和 B+两个型号，树莓派 B+型开发板，如图 0-2 所示。两种型号的主要区别在于 A+型没有网络接口，将 4 个 USB 接口缩小到 1 个。另外，相对于 B+型，A+型内存容量有所缩小，并具备了更小的尺寸设计。A+型可以说是 B+型的廉价版本。虽说是廉价版本，但 A+型也支持 Micro-SD 卡读卡器、40 个 GPIO（General Purpose Input Output，通用输入/输出）连接接口、博通公司 BCM2385 ARM11 处理器、256MB 的内存和 HDMI 输出接口。

图 0-1 树莓派 1 B 型开发板

图 0-2 树莓派 1 B+型开发板

从配置上来说，B+型使用了与B型相同的BCM2835芯片和512MB内存，但和前代产品相比较，B+型的功耗更低，接口也更丰富。B+型将通用输入/输出引脚增加到了40个，USB接口也从B型的2个增加到了4个，除此之外，B+型的功耗降低了0.5～1W，SD卡插槽被换成了推入式的Micro-SD卡槽，音频部分则采用了低噪供电。从外形上看，USB接口被移到了主板的一边，视频接口移到了3.5mm音频接口的位置，此外还增加了4个独立的安装孔。

树莓派2，主要指B型开发板，如图0-3所示，相比第1代产品，CPU单线程速率提升1.5倍，SunSpider测试分数提升4倍，基于NEON的多核视频解码速率提升20倍，SysBench整体多线程CPU测试分数为第1代的6倍。树莓派2与树莓派1 B型开发板的区别在于，搭载ARM Cortex-A7 900MHz的四核处理器，性能6倍于B+型号，内存为1GB LPDDR2 SDRAM，2倍于B+型。树莓派2与第1代完全兼容。由于CPU已经升级到ARM Cortex-A7系列，所以树莓派2支持全系列的ARM GNU/Linux发行版，包括Ubuntu以及微软的Windows 10。

2013年2月，国内厂商深圳韵动电子有限公司取得了该产品在国内的生产及销售权限，为了便于区分市场，树莓派基金会规定深圳韵动电子有限公司在中国大陆销售的树莓派一律采用红色的PCB，红色开发板树莓派已经在我国大量使用。

树莓派目前主流的是第3代开发板，即树莓派3，主要指B型开发板，如图0-4所示，2016年2月28日发布，采用博通公司BCM2837处理器，是ARM Cortex-A53 1.2GHz四核处理器，并且增加了图形处理器部分，为400MHz VideoCore IV；为了增强通信功能，树莓派3开发板加入了BCM43438芯片，内置802.11 b/g/n协议的WiFi无线网卡和低功耗蓝牙4.1版本通信两个新功能，最大驱动电流增加至2.5A。

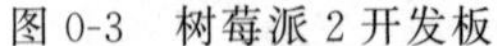

图0-3 树莓派2开发板

图0-4 树莓派3开发板

2019年6月24日树莓派4B版本发布，如图0-5所示。其主要特性如下：

(1) 搭载1.5GHz的64位四核处理器，支持H.264、H.265和OpenGL。

(2) 支持1GB/2GB/4GB LPDDR4内存，全吞吐量千兆以太网(PCI-E通道)。

(3) 支持Bluetooth 5.0，BLE。

(4) 具有两个USB 3.0和两个USB 2.0接口。

(5) 具有双Micro HDMI输出，支持4K分辨率。

(6) Micro-SD存储系统增加了双倍数据速率支持。

(7) 之前版本的MicroUSB供电接口在树莓派4B中变更为USB Type-C接口。

(8) 驱动电流增加至3A。

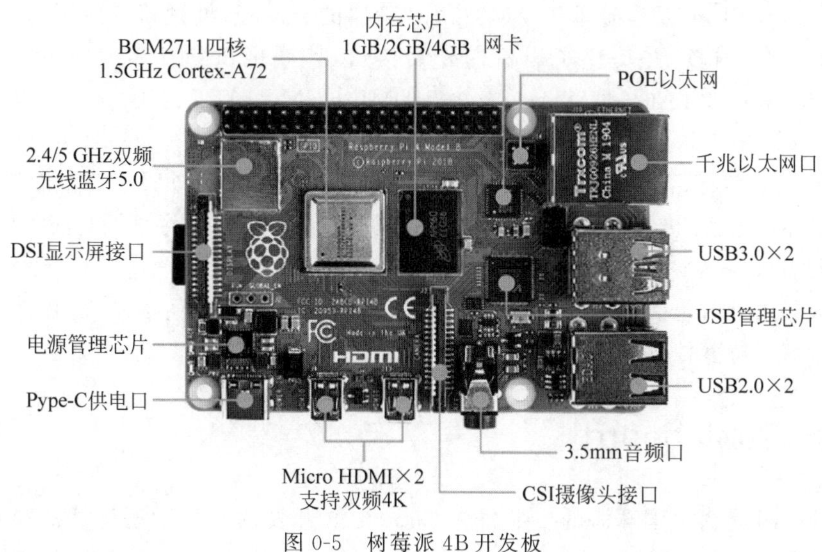

图 0-5　树莓派 4B 开发板

0.3　BeagleBone

BeagleBone 有两个比较常用的版本，即早期的版本 BeagleBone White（BBW）（或者 BeagleBone）和新的版本 BeagleBone Black（也称 BBB）。

BeagleBone 是紧凑的、低成本的、开源的 Linux 计算平台，连接了顶层软件和底层电路，可用于构建复杂的应用开发。它利用了 Linux 强大功能和免费开源的优点，对于原型设计和产品设计都是理想的平台，并且结合了输入/输出引脚和总线的直接访问特性，可以使开发板与电子元件、模块和 USB 设备进行连接。

BeagleBone White 是一块信用卡大小预装 Linux 系统的计算机，它能够连接到网络并且像 Android 和 Ubuntu 一样运行软件。如图 0-6 所示，BeagleBone 拥有许多 I/O 引脚以及由 720MHz 的 ARM 处理器提供的实时分析处理能力，使得它可以增加相应功能。

BeagleBone Black 是目前比较流行的，如图 0-7 所示，它是一种为开发人员和爱好者提供的低成本、社区支持的开发平台，是 BeagleBone 的升级版本。它只需要一根 USB 线就可在 Linux 下可以快速启动，实现快速的项目开发。

图 0-6　BeagleBone White 开发板

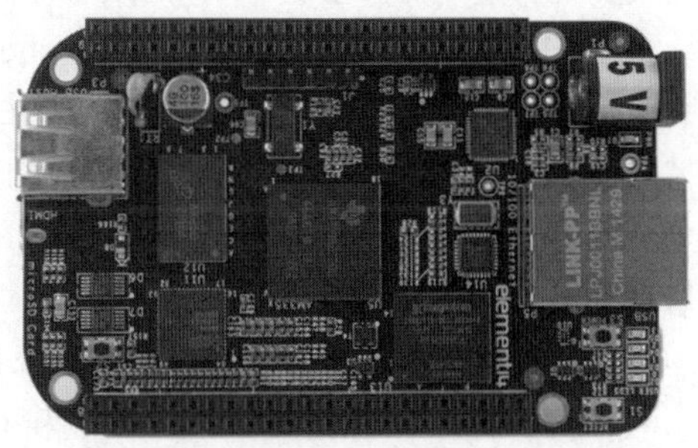

图 0-7　BeagleBone Black 开发板

BeagleBone Black是一款基于AM3358处理器的开发板，处理器集成了高达1GHz的ARM Cortex-A8内核，并提供了丰富的外设接口，扩展接口包括网口、USB Host、USB OTG、TF卡、串口、JTAG（默认不焊接）、HDMI、eMMC、ADC、I2C、SPI、PWM和LCD接口。

BeagleBone Black的应用场景非常广泛，能够满足包括游戏外设、家庭和工业自动化、消费类医疗器械、打印机、智能收费系统、智能售货机称重系统、教育终端和高级玩具等各个领域的不同需求。

开发板通用接口包括GPIO引脚、可编程实时单元和工业通信子系统、存储器、终端控制器以及能够支持多种接口和协议的外设。

0.4 Cubieboard

Cubieboard是由中国珠海的技术团队Cubietech开发的开源微型计算机和开发板，该团队已经被国际用户认可，开发板在国内外广泛使用。Cubieboard有些类似于英国人开发的树莓派，但是在硬件的性能上，接口的丰富性和扩展性均优于树莓派。

Cubieboard采用全志A10/A20处理器，支持ARM的硬件浮点加速技术，采用DDR3 512MB/1024MB内存，市场上常见的是1024MB内存的版本，其自带有1个5V电源插口、1个SATA 5V电源插口、1个SATA 2.0硬盘接口、HDMI视频接口、Micro-SD卡槽、耳机插口、线路输入插口、96引脚的GPIO接口以及100M以太网插口和迷你USB接口。Cubieboard可以作为Android电视盒和Linux迷你主机进行使用，可以选配精美的外壳。为了与树莓派区别，采用了2.0mm的GPIO引脚，不兼容树莓派的生态系统。

Cubieboard初次生产是在2012年的8月8日，现有三代产品。第一代采用A10基础版，其中有8月8日生产的版本和9月9日生产的版本；第二代更换了双核处理器A20，并且经过测试可以稳定地运行在1.2GHz上；第三代产品又名Cubietruck，在原基础之上增加了无线网卡、蓝牙、千兆以太网等实用装置。同时，Cubieboard使用了小金丝猴标识，推出了自己的扩展板，使Cubieboard变成了一个完整的系列产品。

Cubieboard可以安装多个系统。CBOS是专门为Cubieboard定制的一个搭建于Debian新版本Wheezy的系统，含有诸多Cubieboard需要的功能，默认没有桌面，可以通过apt-get工具来安装，推荐使用此系统。经Linaro优化的Lubuntu系统，具有桌面，不过速度较慢。Android 4.0系统广为人知，但在适配电视屏幕时要确认是否能够使用。BusyOS系统搭建于著名的精简命令行工具Busybox之上，只有30MB大小。OpenWRT是一个嵌入式路由系统，不同的开发板是否支持千兆以太网，在系统开发时需要使用者确认。Cubian是搭建于Debian上的一个操作系统。Archlinux系统软件包更新速度较快。FreeBSD是一个UNIX系统。Cubieez是基于Debian 7.1的一个操作系统。Berryboot系统是为了安装和启动其他系统，不推荐使用。

截至2017年底，Cubieboard系列开源硬件产品/开发板已经更新到了第七代，主要包含了三种形态。第一种是Cubieboard1和Cubieboard2形态，针对初学者的单板机，这种产品的特点是包含了常用功能，价格低，主板尺寸小，类似烟盒大小。第二种产品形态是以Cubieboard3、Cubieboard4、Cubieboard5为代表的嵌入式迷你主机或者服务器。这种产品的功能设计在一定程度上超越了个人计算机，它的优势是可以方便地组装成自己的主机，并且具有一定的硬件扩展性，受到了许多高端开发者的青睐。第三种产品形态是 CubieAIO，全称是 Cubie All In One，也就是一体机。这类产品是基于核心板打造的，既是核心板的典型示范，又是一个功能完整的可用于各行各业的开源一体机，同样也是一种创新形式的开发板，对于学习嵌入式技术有很大的帮助。相对于单个开发板和迷你主机这两种形态，CubieAIO 的主要区别就是集成了显示和触摸屏，是一个更加完整的机器，基于核心板设计，在功能上具有很大的定制自由度。Cubieboard6 和 Cubieboard7 是最新推出的开发板，是 Cubieboard 开发板系列的升级版本。三种形态典型的开发板，Cubieboard1 开发板如图 0-8 所示，Cubieboard5 开发板如图 0-9 所示，CubieAIO-S700 开发板如图 0-10 所示。

图 0-8　Cubieboard1 开发板

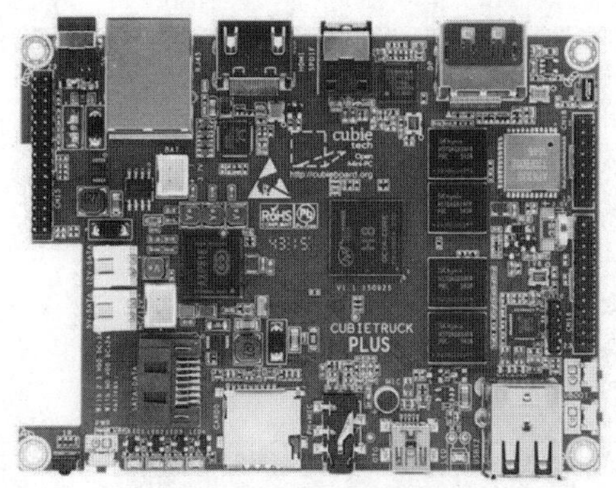

图 0-9　Cubieboard5 开发板

图 0-10　CubieAIO-S700 开发板

0.5　乐鑫开源硬件

乐鑫公司多年来深耕 AIoT 领域软硬件产品的研发与设计，专注于研发高集成、低功耗、性能卓越、安全稳定、高性价比的无线通信 MCU，现已发布 ESP8266、ESP32、ESP32-S、ESP32-C 和 ESP32-H 系列芯片、模组和开发板，集成了 WiFi 和蓝牙无线通信，成为物联网应用的理想选择，如图 0-11 所示，左侧为 ESP8266 开发板(集成了 WiFi 通信)，右侧为

ESP32 开发板(集成了 WiFi 和蓝牙通信)。最重要的是所有开发板都支持 Arduino 的开发环境,通过 ESP32 for Arduino 的插件与 Arduino 程序和产品具有良好的兼容性。

图 0-11　ESP8266/ESP32 开发板

0.5.1　ESP8266 系列

ESP8266 的工作温度范围大,且保持稳定,能适应各种操作环境。ESP8266 集成了 32 位 Tensilica 处理器、标准数字外设接口、天线开关、射频巴伦、功率放大器、低噪放大器、过滤器和电源管理模块等,仅需很少的外围电路,可将所占 PCB 空间降低。ESP8266 专为移动设备、可穿戴电子产品和物联网应用而设计,通过多项专有技术实现了超低功耗。ESP8266 具有的省电模式适用于各种低功耗应用场景。它内置超低功耗 Tensilica L106 32 位 RISC 处理器,CPU 时钟频率最高可达 160MHz,支持实时操作系统(RTOS)和 WiFi 协议栈,可将高达 80%的处理能力留给应用编程和开发。主要特性如下:

(1) 32 位 MCU 和 2.4GHz 的 WiFi。

(2) 单核 CPU 时钟频率高达 160MHz。

(3) +19.5dBm 天线端输出功率,确保良好的覆盖范围。

(4) 睡眠电流小于 20μA,适用于电池供电的可穿戴电子设备。

(5) 外设包括 UART、GPIO、I2S、I2C、SDIO、PWM、ADC 和 SPI。

ESP8266 系列芯片的具体参数、所形成的模组和开发板如表 0-1 所示。

表 0-1　ESP8266 系列芯片的具体参数、所形成的模组和开发板一览表

芯　片	存　储	模　组	开 发 板
ESP8266EX 单核 封装(mm):QFN 5×5 引脚:32	2MB Flash	ESP-WROOM-02D ESP-WROOM-02U	ESP8266-DevKitC

0.5.2　ESP32 系列

ESP32 性能稳定,工作温度范围为−40 ～125℃。集成的自校准电路实现了动态电压调整,可以消除外部电路的缺陷并适应外部条件的变化。ESP32 将天线开关、射频巴伦、功率放大器、接收低噪声放大器、滤波器、电源管理模块等功能集于一体。只需极少的外围元器件,即可实现强大的处理性能、可靠的安全性能、WiFi 和蓝牙功能。ESP32 专为移动设备、可穿戴电子产品和物联网应用而设计,具有业内高水平的低功耗性能,包括精细分辨时钟门控、省电模式和动态电压调整等。可作为独立系统运行应用程序或是主机 MCU 的从设备,通过 SPI/SDIO 或 I2C/UART 接口提供 WiFi 和蓝牙功能。ESP32 系列芯片具有如下特性:

(1) 32 位 MCU 与 2.4GHz WiFi 和蓝牙。

(2) 两个或一个可以单独控制的 CPU 内核,时钟频率可调,范围为 80~240MHz。

(3) +19.5dBm 天线端输出功率,确保良好的覆盖范围。

(4) 蓝牙支持 L2CAP、SDP、GAP、SMP、AVDTP、AVCTP、A2DP(SNK)和 AVRCP(CT)协议。低功耗蓝牙支持 L2CAP、GAP、GATT、SMP 和 GATT 上的 BluFi、SPP-like 协议等。

(5) 低功耗蓝牙连接智能手机,发送信标,方便检测。

(6) 睡眠电流小于 5μA,适用于电池供电的可穿戴电子设备。

(7) 外设包括触摸传感器、霍尔传感器、SD 卡接口、I2S 和 I2C、以太网、高速 SPI、UART。

ESP32 系列芯片的具体参数、所形成的模组和开发板如表 0-2 所示。

表 0-2 ESP32 系列芯片的具体参数、所形成的模组和开发板一览表

芯片	存储	模组	开发板
ESP32-D0WD-V3 双核 封装(mm):QFN 5×5 引脚:48	520KB SRAM 448KB ROM 16KB RTC SRAM	ESP32-WROOM-32E ESP32-WROOM-32UE ESP32-WROVER-E ESP32-WROVER-IE	ESP32-DevKitC ESP32-LyraT ESP32-LyraT-Mini ESP32-LyraTD-MSC ESP32-LyraTD-SYNA ESP32-Vaquita-DSPG ESP32-Korvo ESP32-Ethernet-Kit
ESP32-D0WD 双核 封装(mm):QFN 5×5 引脚:48	520KB SRAM 448KB ROM 16KB RTC SRAM	ESP32-WROOM-32D ESP32-WROOM-32U ESP32-WROOM-32SE ESP32-WROVER-B ESP32-WROVER-IB	ESP32-DevKitC ESP32-LyraT ESP32-LyraT-Mini ESP32-LyraTD-MSC ESP32-LyraTD-DSPG ESP32-LyraTD-SYNA ESP32-Korvo ESP-WROVER-KIT
ESP32-D0WDQ6-V3 双核 封装(mm):QFN 6×6 引脚:48	520KB SRAM 448KB ROM 16KB RTC SRAM	N/A	N/A
ESP32-D0WDQ6 双核 封装(mm):QFN6×6 引脚:48	520KB SRAM 448KB ROM 16KB RTC SRAM	ESP32-WROOM-32 ESP32-WROVER ESP32-WROVER-I	ESP32-DevKitC

续表

芯　片	存　储	模　组	开 发 板
ESP32-D2WD 双核 封装(mm):QFN 5×5 引脚:48	520KB SRAM 448KB ROM 16KB RTC SRAM 2MB Flash	N/A	N/A
ESP32-U4WDH 单核 封装(mm):QFN 5×5 引脚:48	520KB SRAM 448KB ROM 16KB RTC SRAM 4MB Flash	ESP32-MINI-1	ESP32-DevKitM-1
ESP32-S0WD 单核 封装(mm):QFN 5×5 引脚:48	520KB SRAM 448KB ROM 16KB RTC SRAM	ESP32-SOLO-1	ESP32-DevKitC
ESP32-PICO-V3 双核 封装(mm):LGA 7×7 引脚:48	448KB ROM 520KB SRAM 16KB RTC SRAM 4MB Flash	ESP32-PICO-V3-ZERO	ESP32-PICO-V3-ZERO-DevKit
ESP32-PICO-V3-02 双核 封装(mm):LGA 7×7 引脚:48	448KB ROM 520KB SRAM 16KB RTC SRAM 8MB Flash 2MB PSRAM	ESP32-PICO-MINI-02	ESP32-PICO-DevKitM-2
ESP32-PICO-D4 双核 封装(mm):LGA 7×7 引脚:48	448KB ROM 520KB SRAM 16KB RTC SRAM 4MB Flash	N/A	ESP32-PICO-KIT

0.5.3 ESP32-S 系列

ESP32-S 系列包括 ESP32-S3 和 ESP32-S2。

1. ESP32-S3 芯片

ESP32-S3 是一款集成 2.4GHz WiFi 和蓝牙的 MCU，支持远距离模式。ESP32-S3 搭载 Xtensa 32 位 LX7 双核处理器，主频高达 240MHz，内置 512KB SRAM，具有 45 个可编程 GPIO 引脚和丰富的通信接口。ESP32-S3 支持更大容量的高速 SPI Flash 和片外 RAM，支持用户配置数据缓存与指令缓存。ESP32-S3 芯片具有如下特点：

(1) 32 位 MCU 和 2.4GHz WiFi 和蓝牙。

(2) Xtensa® 32 位 LX7 双核处理器，主频高达 240MHz。

(3) 内置 512KB SRAM、384KB ROM 存储空间，并支持多个外部 SPI、Dual SPI、Quad SPI、Octal SPI、QPI、OPI Flash 和片外 RAM。

(4) 额外增加用于加速神经网络计算和信号处理等工作的向量指令。

(5) 44 个可编程 GPIO，支持常用外设接口，如 SPI、I2S、I2C、PWM、RMT、ADC、DAC、

UART、SD/MMC 主机控制器和 TWAITM 控制器等。

ESP32-S3 芯片、支持的模组和开发板如表 0-3 所示。

表 0-3 ESP32-S3 芯片、支持的模组和开发板一览表

芯 片	存 储	模 组	开 发 板
ESP32-S3 双核 封装(mm)：QFN 7×7 引脚：56	384KB ROM 512KB SRAM 16KB RTC SRAM	ESP32-S3-WROOM-1	ESP32-S3-DevKitC-1

2. ESP32-S2 芯片

ESP32-S2 是一款高度集成、高性价比、低功耗、主打安全的单核 WiFi 的片上系统，具备强大的功能和丰富的 I/O 引脚。ESP32-S2 芯片具有如下特性：

(1) 32 位 MCU 和 2.4GHz WiFi。

(2) 单核 CPU 时钟频率高达 240MHz。

(3) 支持多种低功耗工作状态：精细时钟门控、动态电压时钟频率调节。

(4) 安全机制：eFuse 存储、安全启动、Flash 加密、数字签名支持 AES、SHA 和 RSA 算法。

(5) 外设包括 43 个 GPIO 口、1 个全速 USB OTG 接口、SPI、I2S、UART、I2C、LED PWM、LCD 接口、Camera 接口、ADC、DAC、触摸传感器。

(6) 可对接丰富的网络云平台、拥有通用的产品特性，极大缩短产品的构建时间。

ESP32-S2 芯片、支持的模组和开发板如表 0-4 所示。

表 0-4 ESP32-S2 芯片、支持的模组和开发板一览表

芯 片	存 储	模 组	开 发 板
ESP32-S2 单核 封装(mm)：QFN 7×7 引脚：56	128KB ROM 320KB SRAM 16KB RTC SRAM	ESP32-S2-WROOM ESP32-S2-WROOM-I ESP32-S2-WROVER ESP32-S2-WROVER-I ESP32-S2-SOLO ESP32-S2-SOLO-U	ESP32-S2-Saola-1 ESP32-S2-Kaluga-1
ESP32-S2F 单核 封装(mm)：QFN 7×7 引脚：56	128KB ROM 320KB SRAM 16KB RTC SRAM 2/4MB Flash 0/2MB PSRAM	ESP32-S2-MINI-1 ESP32-S2-MINI-1U	ESP32-S2-DevKitM-1 ESP32-S2-DevKitM-1U

0.5.4 ESP32-C 系列

ESP32-C3 是一款安全稳定、低功耗、低成本的物联网芯片，搭载 RISC-V 的 32 位单核处理器，支持 2.4GHz WiFi 和蓝牙，为物联网产品提供行业领先的射频性能、完善的安全机制和丰富的内存资源。ESP32-C3 对 WiFi 和蓝牙的双重支持降低了设备配网难度，适用于广泛的物联网应用场景。ESP32-C3 芯片具有如下特性：

(1) 32 位 RISC-V MCU 和 2.4GHz WiFi 及 Bluetooth LE 5.0。

(2) 32 位 RISC-V 单核处理器，四级流水线架构，主频高达 160MHz。

(3) 行业领先的低功耗性能和射频性能。

(4) 内置 400KB SRAM、384KB ROM 存储空间，并支持多个外部 SPI、Dual SPI、Quad SPI、QPI Flash。

(5) 完善的安全机制：基于 RSA-3072 算法的安全启动、AES-128-XTS 算法的 Flash 加密、创新的数字签名和 HMAC 模块、支持加密算法的硬件加速器。

(6) 丰富的通信接口及 GPIO 引脚，可支持多种场景及复杂的应用。

ESP32-C3 芯片、支持的模组和开发板如表 0-5 所示。

表 0-5 ESP32-C3 芯片、支持的模组和开发板一览表

芯 片	存 储	模 组	开 发 板
ESP32-C3 单核 封装(mm)：QFN 5×5 引脚：32	400KB RAM 384KB ROM 8KB RTC SRAM	ESP32-C3-WROOM-1	ESP32-C3-DevKitC-1
ESP32-C3F 单核 封装(mm)：QFN 5×5 引脚：32	400KB RAM 384KB ROM 8KB RTC SRAM 4MB Flash	ESP32-C3-MINI-1	ESP32-C3-DevKitM-1

本章习题

1. 开源硬件使用哪些许可协议？
2. 目前有哪些比较流行的开源硬件？
3. Arduino 开源硬件包括哪几部分？开发项目前需要做哪些准备工作？
4. 树莓派 3 采用什么处理器？频率为多少？
5. BeagleBone Black 采用什么处理器？频率为多少？
6. Cubieboard 系列开源硬件产品分为几种形态？
7. ESP8266/ESP32 支持的 WiFi 频段是多少？

第1章 Arduino 开源硬件

CHAPTER 1

Arduino 开源硬件是基于开放原始代码的简便 I/O 平台，并且具有类似 Java、C/C++语言的开发环境，可以快速使用 Arduino IDE 开发平台，实现各种创新的作品。Arduino 开发板可以使用各种电子元器件，例如，各种传感器、显示设备、通信设备、控制设备或其他可用设备。Arduino 开发板也可以独立使用，成为与其他软件沟通的平台，如 Flash、Processing、Max/MSP、VVVV 及其他互动软件。

本章将介绍 Arduino 系统的几种典型用法、特性以及总体参数，以便读者更好地应用 Arduino 开源硬件进行开发创作。

1.1 Arduino UNO 开发板

1.1
微课视频

Arduino UNO 开发板是 Arduino 系列的旗舰产品，也是 Arduino 系列开发板中最常用的。如果刚开始使用 Arduino 开源硬件进行开发，这是很适合的开发板，如图 1-1 所示。

图 1-1 Arduino UNO 开发板

1.1.1 Arduino UNO 概述

Arduino UNO 开发板是基于 ATmega328p 的微控制器。它有 14 个数字 I/O(输入/输出)引脚(其中 6 个可用作 PWM 输出)、6 个模拟引脚、16MHz 陶瓷谐振器、USB 连接、电源插孔、ICSP(在线串行编程)接口和复位按钮。它支持微控制器所需的一切功能，只需使用 USB 电缆将其连接到计算机或使用 AC 到 DC 适配器或电池供电即可使用。

Arduino UNO 开发板与以前开发板的不同之处在于它不使用 FTDI USB 转串口芯片。相反，它采用 ATmega16U2（ATmega8U2 R2 版本）替代了原有的 USB 转串口芯片。

Arduino UNO 开发板的第二个版本，通过一个电阻将 ATmega8U2 HWB 接地，使其更容易进入 DFU 模式。

Arduino UNO 开发板的第三个版本具有以下新功能：

(1) 引脚排列：添加靠近 AREF 的 SDA 引脚、SCL 引脚及放置在 RESET 引脚附近的另两个引脚，IOREF 允许为扩展板提供电压，以便扩展板与开发板兼容，其中，AVR 产品采用 5V 工作电压，Arduino DUE 开发板使用 3.3V 工作电压，未连接的引脚用于将来的扩展。

(2) 更强的 RESET 电路。

(3) ATmega16U2 代替 ATmega8U2。

Arduino UNO 开发板不断向前推进，是 Arduino 系列产品中最早的，也是 Arduino 平台的参考模型。其微控制器的参数及开发板总体参数如表 1-1 和表 1-2 所示。

表 1-1 Arduino UNO 开发板微控制器参数

参数	说明
微控制器	ATmega328p
架构	AVR
工作电压	5V
闪存	32KB(其中引导加载程序使用 0.5KB)
SRAM	2KB
时钟速度	16MHz
模拟引脚	6 个
EEPROM	1KB
每个 I/O 引脚的电流	20mA

表 1-2 Arduino UNO 开发板总体参数

参数	说明
输入电压	7～12V
数字 I/O 引脚	20 个
PWM 输出	6 个
PCB 尺寸	53.4mm×68.6mm
重量	25g
产品代码	A000066

1.1.2 Arduino UNO 技术规范

本部分主要介绍 Arduino UNO 开发板的电源、存储器、输入和输出、通信、编程、自动(软件)复位，USB 过电流保护和物理特性。

1. 电源

Arduino UNO 开发板可以通过 USB 连接或外部电源供电，电源自动选择。

外部电源(非 USB 供电)可以来自 AC-DC 适配器(壁式)或电池。可以通过将 2.1mm 中心正极插头插入开发板的电源插孔来连接适配器。电源线可以插入电源接头的 GND 和

Vin 引脚。

该开发板的外部工作电源为 6～20V。如果提供的电压小于 7V，则 5V 引脚的供给电压可能会小于 5V，而且开发板可能不稳定。如果使用 12V 以上的电压，电压调节器可能会过热并损坏开发板，推荐的电压范围是 7～12V。

电源引脚如下：

Vin：为使用外部电源时 Arduino 开发板的输入电压（与通过 USB 连接或其他稳压电源提供的 5V 电压相对）。如果通过电源插座提供电压，则可通过该引脚。

5V：该引脚通过开发板上的稳压器输出 5V 电源。开发板可由直流电源插座（7～12V）、USB（5V）或开发板的 Vin 引脚（7～12V）供电。通过 5V 或 3.3V 引脚供电会旁路稳压器，从而损坏开发板，不建议采用。

3V3：由开发板上稳压器产生 3.3V 电源，最大电流消耗为 50mA。

GND：接地引脚。

IOREF：在 Arduino 开发板上，该引脚提供微控制器的参考工作电压。配置得当的扩展板可以读取 IOREF 引脚电压，选择合适的电源或者启动输出上的电压转换器以便在 5V 或 3.3V 电压下运行。

2. 存储器

ATmega328 具有 32KB 闪存（其中 0.5KB 被启动加载器占用）。它还具有 2KB 的 SRAM 和 1KB 的 EEPROM（可以利用 EEPROM 库读取和写入）。

3. 输入和输出

利用 pinMode()、digitalWrite() 和 digitalRead() 函数，Arduino UNO 开发板上的 14 个数字引脚都可用作输入或输出。它们的工作电压为 5V。每个引脚都可以提供或接受最高 40mA 的电流，都有 1 个 20～50kΩ 的内部上拉电阻（默认情况下断开）。此外，某些引脚还具有特殊功能：

串口：数字引脚 0（RX）和数字引脚 1（TX），用于接收（RX）和发送（TX）TTL 串行数据。这些引脚连接到 ATmega8U2 USB 至 TTL 串行芯片的相应引脚。

外部中断：数字引脚 2 和数字引脚 3。这些引脚可配置为在低电平、上升沿、下降沿触发中断或值的更改。有关详细信息，请参阅 attachInterrupt() 函数。

PWM：数字引脚 3、5、6、9、10 和 11，使用 analogWrite() 函数提供 8 位 PWM 输出。

SPI：数字引脚 10（SS）、数字引脚 11（MOSI）、数字引脚 12（MISO）、数字引脚 13（SCK）。这些引脚支持使用 SPI 库通信。

LED：有 1 个内置式 LED 连接至数字引脚 13。在引脚为高电平时，LED 打开；引脚为低电平时，LED 关闭。Arduino UNO 开发板有 6 个模拟引脚，编号为 A0～A5，每个模拟引脚都提供 10 位的分辨率（即 1024 个不同的数值）。默认情况下，它们的电压为 0～5V，但是可以利用 AREF 引脚和 analogReference() 函数改变其范围的上限值。此外，某些引脚还具有特殊功能。

TWI：模拟引脚 A4（SDA 引脚），模拟引脚 A5（SCL 引脚）。使用 Wire 库文件支持 TWI 通信，开发板上还有一些其他引脚。

AREF：模拟输入的参考电压，与 analogReference() 一起使用。

RESET：该引脚为低电平时，复位微控制器，通常用于为扩展板添加复位按钮。

4. 通信

Arduino UNO 开发板有很多工具可供它与计算机、另一个 Arduino 开发板或其他微控制器通信。ATmega328p 提供了在数字引脚 0(RX)和 1(TX)上进行的 UART TTL(5V)串口通信。

开发板上的 ATmega16U2 会通过 USB 进行串行通信，在计算机上充当软件的虚拟通信端口。

ATmega16U2 固件采用标准 USB COM 驱动器，无需外部驱动器。然而，在 Windows 上，需要 1 个.inf 文件。Arduino 软件包含 1 个串行监控器，使得简单的文本数据能够发送到其他设备或从 Arduino 开发板上发出。当通过 USB 转串口芯片和计算机的 USB 连接传输数据时，开发板上的 RX 和 TX LED 会闪烁(但不适于数字引脚 0 和 1 上的串行通信)。

一个 SoftwareSerial 库允许在任何 Arduino UNO 开发板的数字引脚上进行串行通信。

ATmega328p 还支持 I2C(TWI)和 SPI 通信。Arduino 软件包括一个 Wire 库文件，用于简化 I2C 总线的使用，对于 SPI 通信，请使用 SPI 库文件。

5. 编程

Arduino UNO 开发板可以使用 Arduino 软件进行编程，从 Tools→Board 菜单中选择 Arduino UNO(根据开发板上的微控制器选择)。

Arduino UNO 开发板上的 ATmega328p 预先烧录了启动加载器，从而无须使用外部硬件编程器即可将新代码上传，利用原始的 STK500 协议进行通信。

可以旁路启动加载器，利用 Arduino ISP 等通过 ICSP(在线串行编程)接口为微控制器编程。提供 ATmega16U2(或 R1 和 R2 版本的 ATmega8U2)固件源代码。ATmega16U2/8U2 配有 DFU 启动加载器，它可以通过下列方式激活：

在 R1 版本上：连接板背面的焊接跳线，然后重置 ATmega8U2。

在 R2 版本或更高版本的开发板上：有一个电阻将 ATmega8U2/16U2 HWB 线拉到地，使它更容易进入 DFU 模式。

然后，可以使用 Atmel 的 FLIP 软件(Windows)或 DFU 编程器(macOS X 和 Linux)加载新的固件，或者使用 ISP 与外部编程器覆盖 DFU 引导加载程序。

6. 自动(软件)复位

Arduino UNO 开发板的设计，让它能够运行连接计算机上的软件复位，而不需要在上传前按下复位按钮。ATmega 8U2/16U2 的一条硬件流程控制线路(DTR)通过 1 个 100nF 的电容器与 ATmega 328p 的复位线路连接。该线路被复位(降低)时，复位线路电压下降足够大以复位芯片。Arduino 软件利用该功能，只需在 Arduino 开发环境中按下"上传"按钮即可上传代码。这就意味着，启动加载器的暂停时间更短，因为降低 DTR 能够和开始上传协调一致。

Arduino UNO 开发板连至运行 macOS X 或 Linux 的计算机时，每次通过软件(USB)连接时都会复位。在接下来 0.5s 左右的时间内，启动加载器在 Arduino UNO 开发板上运行。虽然它被设定为忽略不良数据(即除了上传新代码以外的任何数据)，但会在连接打开之后拦截发送给开发板数据的前几字节。如果在首次启动时，开发板上运行的 Arduino 程序，收到了一次性配置或其他数据，请确保与之通信的软件在打开连接之后，稍等片刻再发送该数据。

Arduino UNO 开发板有一条迹线，切断它可禁用自动复位，可将迹线两边的焊盘焊到一起重新启用。它标有 RESET-EN 的字样，可以通过在 5V 电源和复位线路之间连接 1 个 110Ω 的电阻禁用自动复位。

7. USB 过电流保护

Arduino UNO 开发板有 1 根自恢复保险丝，能够保护计算机 USB 端口免遭短路和过电流的损害。尽管大部分计算机都有自己的内部保护，但保险丝提供了更多一层保护。如果施加到 USB 端口上的电流超过 500mA，那么保险丝会自动切断连接，直到短路或过电流情况消失为止。

8. 物理特性

Arduino UNO 开发板 PCB 的最大长度和宽度分别为 2.7inch 和 2.1inch(inch 为英寸，1inch=2.54cm)，USB 连接器和电源插座超出了以前的尺寸。4 个螺丝孔让开发板能够附着在表面或外壳上。请注意，数字引脚 7 和 8 之间的距离是 160mil(0.16″)(1mil=0.0254mm)，不是其他引脚间距(100mil)的偶数倍。

1.2 Arduino YUN 开发板

1.2
微课视频

Arduino YUN 开发板依靠 8 位微控制器(与 Arduino LEONARDO 开发板相同)以及以太网和 WiFi 连接，实现了在微型计算机上运行 Linux 的功能，如图 1-2 所示。

图 1-2　Arduino YUN 开发板

1.2.1 Arduino YUN 概述

Arduino YUN 开发板是基于 ATmega 32U4 和 Atheros AR9331 的微控制器板。Atheros 处理器支持基于 OpenWrt 命名为 Linino OS 的 Linux 发行板。该开发板具有内置以太网和 WiFi 支持、USB-A 端口、Micro-SD 卡插槽、20 个数字 I/O 引脚(其中 7 个可用作 PWM 输出)，12 个模拟引脚、16MHz 晶体振荡器、Micro-USB 连接、ICSP 接口和 3 个复位按钮。

Arduino YUN 开发板与其他 Arduino 开发板的不同之处在于，它能在开发板上与 Linux 系统进行通信，实现强大的连网计算机功能，同时享有 Arduino 开发板的便捷性。除了 Linux 命令之外，开发者可以编写自己的 Shell 和 Python 脚本，实现强大交互。

Arduino YUN 开发板与 LEONARDO 开发板类似：ATmega32U4 内置 USB 通信功能，不必配备辅助处理器。这样，使 Arduino YUN 开发板在所连接的计算机上显示为鼠标和键盘——除虚拟(CDC)串行/COM端口之外。Arduino YUN R5开发板不同于先前的版本，电源系统提供5V AREF，其布局已修改。Arduino YUN开发板的处理器参数、微控制器参数和总体参数如表1-3～表1-5所示。

表1-3 Arduino YUN开发板处理器参数

参　数	说　明
处理器	Atheros AR9331
架构	MIPS
工作电压	3.3V
闪存	16MB
RAM	64MB DDR2
时钟速度	400MHz
无线上网	802.11b/g/n 2.4GHz
以太网络	802.3 10/100/1000Mb/s
USB	2.0

表1-4 Arduino YUN开发板微控制器参数

参　数	说　明
微控制器	ATmega32U4
架构	AVR
工作电压	5V
闪存	32KB(其中4KB由bootloader使用)
SRAM	2.5KB
时钟速度	16MHz
模拟引脚	12个
EEPROM	1KB
每个I/O引脚的电流	10mA

表1-5 Arduino YUN开发板总体参数

参　数	说　明
输入电压	5V
数字I/O引脚	20个
PWM输出	7个
功率消耗	250mA
PCB尺寸	53mm×68.5mm
读卡器	Micro-SD读卡器
重量	34g
产品代码	A000008(无PoE)—A000003(带PoE)

1.2.2 Arduino YUN技术规范

本部分主要介绍Arduino YUN开发板的电源、存储器、输入和输出、通信、编程、自动(软件)复位、USB过电流保护、物理特性和输出引脚。

1. 电源

建议通过5V Micro-USB连接为开发板供电。如果通过Vin引脚为开发板供电，那么必须提供5V直流电压。没有针对更高电压的板载稳压器，高电压会损坏开发板。

另外，Arduino YUN开发板还兼容PoE电源，但为了使用该功能，需要在开发板上安装PoE模块，或购买预装板。带PoE适配器的Arduino YUN开发板早期型号错误地为开发板提供12V供电，新版本可以提供预期的5V供电电压。

电源引脚如下：

Vin：该引脚输入电压到Arduino开发板，与其他Arduino开发板不同，如果要通过该引脚为开发板提供电源，则必须提供一个稳定的5V电压。

5V：用于为开发板上的微控制器和其他组件供电，可以由Vin或USB提供。

3V3：由开发板上稳压器产生的3.3V电源，最大电流消耗为50mA。

GND：接地引脚。

IOREF：开发板输入/输出引脚的工作电压（开发板的VCC），在Arduino YUN开发板上为5V。

2. 存储器

ATmega32U4具有32KB的存储（使用4KB用于引导加载程序）。它还具有2.5KB的SRAM和1KB的EEPROM（可以使用EEPROM库文件读写）。

AR9331上的内存不会嵌入处理器内部。RAM和存储器外部连接。Arduino YUN开发板拥有64MB的DDR2 RAM和16MB的闪存。闪存在工厂中预装有基于OpenWrt的Linux发行版，称为Linino OS。可以更改出厂映像的内容，例如，安装程序或更改配置文件时，按"WLAN RST"按钮30s可以返回出厂配置。

Linino OS安装占用了闪存16MB中的9MB左右空间。如果需要更多磁盘空间来安装应用程序，则可以使用Micro-SD卡。

3. 输入和输出

无法访问Atheros AR9331的I/O引脚。所有I/O线都连接到ATmega32U4。Arduino YUN开发板上的20个数字I/O引脚，每一个都可以使用pinMode()、digitalWrite()和digitalRead()函数作为输入或输出，它们工作电压为5V。每个引脚可提供或接受最大40mA的电流，并具有20～50kΩ的内部上拉电阻（默认情况下断开）。此外，一些引脚具有专门的功能。

串口：数字引脚0(RX)和数字引脚1(TX)。用于使用ATmega32U4硬件串行功能接收(RX)和发送(TX)TTL串行数据。请注意，在Arduino YUN开发板上，Serial类是指USB(CDC)通信；对于数字引脚0和1上的TTL串行，使用Serial1类。Arduino YUN开发板上的ATmega32U4和AR9331的硬件连接在一起，用于两个处理器之间的通信。例如像Linux系统中常见的一样，在AR9331的串行端口上暴露控制台以访问系统，这意味着可以从程序中访问Linux提供的程序和工具。

TWI：数字引脚2(SDA)和数字引脚3(SCL)。使用Wire库文件支持TWI通信。

外部中断：数字引脚3(中断0)、数字引脚2(中断1)、数字引脚0(中断2)、数字引脚1(中断3)和数字引脚7(中断4)。这些引脚可以配置为低电平、上升沿、下降沿触发中断或值的变化。有关详细信息请参阅attachInterrupt()函数。不建议使用数字引脚0和引脚1作为中断，因为它们也是与Linux处理器通信的硬件串行端口。数字引脚7连接到AR9331

处理器，将来可能被用作握手信号。如果打算将其用作中断，要小心可能发生的冲突。

PWM：数字引脚 3、5、6、9、10、11 和 13，通过 analogWrite()函数提供 8 位 PWM 输出。

SPI：ICSP 接口。这些引脚支持利用 SPI 库文件进行通信。注意，SPI 引脚并不连接到任何数字输入/输出引脚，因为在 Arduino UNO 开发板上，它们仅在 ICSP 接口上提供。这意味着，如果扩展板使用 SPI，但没有数字引脚 6 的 ICSP 接口可以连接到 Arduino YUN 开发板的数字引脚 6 的 ICSP 接口，扩展板将无法工作。另外，SPI 引脚还连接到 AR9331 GPIO 引脚，这是通过软件实施的，意味着 ATmega32U4 和 AR9331 也可利用 SPI 协议进行通信。

LED：内置 LED 连接到数字引脚 13，当引脚为高电平时，LED 指示灯亮起，当数字引脚为低电平时，该指示灯熄灭。Arduino YUN 开发板还有其他几个状态指示灯、指示电源、WLAN 连接、WAN 连接和 USB。

模拟输入：模拟引脚 A0～A5，A6～A11(数字引脚 4、6、8、9、10 和 12)。Arduino YUN 开发板有 12 个模拟引脚，标有 A0～A11，全部都可用作数字输入/输出引脚。模拟引脚 A0～A5 出现在与 Arduino UNO 开发板同样的位置上；模拟引脚 A6～A11 分别在数字输入/输出引脚 4、6、8、9、10 和 12 上。每个模拟引脚都提供 10 位分辨率(1024 个不同的值)。默认情况下，模拟引脚从接地到 5V 不等，不过可以利用 AREF 引脚和 analogReference()函数改变其范围的上限值。

AREF：模拟输入的参考电压，与 analogReference()函数一起使用。

图 1-3　Arduino YUN 复位按钮

Arduino YUN 开发板上有 3 个不同功能的复位按钮，如图 1-3 所示。

AR 9331 RESET：将此线设为低电平以复位 AR9331 微处理器。重置 AR9331 将导致重新启动 Linux 系统。存储在 RAM 中的所有数据将丢失，所有正在运行的程序将被终止。

ATmega32U4 RESET：设置为低电平时，对 ATmega32U4 微控制器进行重置。通常用于向扩展板添加重置按钮。

WLAN RESET WiFi：该按钮具有双重功能。主要用于将 WiFi 恢复到原厂配置。原厂配置包括将 Arduino YUN 开发板的 WiFi 设为接入点(AP)模式并为其分配默认的 IP 地址 192.168.240.1，在这种情况下，可以将计算机连接到显示“Arduino Yun-XXXXXXXXXXXX”SSID 名称的 WiFi 网络，其中这 12 个“X”是 Arduino YUN 开发板的 MAC 地址。连接后，就可以利用浏览器访问 192.168.240.1 或 http://arduino.local 地址，查看 Arduino YUN 开发板的网络面板。

注意，恢复 WiFi 配置将导致 Linux 环境的重启。为恢复 WiFi 配置，必须按住 WLAN RESET WiFi 按钮 5s。在按该按钮时，WLAN 蓝色 LED 开始闪烁，并且在 5s 后释放该按钮，LED 仍保持闪烁状态，表明 WiFi 恢复程序已被记录下来。

RESET WiFi 按钮的第二个功能是将 Linux 镜像恢复到默认的原厂镜像。为恢复 Linux 环境，必须按住该按钮 30s。注意，恢复原厂镜像会丢失 AR9331 的板载闪存上保存的所有文件和安装的软件。

4. 通信

Arduino YUN 开发板有许多装置支持它与计算机、另一个 Arduino 开发板或其他微控制器通信。ATmega32U4 提供专用的 UART TTL (5V)串行通信。另外，ATmega32U4 还支持通过 USB 进行串行(CDC)通信，显示为计算机上软件的一个虚拟 COM 端口。另外，芯片还作为一个全速 USB 2.0 元器件，使用标准 USB COM 驱动程序。Arduino 软件包括一个串口监视器，允许 Arduino 开发板收发简单的文本数据。当数据正在通过 USB 连接传输到计算机上时，开发板上 RX 和 TX 的 LED 闪烁。

数字引脚 0 和 1 用于 ATmega32U4 和 AR9331 之间的串行通信，可以使用 Arduino Ciao 库文件处理元件之间的通信。

Arduino Ciao 是一种易使用的强大的技术，使 Arduino 程序能够直观地与"外界"沟通。它旨在简化微控制器与 Linino OS 之间的交互，从而允许 Arduino 与大多数常见协议、第三方服务和社交网络的各种连接。

Arduino Ciao 库文件已经被设计和开发为模块化并易于配置的形式。其目标是支持与系统资源(文件系统、控制台、内存)进行交互的多个连接器，并通过最常用的协议(XMPP、HTTP、WebSocket、CoAP 等)和应用(Jabber、WeChat、Twitter、Facebook 等)进行通信。

Arduino Ciao 库文件是一个轻量级的库文件，可以通过串行通信以简单直观的方式在 MCU 中发送和接收数据。

一个 SoftwareSerial 库文件允许在任何 Arduino YUN 开发板的数字引脚上进行串行通信。应该避免使用数字引脚 0 和 1，因为它们由 Bridge 库文件使用。

ATmega32U4 还支持 I2C(TWI)和 SPI 通信。Arduino 软件包括一个 Wire 库文件，以简化 I2C 总线的使用。对于 SPI 通信，请使用 SPI 库文件。

Arduino YUN 开发板使用通用键盘和鼠标，可以编程控制这些输入设备。

板载以太网和 WiFi 接口直接暴露在 AR9331 处理器上。要通过它们发送和接收数据，请使用 Bridge 库文件。

Arduino YUN 开发板通过 Linino OS 拥有 USB 主机功能，可以连接 USB 闪存这样的外部设备来获得额外的存储、键盘或摄像头，但是需要下载并安装额外软件，使这些设备工作。

5. 编程

Arduino YUN 开发板可以使用 Arduino 软件进行编程，从 Tools→Board 菜单中选择 Arduino YUN(根据开发板上的微控制器选择)。

Arduino YUN 开发板上的 ATmega32U4 被预先烧录了一个引导程序，允许在不使用外部硬件编程器的情况下上传新的代码，它使用 AVR109 协议进行通信。

另外，还可以绕过引导加载程序，利用 Arduino ISP 或类似方式通过 ICSP 接口对微控制器进行编程。

6. 自动(软件)复位

在上传之前不用按重置按钮，Arduino YUN 开发板被设计为可以通过所连接计算机上运行的软件对其重置。当 Arduino YUN 开发板的虚拟（CDC）串行/COM 端口在 1200 波特率下打开，然后关闭时，会触发重置。当这种情况发生时，处理器将重置，断开与计算机的 USB 连接（意味着虚拟串行/COM 端口将消失）。在处理器重置后，引导加载程序启动，保持激活状态大约 8s 时间。另外，也可通过按 Arduino YUN 开发板上的重置按钮来启动引导加载程序。注意，当开发板第一次加电时，会直接跳转到用户程序，如果存在用户程序，就不会启动引导加载程序。

由于 Arduino YUN 开发板处理重置所采用的方式，用户最好让 Arduino 软件在尝试上传之前，启动重置。如果软件不能对开发板重置，随时可以通过按开发板上的重置按钮启动引导加载程序。

7. USB 过电流保护

Arduino YUN 开发板具有可复位的多晶硅熔断器，可以保护计算机的 USB 端口，使其免受短路和过电流的影响。尽管大多数计算机都提供自己的内部保护，但熔断器可以提供额外的一层保护。如果超过 500mA 的电流施加到 USB 端口，那么，熔断器将自动中断连接，直至去除短路或过载。

8. 物理特性

Arduino YUN 开发板 PCB 的最大长度和宽度分别为 2.7inch 和 2.1inch，配备的 USB 连接器超越先前的尺寸。借助四个螺孔，开发板可以固定到表面或机箱上。注意，数字引脚 7 和 8 之间的距离是 160mil(0.16″)，而不是其他引脚的 100mil 的偶数倍，开发板的重量为 32g。

9. 输出引脚

Arduino YUN 开发板的输出引脚如图 1-4 所示。

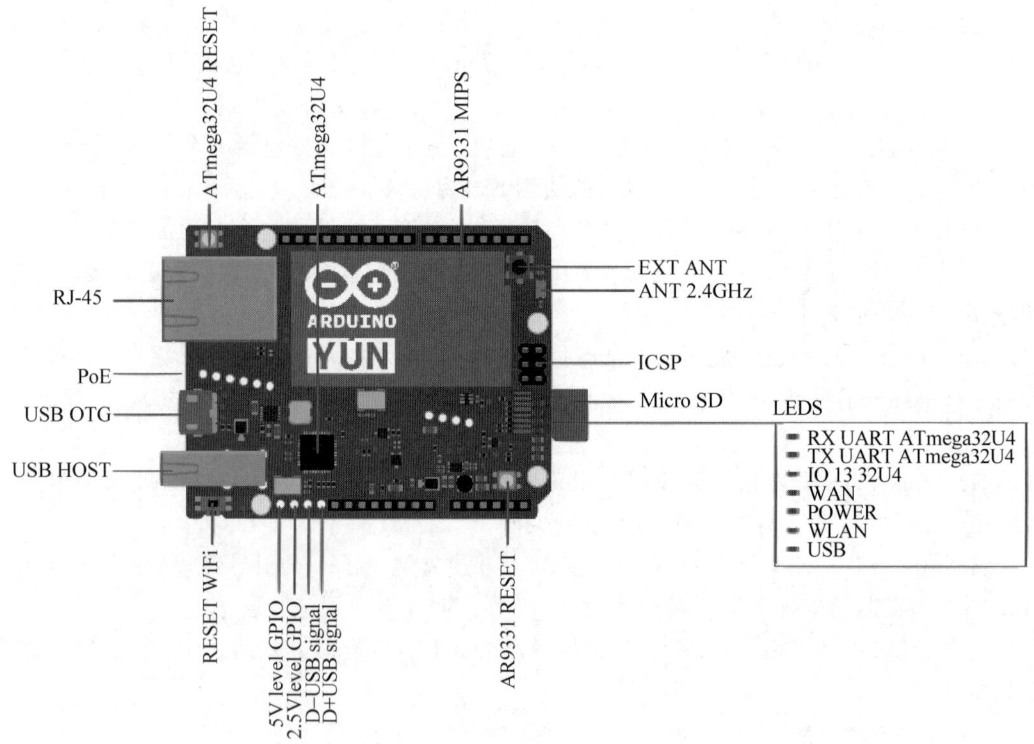

图 1-4　Arduino YUN 开发板输出引脚

1.3
微课视频

1.3　Arduino DUE 开发板

Arduino DUE 开发板提供了一个 32 位微控制器，可以用于开发大型项目。Arduino DUE 开发板工作在 3.3V，具有 54 个数字 I/O 引脚（其中 12 个用作 PWM 输出）、12 个模拟引脚、84MHz 时钟、2 个 DAC（数模转换器）和 JTAG 接口，用于直接编程和调试，如图 1-5 所示。

图 1-5　Arduino DUE 开发板

1.3.1　Arduino DUE 概述

Arduino DUE 开发板是基于 Atmel AT91 SAM3X8E ARM Cortex-M3 微控制器（32 位 ARM 内核微控制器）的第一个 Arduino 开发板，有 54 个数字 I/O 引脚、12 个模拟引脚、4 个 UART（通用异步收发器）、84MHz 时钟、2 个 DAC、2 个 TWI、电源插孔、SPI 接口、JTAG 接口、复位按钮和擦除按钮。

与其他 Arduino 开发板不同的是，Arduino DUE 开发板运行在 3.3V，即 I/O 引脚可承受的最大电压为 3.3V，向 I/O 引脚提供更高的电压（如 5V）可能会损坏开发板。

该开发板支持微控制器所需的一切，只需使用 Micro-USB 电缆将其连接到计算机，或用 AC 到 DC 适配器供电即可开始使用。Arduino DUE 开发板与所有 Arduino 扩展板兼容，工作电压为 3.3V，符合 Arduino 1.0 版本的开发板引脚排列。

TWI 是靠近 AREF 引脚的 SDA 和 SCL 引脚。IOREF 引脚能够通过适当的配置让连接的扩展板适应开发板的电压。这样，扩展板就与 Arduino DUE 开发板之类的 3.3V 开发板和基于 AVR、工作电压为 5V 的开发板兼容，未连接引脚留作将来使用。

Arduino DUE 开发板拥有 32 位 ARM 内核，优于典型的 8 位微控制器开发板。主要特点如下：

(1) 有一个 32 位内核，允许在单个 CPU 时钟内对 4 字节的数据进行操作。

(2) CPU 时钟频率为 84MHz。

(3) 有 96KB SRAM。

(4) 有 512KB 闪存的代码存储空间。

(5) 有一个 DMA 控制器，可以缓解 CPU 执行内存密集型任务。

Arduino DUE 开发板微控制器参数和总体参数如表 1-6 和表 1-7 所示。

表 1-6 Arduino DUE 开发板微控制器参数

参　　数	说　　明
微控制器	AT91SAM3X8E
结构特点	ARM Cortex-M3
工作电压	3.3V
闪存	512KB
SRAM	96KB(64KB 和 32KB)
时钟速度	84MHz
模拟引脚	12 个+2 个 DAC
每个 I/O 引脚的电流	9mA/3mA

表 1-7 Arduino DUE 开发板总体参数

参　　数	说　　明
输入电压	5～12V
数字 I/O 引脚	54 个
PWM 输出	12 个
功率消耗	100mA
PCB 尺寸	53.3mm×101.52mm
重量	36g
产品代码	A000062

1.3.2 Arduino DUE 技术规范

本部分主要介绍 Arduino DUE 开发板的电源、存储器、输入和输出、通信、编程、USB 过电流保护、物理特性。

1. 电源

Arduino DUE 开发板可通过 USB 端口或者外部电源供电。自动选择电源，外部（非 USB）电源可以是 AC-DC 适配器（壁式），也可以是电池。通过将 2.1mm 中心正极插头插入开发板的电源插座即可连接适配器，电池的引线可插入电源连接器的 GND 和 Vin 引脚。

开发板可由 6～20V 外部电源供电。然而，如果电源电压低于 7V，那么 5V 引脚可能会提供低于 5V 的电压，开发板也许会不稳定。如果电源电压超过 12V，稳压器可能会过热，从而损坏开发板，电压范围建议为 7～12V。电源引脚如下：

Vin：为使用外部电源时 Arduino 开发板的输入电压（与通过 USB 连接或其他稳压电源提供的 5V 电压相对）。如果通过电源插座提供电压，则可通过该引脚。

5V：该引脚通过开发板上的稳压器输出 5V 电压。开发板可由直流电源插座（7～12V）、USB 端口（5V）或开发板的 Vin 引脚（7～12V）供电。通过 5V 或 3.3V 引脚供电会旁路稳压器，从而损坏开发板，不建议如此。

3V3：为板载稳压器产生的 3.3V 电源。最大电流消耗为 800mA。该稳压器还为 AT91SAM3X8E 微控制器供电。

GND：接地引脚。

IOREF：在 Arduino 开发板上，该引脚提供微控制器的参考工作电压。配置得当的扩展板可以读取 IOREF 引脚电压，选择合适的电源或者启动输出的电压转换器以便在 5V 或 3.3V 电压下运行。

2. 存储器

SAM3X 带有 512KB(2 个 256KB)闪存，可存储代码。Atmel 在工厂内已将启动加载器预先烧录到了专用 ROM 存储器中。可用 SRAM 为 96KB，被划分成 2 个相邻的部分，分别为 64KB 和 32KB。所有可用存储器(闪存、RAM 和 ROM)均可作为寻址空间直接访问。

可以利用板载“擦除”按钮清除 AT91SAM3X8E 的闪存，将当前加载的程序从 MCU 中移除。开发板通电时，按下“擦除”按钮并保持几秒钟即可擦除。

3. 输入和输出

数字 I/O：数字引脚 0～53。利用 pinMode()、digitalWrite()和 digitalRead()函数，DUE 开发板上的 54 个数字 I/O 引脚都可用作输入或输出。它们的工作电压为 3.3V。根据引脚的不同，每个引脚都可以提供(源)3mA 或 15mA 的电流，或者接受(吸收)6mA 或 9mA 的电流。它们还有 1 个 100kΩ 的内部上拉电阻(默认情况下断开)。此外，某些引脚还具有特殊功能：

串口：数字引脚 0(RX)和数字引脚 1(TX)；

串口 1：数字引脚 19(RX)和数字引脚 18(TX)；

串口 2：数字引脚 17(RX)和数字引脚 16(TX)；

串口 3：数字引脚 15(RX)和数字引脚 14(TX)。

上述引脚用于接收(RX)和发送(TX)TTL 串口数据(3.3V 电平)。数字引脚 0 和 1 与 ATmega16U2 USB 转 TTL 串口芯片的相应引脚相连。

PWM：数字引脚 2～13。使用 analogWrite()函数提供 8 位 PWM 输出。可以用 analogWriteResolution()函数改变 PWM 的分辨率。

SPI：SPI 引脚(其他 Arduino 开发板上的 ICSP 接口)支持利用 SPI 库文件进行 SPI 通信。SPI 引脚被引出到中央数字引脚 6 上，其与 Arduino UNO、LEONARDO 和 Arduino MEGA 2560 开发板物理兼容。SPI 只可用于与其他 SPI 元器件通信，不可用于通过在线串行技术给 AT91SAM3X8E 编程。Arduino DUE 开发板的 SPI 还具有扩展 SPI 使用的高级特性。

CAN：CANRX 和 CANTX。该引脚支持 CAN 通信协议，但还未得到 Arduino API 的支持。

LED：数字引脚 13。有 1 个内置式 LED 连接至数字引脚 13。在引脚为高电平时，LED 打开；引脚为低电平时，LED 关闭。还可以给 LED 调光，因为数字引脚 13 还是 PWM 输出。

TWI 1：数字引脚 20(SDA)和数字引脚 21(SCL)。

TWI 2：SDA1 和 SCL1 引脚。

支持通过 Wire 库文件实现 TWI 通信。可以利用 Wire 库文件提供的 Wire1 组控制 SDA1 和 SCL1。虽然 SDA 和 SCL 有内部上拉电阻，但是 SDA1 和 SCL1 却没有。在 SDA1 和 SCL1 线路上添加 2 个上拉电阻方可使用 Wire1 库文件。

模拟输入：模拟引脚 A0～A11。DUE 开发板有 12 个模拟引脚，每个模拟引脚均可提供 12 位的分辨率(即 4096 个不同的数值)。默认情况下，为了与其他 Arduino 开发板兼容，读数的分辨率设为 10 位。可以利用 analogReadResolution()改变 ADC 的分辨率。

Arduino DUE 开发板模拟引脚的电压为 0～3.3V（最大值）。在 Arduino DUE 开发板的引脚上施加高于 3.3V 的电压会损坏 AT91SAM3X8E 芯片。在 Arduino DUE 开发板上，analogReference()函数被忽略。

AREF：该引脚通过电阻桥与 AT91SAM3X8E 模拟参考引脚相连。如需使用 AREF 引脚，必须将电阻 BR1 从 PCB 上拆下来。

DAC1 和 DAC2：这些引脚通过 analogWrite()函数为真正的模拟输出引脚提供了 12 位分辨率（4096 个电平），可用于通过音频库创建音频输出。

开发板上的其他引脚：

AREF：模拟输入的参考电压，与 analogReference()一起使用。

RESET：降低线路值以复位微控制器，通常用于为扩展板添加复位按钮。

4. 通信

Arduino DUE 开发板有很多工具可供它与计算机、另一个 Arduino 开发板或其他微控制器和不同的元器件（例如手机、平板电脑、照相机等）通信。AT91SAM3X8E 提供了 1 个硬件 UART 和 3 个硬件 USART，可以实现 TTL（3.3V）串口通信。

编程端口与 ATmega16U2 相连，其为计算机上的软件提供了一个虚拟通信端口（如需识别该元器件，运行 Windows 操作系统的计算机需要 1 个.inf 文件，但运行 macOS X 和 Linux 操作系统的计算机会自动将开发板识别成通信端口）。ATmega16U2 还与 SAM3X 硬件 UART 相连。引脚 RX0 和 TX0 上的串口通过 ATmega16U2 微控制器给开发板编程提供了串口转 USB 通信功能。Arduino 软件包含 1 个串行监控器，使得简单的文本数据能够发送到设备或从开发板上发出。当通过计算机的 ATmega16U2 芯片和 USB 连接传输数据时，开发板上的 RX 和 TX 的 LED 会闪烁（但不适于数字引脚 0 和 1 上的串行通信）。

本机 USB 端口连接到 SAM3X。它允许通过 USB 进行串行（CDC）通信。这提供了串行监视器或计算机上其他应用程序的串行连接，可以将 USB 鼠标或键盘模拟到连接的计算机。

本机 USB 端口还可以充当连接外围设备（如鼠标、键盘和智能手机）的 USB 主机。AT91SAM3X8E 还支持 TWI 和 SPI 通信。Arduino 软件包括一个 Wire 库文件，用于简化 TWI 总线的使用。对于 SPI 通信，请使用 SPI 库文件。

5. 编程

可以利用 Arduino 软件给 Arduino DUE 开发板编程。将程序上传至 AT91SAM3X8E，它不同于其他 Arduino 开发板内的 AVR 微控制器，需要擦除闪存方可重新编程。上传由 AT91SAM3X8E 上的 ROM 管理，只有当芯片的闪存为空时，它才运行。

其中 1 个 USB 端口可用于给开发板编程，由于芯片擦除处理方式的原因，建议使用编程端口。

编程端口：在 Arduino IDE 中选择“Arduino DUE（编程端口）”作为开发板即可使用该端口。将 Arduino DUE 开发板的编程端口（最靠近直流电压插座的端口）连至计算机。编程端口将 ATmega16U2 用作连至 AT91SAM3X8E 的第一个 UART（RX0 和 TX0）的 USB 转串口芯片。ATmega16U2 有 2 个引脚连至 AT91SAM3X8E 的复位和擦除引脚。打开和关闭连接速度为 1200 波特的编程端口会触发 SAM3X 芯片的“硬擦除”规程：激活 AT91SAM3X8E 上的擦除和复位引脚，然后与 UART 通信。建议使用该端口给 Arduino DUE 开发板编程。这比 Native 端口上的“软擦除”更可靠，并且即使主 MCU 已经崩溃，它也能正常运行。

Native USB 端口：在 Arduino IDE 中选择"Arduino DUE(Native USB 端口)"作为开发板即可使用该端口。Native USB 端口直接连至 AT91SAM3X8E。将 Arduino DUE 开发板的 Native USB 端口(最靠近复位按钮的端口)连至计算机。打开和关闭连接速度为 1200 波特的 Native USB 端口会触发"软擦除"规程：闪存被清除，开发板通过启动加载器重启。如果 MCU 由于某种原因而崩溃了，那么很可能是软擦除规程失灵，因为该规程完全是在 AT91SAM3X8E 上的软件内发生的。打开和关闭波特率不同的 Native USB 端口不会复位 AT91SAM3X8E。

与其他 Arduino 开发板不同，Arduino DUE 开发板采用 bossac。Arduino 库文件提供 ATmega16U2 固件源代码，可以使用带有外部编程器(覆写 DFU 启动加载器)的 ISP 接口。

6. USB 过电流保护

Arduino DUE 开发板有 1 根自恢复保险丝，能够保护计算机 USB 端口免遭短路和过电流的损害。尽管大部分计算机都有它们自己的内部保护，但保险丝提供了更多一层保护。如果施加到 USB 端口上的电流超过 500mA，那么保险丝会自动切断连接，直到短路或过电流情况消失为止。

7. 物理特性

Arduino DUE 开发板 PCB 的最大长度和宽度分别为 4inch 和 2.1inch，USB 连接器和电源插孔延伸超出以前的尺寸。三个螺孔允许开发板连接到表面或外壳。请注意，数字引脚 7 和 8 之间的距离为 160mil(0.16″)，而不是其他引脚的 100 mil 间距的偶数倍。

Arduino DUE 开发板的设计与面向 Arduino UNO、Diecimila 或 Duemilanove 的扩展板大多都兼容。数字引脚 0～13(相邻的 AREF 与 GND 引脚)、模拟引脚 A0～A5、电源引脚和 ICSP(SPI)接口都在对应的位置。并且，主 UART 位于相同的数字引脚 0 和 1 上。请注意，I2C 不在与 Arduino Duemilanove/Arduino Diecimila(模拟输入引脚 4 和 5)相同的引脚上。

1.4　Arduino MEGA 2560 开发板

1.4
微课视频

Arduino MEGA 2560 开发板是 Arduino UNO 开发板的增强版，为大型项目而准备。Arduino MEGA 2560 开发板有非常多的引脚，以供 3D 打印机和机器人这类复杂的项目使用。如果使用 Arduino UNO 开发板做项目，但却发现需要更多的引脚，那么 Arduino MEGA 2560 开发板将是一个很好的选择，如图 1-6 所示。

图 1-6　Arduino MEGA 2560 开发板

1.4.1 Arduino MEGA 2560 概述

Arduino MEGA 2560 开发板是一款基于 ATmega2560 的微控制器。它有 54 个数字 I/O 引脚(其中 15 个可用作 PWM 输出)、16 个模拟引脚、4 个 UART、1 个 16MHz 晶体振荡器、1 个 USB 连接、1 个电源插座、1 个 ICSP 接口和 1 个复位按钮。它支持微控制器所需的一切,只需通过 USB 电缆将其连至计算机,通过 AC-DC 适配器或电池为其供电即可开始工作。Arduino MEGA 2560 开发板与面向 Arduino Duemilanove 或 Arduino Diecimila 的扩展板大多都兼容。

Arduino MEGA 2560 开发板是 Arduino MEGA 开发板的更新版本。Arduino MEGA 2560 开发板与先前的所有开发板都不同,因为它未使用 FTDI USB 转串口芯片,而将 ATmega16U2(R1 和 R2 开发板内的 ATmega8U2)替代了原有的 USB 转串口芯片。

Arduino MEGA 2560 R2 开发板有 1 个电阻器,能将 ATmega8U2 HWB 线路接地,从而更轻松地进入 DFU 模式。Arduino MEGA 2560 R3 开发板具有以下新特性。

引脚：在 AREF 引脚附近添加了 SDA 和 SCL 引脚,在 RESET 引脚附近添加了另外 2 个新引脚,IOREF 让扩展板能够适应开发板提供的电压。将来,扩展板会与使用 AVR 且工作电压为 5V 的开发板以及工作电压为 3.3V 的 Arduino DUE 开发板兼容。第二个引脚是未连接引脚,用于将来的扩展。Arduino MEGA 2560 开发板的微控制器参数及总体参数,如表 1-8 和表 1-9 所示。

表 1-8 Arduino MEGA 2560 开发板的微控制器参数

参　数	说　明
微控制器	ATmega2560
结构特点	AVR
工作电压	5V
闪存	256KB,其中 8KB 由引导加载程序使用
SRAM	8KB
时钟速度	16MHz
模拟引脚	16 个
EEPROM	4KB
每个 I/O 引脚的电流	20mA

表 1-9 Arduino MEGA 2560 开发板总体参数

参　数	说　明
输入电压	5～12V
数字 I/O 引脚	54 个(其中 15 个提供 PWM 输出和 4 个 UART)
PWM 输出	15 个
功率消耗	38mA
PCB 尺寸	53.3mm×101.5mm
重量	37g
产品代码	A000067

1.4.2 Arduino MEGA 2560 技术规范

本部分主要介绍 Arduino MEGA 2560 开发板的电源、存储器、输入和输出、通信、编程、自动(软件)复位、USB 过电流保护和物理特性。

1. 电源

Arduino MEGA 2560 开发板可通过 USB 连接或者外部电源供电。自动选择电源,外部(非 USB)电源可以是 AC-DC 适配器(壁式),也可以是电池。通过将 2.1mm 中心正极插头插入开发板的电源插座即可连接适配器。电池的引线可插入电源连接器的 GND 和 Vin 引脚。

开发板可由 6～20V 外部电源供电。然而,如果电源电压低于 7V,那么 5V 引脚可能会提供低于 5V 的电压,开发板也许会不稳定。如果电源电压超过 12V,稳压器可能会过热,从而损坏开发板,电压范围建议为 7～12V。电源引脚如下:

Vin:为使用外部电源时 Arduino 开发板的输入电压(与通过 USB 连接或其他稳压电源提供的 5V 电压相对)。如果通过电源插座提供电压,则可通过该引脚。

5V:该引脚通过开发板上的稳压器输出 5V 电压。开发板可由直流电源插座(7～12V)、USB(5V)或开发板的 Vin 引脚(7～12V)供电。通过 5V 或 3.3V 引脚供电会旁路稳压器,从而损坏开发板,不建议如此。

3V3:板载稳压器产生的 3.3V 电源,最大电流消耗为 50mA。

GND:接地引脚。

IOREF:在 Arduino 开发板上,该引脚提供微控制器的参考工作电压。配置得当的扩展板可以读取 IOREF 引脚电压,选择合适的电源或者启动输出电压转换器以便在 5V 或 3.3V 电压下运行。

2. 存储器

ATmega2560 带有用于存储代码的 256KB 闪存(其中 8KB 被启动加载器占用)、8KB SRAM 和 4KB EEPROM(可通过 EEPROM 库文件实现读取和写入操作)。

3. 输入和输出

利用 pinMode()、digitalWrite()和 digitalRead()函数,Arduino MEGA 开发板上的 54 个数字引脚都可用作输入或输出。它们的工作电压为 5V。每个引脚都可以提供或接受最高 40mA 的电流,都有 1 个 20～50kΩ 的内部上拉电阻(默认情况下断开)。此外,某些引脚还具有特殊功能:

串口:数字引脚 0(RX)和数字引脚 1(TX)。

串口 1:数字引脚 19(RX)和数字引脚 18(TX)。

串口 2:数字引脚 17(RX)和数字引脚 16(TX)。

串口 3:数字引脚 15(RX)和数字引脚 14(TX)。

用于接收(RX)和发送(TX)TTL 串口数据。数字引脚 0 和 1 也与 ATmega16U2 USB 转 TTL 串口芯片的相应引脚相连。

外部中断:数字引脚 2(中断 0)、数字引脚 3(中断 1)、数字引脚 18(中断 5)、数字引脚 19(中断 4)、数字引脚 20(中断 3)和数字引脚 21(中断 2)。这些引脚可以配置在低电平、上升沿、下降沿、数值变化时触发中断。详情请参照 attachInterrupt()函数。

PWM：数字引脚2～13和数字引脚44～46。使用analogWrite()函数提供8位PWM输出。

SPI：数字引脚50（MISO）、数字引脚51（MOSI）、数字引脚52（SCK）、数字引脚53（SS）。这些引脚支持利用SPI库进行通信。SPI引脚还被引出到ICSP接口上，与Arduino UNO、Arduino Duemilanove和Arduino Diecimila物理兼容。

LED：数字引脚13。有1个内置式LED连至数字引脚13。在引脚为高电平时，LED打开；引脚为低电平时，LED关闭。

TWI：数字引脚20(SDA)和数字引脚21(SCL)。支持利用Wire库文件进行TWI通信。请注意，这些引脚与Arduino Duemilanove或Arduino Diecimila上的TWI引脚位置不同。

Arduino MEGA 2560有16个模拟引脚，每个模拟引脚都提供10位的分辨率(即1024个不同的数值)。默认情况下，它们的电压为0～5V，可以利用AREF引脚和analogReference()函数改变其范围的上限值。

开发板上还有另外2个引脚：

AREF：为模拟输入的参考电压，与analogReference()一起使用；

RESET：降低线路值以复位微控制器，通常用于为扩展板添加复位按钮。

4. 通信

Arduino MEGA 2560开发板有很多工具可供它与计算机、另一个Arduino开发板或其他微控制器通信。ATmega 2560提供了4个硬件UART，可以实现TTL(5V)串口通信。开发板上的ATmega16U2(R1和R2开发板内的ATmega8U2)会通过USB进行该串行通信，为计算机上的软件提供了一个虚拟通信端口(运行Windows操作系统的计算机需要1个.inf文件，但macOS X和Linux操作系统的计算机会自动将开发板识别成通信端口)。Arduino软件包含1个串行监控器，使得简单的文本数据能够发送到设备或从开发板上发出。当通过计算机的ATmega8U2/ATmega16U2芯片和USB连接传输数据时，开发板上的RX和TX的LED会闪烁(但不适于数字引脚0和1上的串行通信)。

SoftwareSerial库文件可以在Arduino MEGA 2560开发板上的任何数字引脚上进行串行通信。ATmega2560还支持TWI和SPI通信。Arduino软件包含1个Wire库文件，可简化TWI总线的使用；至于SPI通信，则使用SPI库文件。

5. 编程

可以利用Arduino软件给Arduino MEGA 2560开发板编程。Arduino MEGA开发板上的ATmega2560预先烧录了启动加载器，从而无须使用外部硬件编程器即可将新代码上传。它利用原始的STK500协议进行通信。还可以旁路启动加载器，利用Arduino ISP等通过ICSP接口为微控制器编程。

Arduino库文件提供ATmega16U2(或R1和R2开发板内的ATmega8U2)固件源代码。ATmega16U2/8U2配有DFU启动加载器，它可以通过下列方式激活：

在R1开发板上：连接开发板背面上的焊接跨接线，然后复位ATmega8U2。

在R2或更新的开发板上：有1个电阻，能将ATmega8U2/16U2 HWB线路接地，从而能更轻松地进入DFU模式。然后，可以利用Atmel FLIP软件(Windows)或者DFU编程器(macOS X和Linux)来加载新固件。或者可以使用带有外部编程器(覆写DFU启动加载器)的ISP接口。

6. 自动(软件)复位

Arduino MEGA 2560 开发板的设计让它能够运行连接计算机上的软件复位,而不需要在上传前按下复位按钮。ATmega8U2 的一条硬件流程控制线路(DTR)通过 1 个 100nF 电容器与 ATmega2560 的复位线路连接。该线路被复位(降低)时,复位线路电压下降足够大以至于芯片复位。Arduino 软件利用该功能,只需在 Arduino 开发环境中按下"上传"按钮即可上传代码。这就意味着,启动加载器的暂停时间更短,因为降低 DTR 能够和开始上传时间协调一致。

该设置还有其他含义。Arduino MEGA 2560 开发板连接至运行 macOS X 或 Linux 操作系统的计算机时,每次通过 USB 连接时它都会复位。在接下来的 0.5s 左右的时间内,启动加载器在 Arduino MEGA 2560 开发板上运行。虽然它被设定为忽略不良数据,但它会在连接打开之后拦截发送给开发板数据的前几字节。如果首次启动时,在开发板上运行的程序收到了一次性配置或其他数据,要确保与之通信的软件会在打开连接之后稍等一下才发送该数据。

Arduino MEGA 2560 开发板有一条迹线,切断它,可禁用自动复位。可将迹线两边的焊盘焊到一起重新启用自动复位。它标有 RESET-EN 字样。也可通过在 5V 电源和复位线路之间连接 1 个 110Ω 的电阻禁用自动复位。

7. USB 过电流保护

Arduino MEGA 2560 开发板有 1 根自动恢复保险丝,能够保护计算机 USB 端口免遭短路和过电流的损害。尽管大部分计算机都有它们自己的内部保护,但保险丝提供了更多一层保护。如果施加到 USB 端口上的电流超过 500mA,那么保险丝会自动切断连接,直到短路或过电流情况消失为止。

8. 物理特性

Arduino MEGA 2560 开发板 PCB 的最大长度和宽度分别为 4inch 和 2.1inch,USB 连接器和电源插座超出了以前的尺寸。3 个螺丝孔让开发板能够附着在表面或外壳上。请注意,数字引脚 7 和 8 之间的距离是 160mil(0.16"),而不是其他引脚的 100mil 间距的偶数倍。

Arduino MEGA 2560 开发板的设计与面向 Arduino UNO、Arduino Diecimila 或 Arduino Duemilanove 的扩展板大多都兼容。数字引脚 0～13(和相邻的 AREF 与 GND 引脚)、模拟引脚 A0～A5、电源头和 ICSP 接口都在对应的位置。并且,主 UART 位于相同的数字引脚 0 和 1 上,外部中断 0 和 1(分别为数字引脚 2 和 3)也一样。SPI 通过 Arduino MEGA 2560 开发板和 Arduino Duemilanove/Arduino Diecimila 开发板上的 ICSP 接口提供。

请注意,I2C 在 Arduino MEGA 2560 开发板(数字引脚 20 和 21)上的位置与在 Arduino Duemilanove/Arduino Diecimila 开发板(模拟引脚 A4 和 A5)上的不同。

1.5 Arduino LEONARDO 开发板

1.5
微课视频

Arduino LEONARDO 开发板是一个集成了 USB HID 的开发板,如果项目需要开发板作为 USB 交互设备(键盘、鼠标等),这是一个理想的选择。

Arduino LEONARDO 开发板可以集成 USB 转换器来模拟一个计算机键盘或鼠标。它有两个串口,更多的 PWM 输出和模拟输入,如图 1-7 所示。

图 1-7 Arduino LEONARDO 开发板

1.5.1 Arduino LEONARDO 概述

Arduino LEONARDO 开发板是一款基于 ATmega32U4 的微控制器。它有 20 个数字 I/O 引脚(其中 7 个可用作 PWM 输出),12 个模拟引脚、1 个 16MHz 晶体振荡器、1 个 Micro-USB 连接、1 个电源插座、1 个 ICSP 接口和 1 个复位按钮。它包含了支持微控制器所需的一切,只需通过 USB 电缆将其连至计算机、通过 AC-DC 适配器或电池为其供电即可开始。

Arduino LEONARDO 开发板与先前的所有开发板都不同,因为 ATmega32U4 具有内置式 USB 通信,从而无需二级处理器。这样,除了虚拟(CDC)串行通信端口,Arduino LEONARDO 开发板还可以充当计算机的鼠标和键盘。它对开发板的性能也有影响。Arduino LEONARDO 开发板的微控制器参数及总体参数,如表 1-10 和表 1-11 所示。

表 1-10 Arduino LEONARDO 开发板的微控制器参数

参 数	说 明
微控制器	ATmega32U4
结构特点	AVR
工作电压	5V
闪存	32KB,其中 4KB 由引导加载程序使用
SRAM	2.5KB
时钟速度	16MHz
模拟引脚	12 个
EEPROM	1KB
每个 I/O 引脚的电流	10mA

表 1-11 Arduino LEONARDO 开发板的总体参数

参 数	说 明
输入电压	7～12V
数字 I/O 引脚	20 个(其中 7 个提供 PWM 输出)

续表

参　　数	说　　明
PWM 输出	7 个
功率消耗	31mA
PCB 尺寸	53.3mm×68.6mm
重量	20g(带接头)；14g(无接头)
产品代码	A000057(带接头)；A000052(无接头)

1.5.2　Arduino LEONARDO 技术规范

本部分主要介绍 Arduino LEONARDO 开发板的电源、存储器、输入和输出、通信、编程、自动(软件)复位、USB 过电流保护和物理特性。

1. 电源

Arduino LEONARDO 开发板可通过 Micro-USB 连接或者外部电源供电。自动选择电源。外部(非 USB)电源可以是 AC-DC 适配器(壁式)，也可以是电池。通过将 2.1mm 中心正极插头插入开发板的电源插座即可连接适配器。电池的引线可插入电源连接器的 GND 和 Vin 引脚。

开发板可由 6～20V 外部电源供电。然而，如果电源电压低于 7V，那么 5V 引脚可能会提供低于 5V 的电压，开发板也许会不稳定。如果电源电压超过 12V，稳压器可能会过热，从而损坏开发板。电压范围建议为 7～12V，电源引脚如下：

Vin：为使用外部电源时 Arduino 开发板的输入电压(与通过 USB 连接或其他稳压电源提供的 5V 电压相对)。可以通过该引脚使用电源插座提供电压。

5V：用于为开发板上的微控制器和其他元件供电。开发板可以由 Vin 供电，或由 USB 供电。

3V3：板载稳压器产生的 3.3V 电源，最大电流消耗为 50mA。

GND：接地引脚。

IOREF：开发板的 I/O 引脚的工作电压(即开发板的 VCC)。在 Arduino LEONARDO 开发板上，该值为 5V。

2. 存储器

ATmega32U4 具有 32KB 闪存(其中 4KB 被启动加载器占用)、2.5KB SRAM 和 1KB EEPROM(其可通过 EEPROM 库文件实现读取和写入操作)。

3. 输入和输出

利用 pinMode()、digitalWrite()和 digitalRead()函数，Arduino LEONARDO 开发板上有 20 个数字 I/O 引脚。它们的工作电压为 5V。每个引脚都可以提供或接受最高 40mA 的电流，都有 1 个 20～50kΩ 的内部上拉电阻(默认情况下断开)。此外，某些引脚还具有特殊功能：

串口：数字引脚 0(RX)和数字引脚 1(TX)。用于通过 ATmega32U4 硬件串口功能接收(RX)和发送(TX)TTL 串口数据。请注意，在 Arduino LEONARDO 开发板上，串口是指 USB(CDC)通信；至于数字引脚 0 和引脚 1 上的 TTL 串口，则使用 Serial1。

TWI：数字引脚 2(SDA)和数字引脚 3(SCL)。支持通过 Wire 库文件进行 TWI 通信。

外部中断：数字引脚 3（中断 0）、数字引脚 2（中断 1）、数字引脚 0（中断 2）、数字引脚 1（中断 3）和数字引脚 7（中断 4）。这些引脚可以配置成在低电平、上升沿、下降沿或者数值变化时触发中断。详情请参照 attachInterrupt()函数。

PWM：数字引脚 3、5、6、9、10、11 和 13。使用 analogWrite()函数提供 8 位 PWM 输出。

SPI：在 ICSP 接口上。这些引脚支持利用 SPI 库进行 SPI 通信。请注意，SPI 引脚未连接至任何数字 I/O 引脚，因为它们在 Arduino LEONARDO 开发板上，且只在 ICSP 连接器上。这就意味着，如果扩展板使用 SPI，但没有连接至 Arduino LEONARDO 开发板的 6 引脚 ICSP 接口，那么扩展板就无法工作。

LED：数字引脚 13。有 1 个内置式 LED 连接至数字引脚 13。在引脚为高电平时，LED 打开；引脚为低电平时，LED 关闭。

模拟输入：模拟引脚 A0～A5、A6～A11（在数字引脚 4、6、8、9、10 和 12 上）。Arduino LEONARDO 开发板有 12 个模拟引脚，编号为 A0～A11，全都可以用作数字 I/O。模拟引脚 A0～A5 的位置与在 Arduino UNO 开发板上的相同；模拟引脚 A6～A11 分别在数字 I/O 引脚 4、6、8、9、10 和 12 上。每个模拟引脚都提供 10 位的分辨率（即 1024 个不同的数值）。默认情况下，模拟输入的电压为 0～5V，可以利用 AREF 引脚和 analogReference()函数改变其范围的上限值。

开发板上还有另外 2 个引脚：

(1) AREF：模拟输入的参考电压，与 analogReference()一起使用。

(2) RESET：降低线路值以复位微控制器，通常用于为扩展板添加复位按钮。

4. 通信

Arduino LEONARDO 开发板有很多工具可供它与计算机、另一个 Arduino 开发板或其他微控制器通信。ATmega32U4 提供了可在数字引脚 0（RX）和 1（TX）上进行的 UART TTL（5V）串口通信。ATmega32U4 还会通过 USB 进行串行通信，在计算机上充当软件的虚拟通信端口。芯片还可充当全速 USB 2.0 元器件，采用标准 USB COM 驱动器。在 Windows 上，需要 1 个.inf 文件。Arduino 软件包含 1 个串行监控器，使得简单的文本数据能够发送到设备或者从 Arduino 开发板上发出。当通过计算机的 USB 连接传输数据时，开发板上的 RX 和 TX 的 LED 会闪烁（但不适于数字引脚 0 和引脚 1 上的串行通信）。

SoftwareSerial 库文件可以在 Arduino LEONARDO 开发板的任何数字引脚上进行串行通信。ATmega32U4 还支持 I2C（TWI）和 SPI 通信。Arduino 软件包含 1 个 Wire 库文件，可简化 I2C 总线的使用；至于 SPI 通信，则使用 SPI 库文件。

Arduino LEONARDO 开发板可充当通用键盘和鼠标，可以利用键盘和鼠标组控制这些输入元器件。

5. 编程

可以利用 Arduino 软件（下载）给 LEONARDO 开发板编程。通过 Tools→Board 菜单选择"Arduino LEONARDO"。

Arduino LEONARDO 开发板上的 ATmega32U4 预先烧录了启动加载器，从而无须使用外部硬件编程器即可将新代码上传，利用 AVR109 协议进行通信。

还可以旁路启动加载器，利用 Arduino ISP 等通过 ICSP 接口为微控制器编程。

6. 自动（软件）复位

Arduino LEONARDO 开发板的设计让它能够运行计算机上的软件复位，而不需要在上传前按下复位按钮。Arduino LEONARDO 开发板的虚拟串行/通信端口在 1200 波特下打开，然后关闭时，复位被触发。当这发生时，处理器会复位，从而中断计算机的 USB 连接（意味着虚拟串行/通信端口会消失）。处理器复位之后，启动加载器，保持运行约 8s。还可以通过按下 Arduino LEONARDO 开发板上的复位键来启动加载器。

请注意：开发板第一次通电时，它会直接跳至用户程序（如果存在的话），而不是启动加载器。

由于 Arduino LEONARDO 开发板处理复位的方式，用户最好让 Arduino 软件试着启动复位，然后再上传程序。如果软件无法复位开发板，可以通过按下开发板上的复位按钮来启动加载器。

7. USB 过电流保护

Arduino LEONARDO 开发板有 1 根自动恢复保险丝，能够保护计算机 USB 端口免遭短路和过电流的损害。尽管大部分计算机都有它们自己的内部保护，但保险丝提供了更多一层保护。如果施加到 USB 端口上的电流超过 500mA，那么保险丝会自动切断连接，直到短路或过电流情况消失为止。

8. 物理特性

Arduino LEONARDO 开发板 PCB 的最大长度和宽度分别为 2.7inch 和 2.1inch，USB 连接器和电源插座超出了以前的尺寸。4 个螺丝孔让开发板能够附着在表面或外壳上。请注意，数字引脚 7 和数字引脚 8 之间的距离是 160mil（0.16inch），而不是其他引脚的 100mil 间距的偶数倍。

1.6 Arduino ETHERNET 开发板

1.6
微课视频

Arduino ETHERNET 开发板相当于有以太网连接的 Arduino UNO 开发板，Arduino ETHERNET 开发板类似于 Arduino UNO 开发板加一个 RJ45 以太网连接，如图 1-8 所示。

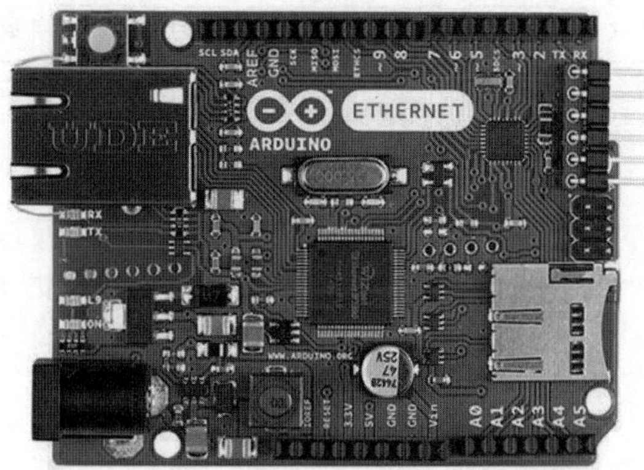

图 1-8　Arduino ETHERNET 开发板

1.6.1 Arduino ETHERNET 概述

Arduino ETHERNET 开发板是一款基于 ATmega328p 微控制器的开发板。它有 14 个数字 I/O 引脚、6 个模拟引脚、1 个 16MHz 晶体振荡器、1 个 RJ45 连接、1 个电源插座、1 个 ICSP 接口和 1 个复位按钮。

数字引脚 10～13 只能用于连接以太网模块。这样就将可用引脚减至 9 个，其中 4 个可用作 PWM 输出，还可以选择为开发板添加以太网供电模块。

Arduino ETHERNET 开发板不同于其他开发板，因为它没有板载 USB 转串口驱动器芯片，但是有 1 个 Wiznet 以太网接口，该接口与以太网扩展板上的接口一样。

板载 Micro-SD 读卡器可用于存储文件，能够通过 SD 库文件进行访问。数字引脚 10 留作 Wiznet 接口。

数字引脚 6 串行编程接口与 USB 转串口适配器兼容，与 FTDI USB 电缆或 Sparkfun 和 Adafruit FTDI 式基本 USB 转串口分线板也兼容。它支持自动复位，从而无须按下开发板上的复位按钮即可上传程序。插入 USB 转串口适配器时，Arduino ETHERNET 开发板由适配器供电。

开发板 R3 引进了标准化引脚：

(1) AREF 引脚附近新增 SDA 和 SCL 引脚以及另外 2 个靠近 RESET 的新引脚，这样扩展板就有可能使用与所有 Arduino 开发板都兼容的 I2C 或 TWI 元件。

(2) IOREF 引脚让扩展板能够适应开发板提供的电压。采用 IOREF 引脚的扩展板与使用 AVR 且工作电压为 5V 的开发板和工作电压为 3.3V 的 Arduino DUE 开发板兼容。紧挨着 IOREF 是 1 个未连接引脚，留作将来扩展用。

Arduino ETHERNET 开发板的微处理器参数、微控制器参数和总体参数，如表 1-12～表 1-14 所示。

表 1-12 Arduino ETHERNET 开发板的微处理器参数

参　　数	说　　明
以太网	802.3 10/100Mb/s

表 1-13 Arduino ETHERNET 开发板的微控制器参数

参　　数	说　　明
微控制器	ATmega328p
结构特点	AVR
工作电压	5V
闪存	32KB，0.5KB 用于引导程序
SRAM	2KB
时钟速度	16MHz
模拟引脚	6 个
EEPROM	1KB
每个 I/O 引脚的电流	40mA

表 1-14 Arduino ETHERNET 开发板的总体参数

参　　数	说　　明
输入电压	7～12V
输入 PoE 电压	36～57V
保留引脚	数字引脚 10～13 SPI 使用；数字引脚 4 用于 SD 卡；2 个 W5100 中断(桥接)
数字 I/O 引脚	14 个
PWM 输出	4 个
功率消耗	150mA
PCB 尺寸	53.34mm×68.58mm
读卡器	Micro-SD 卡，带有电压转换器
重量	28g
产品代码	A000068 (无 PoE)；A000074 (有 PoE)

1.6.2 Arduino ETHERNET 技术规范

本部分主要介绍 Arduino ETHERNET 开发板的电源、存储器、输入和输出、通信、编程和物理特性。

1. 电源

开发板还可由外部电源、可选以太网供电(PoE)模块或者使用 FTDI 电缆/USB 串行连接器供电。外部电源可以是 AC-DC 适配器(壁式)，也可以是电池。通过将 2.1mm 中心正极插头插入开发板的电源插座即可连接适配器。电池的引线可插入电源连接器的 GND 和 Vin 引脚。

开发板可由 6～20V 外部电源供电。然而，如果电源电压低于 7V，那么 5V 引脚可能会提供低于 5V 的电压，开发板也许会不稳定。如果电源电压超过 12V，稳压器可能会过热，从而损坏开发板。电压范围建议为 7～12V。电源引脚如下：

Vin：为使用外部电源时 Arduino 开发板的输入电压(与通过 USB 连接或其他稳压电源提供的 5V 电压相对)。如果通过电源插座提供电压，则可通过该引脚。

5V：该引脚通过开发板上的稳压器输出 5V 电压。开发板可由直流电机电源插座(7～12V)、USB 连接器(5V)或开发板的 Vin 引脚(7～12V)供电。通过 5V 或 3.3V 引脚供电会旁路稳压器，从而损坏开发板，不建议如此。

3V3：板载稳压器产生的 3.3V 电源，最大电流消耗为 50mA。

GND：接地引脚。

IOREF：在 Arduino 开发板上，该引脚提供微控制器的工作电压参考。配置得当的扩展板可以读取 IOREF 引脚电压，选择合适的电源或者启动输出上的电压转换器以便在 5V 或 3.3V 电压下运行。

可选 PoE 模块设计用于从 1 条传统的双绞线 5 类以太网电缆获取电力，有以下特点：

(1) 符合 IEEE 802.3af 要求。

(2) 低输出纹波与噪声(100mVpp)。

(3) 输入电压范围为：36～57V。

(4) 提供过载与短路保护。

(5) 输出电压为 9V。

(6) 高效 DC-DC 转换器：75%(典型值)，50%(负载)。

使用电源适配器时，电源可以是 AC-DC 适配器(壁式)，也可以是电池。通过将 2.1mm 中心正极插头插入开发板的电源插座即可连接适配器。电池的引线可插入电源连接器的 GND 和 Vin 引脚。

2. 存储

ATmega328 具有 32KB 闪存(其中 0.5KB 被启动加载器占用)、2KB SRAM 和 1KB EEPROM(可以利用 EEPROM 库文件读取和写入)。

3. 输入和输出

利用 pinMode()、digitalWrite()和 digitalRead()函数，开发板上的 14 个数字引脚都可用作输入或输出。它们的工作电压为 5V。每个引脚都可以提供或接受最高 40mA 的电流，都有 1 个 20～50kΩ 的内部上拉电阻(默认情况下断开)。此外，某些引脚还具有特殊功能：

串口：数字引脚 0(RX)和数字引脚 1(TX)。用于接收(RX)和发送(TX)TTL 串口数据。

外部中断：数字引脚 2 和数字引脚 3。这些引脚可以配置成在低电平、上升沿、下降沿或者数值变化时触发中断。详情请参照 attachInterrupt()功能。

PWM：数字引脚 3、5、6、9 和 10。使用 analogWrite()功能提供 8 位 PWM 输出。

SPI：数字引脚 10(SS)、数字引脚 11(MOSI)、数字引脚 12(MISO)、数字引脚 13(SCK)。这些引脚支持利用 SPI 库文件进行 SPI 通信。

LED：数字引脚 9。有 1 个内置式 LED 连至数字引脚 9。在引脚为高电平时，LED 打开；引脚为低电平时，LED 关闭。在其他大多数 Arduino 开发板上，该 LED 在数字引脚 13 上。在 Arduino ETHERNET 开发板上，它在数字引脚 9 上，因为数字引脚 13 被用作 SPI 连接的一部分。

Arduino ETHERNET 开发板有 6 个模拟引脚，编号为 A0～A5，每个模拟引脚都提供 10 位的分辨率(即 1024 个不同的数值)。默认情况下，它们的电压为 0～5V，但是可以利用 AREF 引脚和 analogReference()功能改变其范围的上限值。此外，某些引脚还具有特殊功能：

TWI：模拟引脚 A4(SDA)和模拟引脚 A5(SCL)。支持通过 Wire 库文件实现 TWI 通信。

开发板上还有另外 2 个引脚：

AREF：模拟输入的参考电压，与 analogReference()一起使用。

RESET：降低线路值以复位微控制器，通常用于为扩展板添加复位按钮。

4. 通信

Arduino ETHERNET 开发板有很多工具可供它与计算机、另一个 Arduino 开发板或其他微控制器通信。

ATmega328 还支持 TWI 和 SPI 通信。Arduino 软件包含 1 个 Wire 库文件，可简化 TWI 总线的使用；至于 SPI 通信，则使用 SPI 库文件。

开发板还能够通过以太网连至有线网络。连至网络时，需要提供 1 个 IP 地址和 1 个 MAC 地址，完全支持以太网库文件。

可以通过 SD 库文件访问板载 Micro-SD 读卡器。使用该库文件时，SS 在数字引脚 4 上。

5. 编程

Arduino ETHERNET 开发板编程有 2 种方法：通过数字引脚 6 串行编程接口，或利用外部 ISP 编程器。

数字引脚 6 串行编程接口、FTDI USB 电缆和带有 Arduino USB 转串口连接器的 Sparkfun 与 Adafruit FTDI 型基本 USB 转串口分线板兼容。它支持自动复位,从而无须按下开发板上的复位按钮即可上传程序。插入 FTDI 型 USB 适配器时,Arduino ETHERNET 开发板被适配器断电。

还可以旁路启动加载器,利用 Arduino ISP 等通过 ICSP(在线串行编程)接口为微控制器编程。处理以太网扩展板时,所有以太网实例程序都务必修改网络设置。

6. 物理特性

Arduino ETHERNET 开发板 PCB 的最大长度和宽度分别为 2.7inch 和 2.1inch,RJ45 连接器和电源插座超出了以前的尺寸。4 个螺丝孔让开发板能够附着在表面或外壳上。请注意,数字引脚 7 和数字引脚 8 之间的距离是 160mil(0.16″),不是其他引脚间距(100mil)的偶数倍。

1.7 Arduino ROBOT 开发板

1.7
微课视频

Arduino ROBOT 是首款轮子状的 Arduino 开发板。Arduino ROBOT 开发板有 2 个处理器(电机板和控制板),电机板控制电机,控制板读取传感器的数值并决定如何操作,如图 1-9 所示。

图 1-9 Arduino ROBOT 开发板

1.7.1 Arduino ROBOT 概述

每个 Arduino ROBOT 开发板都是一个全面的 Arduino 开发板,可利用 Arduino IDE 进行编程。

电机板和控制板都是基于 ATmega32U4 的微控制器板。Arduino ROBOT 开发板将它的很多引脚映射到了板载传感器和执行器上。

给 Arduino ROBOT 开发板编程的步骤与 Arduino LEONARDO 开发板类似。这 2 个处理器都有内置式 USB 通信,从而无需二级处理器。这样,Arduino ROBOT 开发板就可以充当计算机的虚拟(CDC)串行/通信端口。

一如既往,有了 Arduino 平台,每个硬件、软件和技术文档均可免费获得,并且是开源的。这就意味着,可以确切地了解它的制作方法及如何将它的设计当成自己电路的出发点。Arduino ROBOT 开发板是国际团队共同努力的结果。其控制板和电机板的参数如表 1-15 和表 1-16 所示。

表 1-15　Arduino ROBOT 控制板参数

参　　数	说　　明
微控制器	ATmega32U4
工作电压	5V
输入电压	5V 通过扁平电缆
数字 I/O 引脚	5 个
PWM 通道	6 个
模拟输入通道	4 个(数字 I/O 引脚)
模拟输入通道(复用)	8 个
每个 I/O 引脚的电流	40mA
闪存	32KB(ATmega32U4),其中 4KB 用于引导程序
SRAM	2.5KB(ATmega32U4)
EEPROM(内部)	1KB(ATmega32U4)
EEPROM(外部)	512KB(I2C)
时钟速度	16MHz
键盘	5 键
用电位器控制伺服的位置	附着在模拟引脚的电位计
全彩 LCD	通过 SPI 通信
SD 读卡器	FAT16 格式
扬声器	8Ω
数字式罗盘	提供偏离北方的角度
I2C 焊接端口	3 个
电路原型扩展区域	4 个

表 1-16　Arduino ROBOT 电机板参数

参　　数	说　　明
微控制器	ATmega32U4
工作电压	5V
输入电压	9V 至电池充电器
数字 I/O 引脚	4 个
PWM 通道	1 个
模拟输入通道	4 个(数字 I/O 引脚)
模拟输入通道(复用)	8 个
每个 I/O 引脚的电流	40mA
闪存	32KB(ATmega32U4)其中 4KB 用于引导程序
SRAM	2.5KB(ATmega32U4)
EEPROM(内部)	1KB(ATmega32U4)
EEPROM(外部)	512KB(I2C)
时钟速度	16MHz
AA 电池槽	4 节碱性或镍氢可充电电池
DC-DC 转换器	生成 5V 电源,为开发板供电
微调	运动校正
IR 跟踪传感器	5 个
I2C 焊接端口	1 个
电路原型扩展区域	2 个

1.7.2 Arduino ROBOT 技术规范

本部分主要介绍 Arduino ROBOT 开发板的电源、存储器、输入和输出、通信、编程、自动(软件)复位、USB 过电流保护、物理特性和引脚外观。

1. 电源

Arduino ROBOT 开发板可通过 USB 连接供电或 4 节 AA 电池供电,可自动选择电源。电池盒可容纳 4 节可充电 NiMh AA 电池。注意不要将不可充电电池与 Arduino ROBOT 开发板一起使用。为安全起见,Arduino ROBOT 开发板由 USB 连接供电时,电机被禁用。

Arduino ROBOT 开发板有 1 个板载电池充电器,其需要 AC-DC 适配器(壁式)提供 9V 外部电源。通过将 2.1mm 中心正极插头插入电机板的电源插座即可连接适配器。如果由 USB 供电,充电器则不工作,控制板由电机板上的电源供电。

2. 存储器

ATmega32U4 有 32KB 闪存(其中 4KB 被启动加载器占用)、2.5KB SRAM 和 1KB EEPROM(其可通过 EEPROM 库文件实现读取和写入操作)。控制板有 1 个额外的 512KB EEPROM,可以通过 I2C 进行访问。GTFT 屏上还附有一个外部 SD 读卡器,可以通过控制板上的处理器进行访问以实现附加存储。

3. 输入和输出

Arduino ROBOT 开发板有一系列预焊接连接器。如果需要,还有很多位置,用于安装其他部件。所有连接器都标注在开发板上,通过 ROBOT 库文件映射到指定的端口上,从而使用标准 Arduino 函数。在 5V 电压下,每个引脚都可以提供或接受最高 40mA 的电流。某些引脚还具有特殊功能:

控制板 TK0～TK7:这些引脚被多路复用到控制板微处理器的单个模拟引脚上。它们可以用作传感器(如距离传感器和模拟超声波传感器)或机械开关的模拟输入,用以检测碰撞。

控制板 TKD0～TKD5:这些是直接连至处理器的数字 I/O 引脚,利用 Robot.digitalRead()和 Robot.digitalWrite()函数寻址。通过 ROBOT.analogRead()函数,引脚 TKD0～TKD3 还可用作模拟输入。注意,如果使用第一代 Arduino ROBOT 开发板,会发现 ROBOT 开发板丝印上的 TKD*引脚被命名为 TKD*。TKD*是专有名称,说明了如何在软件上对其进行寻址,如图 1-10 所示。

电机板 TK1～TK4:这些引脚以软件命名为 B_TK1 到 B_TK4,它们可以是数字或模拟引脚,并支持 Robot.digitalRead()、Robot.digitalWrite()和 Robot.analogRead()函数,如图 1-11 所示。

串行通信:开发板使用处理器的串口进行通信。一个数字引脚 10 连接两个开发板进行串行通信。

控制板 SPI:SPI 用于控制 GTFT 和 SD 卡。如果要使用外部编程器对处理器进行刷新,则需要先断开屏幕连接。

控制板 LED:控制板上有三个 LED。一个表示该板供电(PWR);另两个表示通过 USB 端口(LED1/RX 和 TX)进行通信,LED1 也可通过软件访问。

控制板和电机板都有 I2C 接口:控制板上有 3 个,电机板上有 1 个。

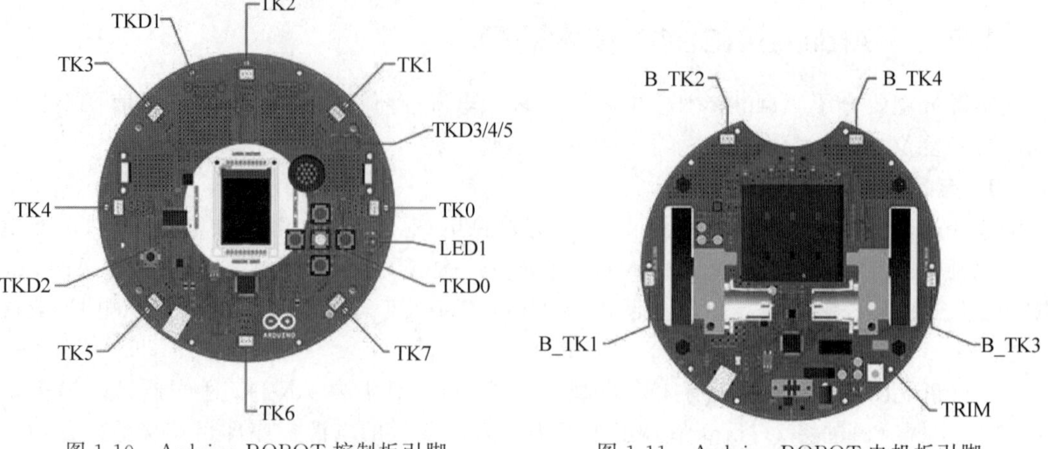

图 1-10 Arduino ROBOT 控制板引脚

图 1-11 Arduino ROBOT 电机板引脚

4. 通信

Arduino ROBOT 开发板有许多工具供它与计算机、另一个 Arduino 开发板或其他微控制器进行通信。ATmega32U4 提供 UART TTL(5V)串行通信,可在数字引脚 10 进行板对板连接使用。ATmega32U4 还允许通过 USB 进行 CDC 串行通信,并显示为计算机上软件的虚拟 COM 端口。该芯片还充当全速 USB 2.0 设备,使用标准 USB COM 驱动程序。在 Windows 中,需要一个.inf 文件。Arduino 软件包括一个串行监视器,允许将简单的文本数据发送到 Arduino ROBOT 开发板或从 Arduino ROBOT 开发板发送回去。当数据通过 USB 连接传输到计算机时,开发板上的 RX(LED1)和 TX 的 LED 将闪烁(但不是用于两板之间的串行通信)。

每个开发板都有一个单独的 USB 产品标识符,并将在 IDE 上显示为不同的端口,编程时请确保选择正确。

ATmega32U4 还支持 I2C(TWI)和 SPI 通信。Arduino 软件包括一个 Wire 库文件,用于简化 I2C 总线的使用。对于 SPI 通信,请使用 SPI 库文件。

5. 编程

可以利用 Arduino 软件给 Arduino ROBOT 开发板编程。通过 Tools→Board 菜单选择"Arduino ROBOT 控制板"或"Arduino ROBOT 直流电机"。

Arduino Robot 开发板上的 ATmega32U4 处理器预先烧录了启动加载器,从而无须使用外部硬件编程器即可将新代码上传。它利用 AVR109 协议进行通信。可以旁路启动加载器,通过 ICSP(在线串行编程)插头为微控制器编程。

6. 自动(软件)复位

Arduino ROBOT 开发板的设计让它能够运行计算机上的软件复位,而不需要在上传前按下复位按钮。Arduino ROBOT 开发板的虚拟 CDC 串行通信端口在 1200 波特率下打开,然后关闭时,复位被触发,处理器会复位,从而中断计算机的 USB 连接(意味着虚拟串行通信端口会消失)。处理器复位之后,启动加载器,保持运行约 8s。还可以通过按两次 Arduino ROBOT 开发板上的复位按钮启动加载器。请注意:开发板第一次通电时,它会直接跳至用户程序(如果存在的话),而不是启动加载器。

由于 Arduino ROBOT 开发板处理复位的方式,用户最好让 Arduino 软件试着启动复位,然后再上传程序。如果软件无法复位开发板,可以通过按两次开发板上的"复位"按钮启动加载器。按一次"复位"按钮会重启用户程序,而按两次则会启动加载器。

7. USB 过电流保护

Arduino ROBOT 开发板都有 1 根自动恢复保险丝,能够保护计算机 USB 端口免遭短路和过电流的损害。尽管大部分计算机都有内部保护,但保险丝提供了更多一层保护。如果施加到 USB 端口上的电流超过 500mA,那么保险丝会自动切断连接,直到短路或过电流情况消失为止。

8. 物理特性

Arduino ROBOT 开发板的直径为 19cm,包括轮子、GTFT 屏和其他连接器在内,它的高度可达 10cm。

9. 引脚外观

Arduino ROBOT 开发板相关的引脚外观如图 1-12 所示。

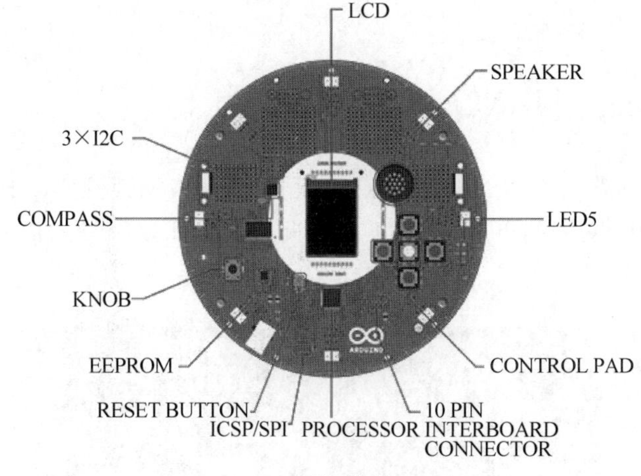

(a) 引脚外观1

(b) 引脚外观2

图 1-12 引脚外观

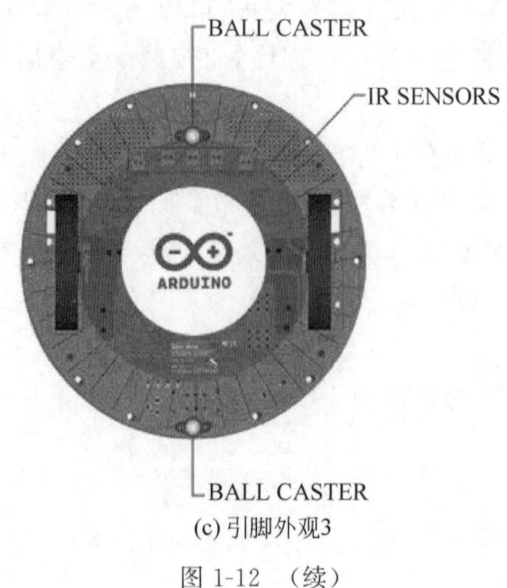

(c) 引脚外观3

图 1-12 （续）

1.8
微课视频

1.8 Arduino NANO 开发板

Arduino NANO 类似于 Arduino UNO 开发板，是紧凑型开发板，Arduino NANO 开发板是一款操作友好的小型 Arduino UNO 开发板。这款开发板最初由 Gravitech 设计，如图 1-13 所示。

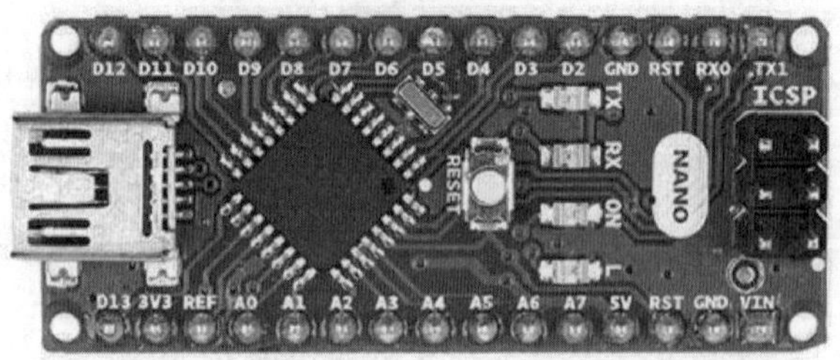

图 1-13 Arduino NANO 开发板

1.8.1 Arduino NANO 概述

Arduino NANO 开发板基于 ATmega328，是一款小巧全面的操作友好的开发板。它与 Arduino Duemilanove 类似，但封装不同。它只少 1 个直流电机电源插座，采用 Mini-B USB 电缆，其微控制器参数和总体参数如表 1-17 和表 1-18 所示。

表 1-17 Arduino NANO 开发板微控制器参数

参　数	说　明
微控制器	ATmega328
架构	AVR
工作电压	5V

续表

参　　数	说　　明
闪存	32KB(其中引导加载程序使用 2KB)
SRAM	2KB
时钟速度	16MHz
模拟引脚	8 个
EEPROM	1KB
每个 I/O 引脚的电流	20mA

表 1-18　Arduino NANO 开发板总体参数

参　　数	说　　明
输入电压	7～12V
数字 I/O 引脚	22 个
PWM 输出	6 个
功率消耗	19mA
PCB 尺寸	18mm×45mm
重量	5g
产品代码	A000005

1.8.2　Arduino NANO 技术规范

本部分主要介绍 Arduino NANO 开发板的电源、存储器、输入和输出、通信、编程、自动(软件)复位。

1. 电源

Arduino NANO 开发板可通过 Mini-B USB 连接供电，或由 6～20V 外部稳压电源(数字引脚 30)或 5V 外部稳压电源(数字引脚 27)供电，它会自动选择电压最高的电源。

2. 存储器

ATmega328 具有 32KB 闪存(2KB 被启动加载器占用)、2KB SRAM 和 1KB EEPROM。

3. 输入和输出

利用 pinMode()、digitalWrite()和 digitalRead()函数，Arduino NANO 开发板上的 22 个数字引脚都可用作输入或输出。它们的工作电压为 5V，每个引脚都可以提供或接受最高 40mA 的电流，都有 1 个 20～50kΩ 的内部上拉电阻(默认情况下断开)。此外，某些引脚还具有特殊功能：

串口：数字引脚 0(RX)和数字引脚 1(TX)。用于接收(RX)和发送(TX)TTL 串口数据。这些引脚与 FTDI USB 转 TTL 串口芯片的相应引脚相连。

外部中断：数字引脚 2 和数字引脚 3。这些引脚可以配置成在低电平、上升沿、下降沿或者数值变化时触发中断。详情请参照 attachInterrupt()函数。

PWM：数字引脚 3、5、6、9、10 和 11。使用 analogWrite()函数提供 8 位 PWM 输出。

SPI：数字引脚 10(SS)、数字引脚 11(MOSI)、数字引脚 12(MISO)、数字引脚 13(SCK)。这些引脚支持 SPI 通信，虽然由底层硬件提供，但目前未包含在 Arduino 语言内。

LED：数字引脚 13。有 1 个内置式 LED 连至数字引脚 13。在引脚为高电平时，LED 打开；引脚为低电平时，LED 关闭。

Arduino NANO 开发板有 8 个模拟引脚，每个模拟引脚都提供 10 位的分辨率（即 1024 个不同的数值）。默认情况下，它们的电压为 0～5V，可以利用 analogReference()函数改变其范围的上限值。模拟引脚 6 和模拟引脚 7 无法用作数字引脚。此外，某些引脚还具有特殊功能：

I2C：模拟引脚 4（SDA）和模拟引脚 5（SCL）。支持通过 Wire 库文件进行 I2C（TWI）通信（技术文档见 Wiring 网站）。

开发板上还有另外 2 个引脚：

AREF：为模拟输入的参考电压，与 analogReference()一起使用；

RESET：降低线路值以复位微控制器，通常用于为扩展板添加复位按钮。

4. 通信

Arduino NANO 开发板有很多工具可供它与计算机、另一个 Arduino 开发板或其他微控制器通信。ATmega328 提供了可在数字引脚 0（RX）和 1（TX）上进行的 UART TTL（5V）串口通信。开发板上的 FTDI FT232RL 会通过 USB 进行串行通信，FTDI 驱动器（带有 Arduino 软件）在计算机上充当软件的虚拟通信端口。Arduino 软件包含 1 个串行监控器，使得简单的文本数据能够发送到 Arduino 开发板或者从 Arduino 开发板上发出。当通过计算机上的 FTDI 芯片和 USB 连接传输数据时，开发板上的 RX 和 TX 的 LED 会闪烁（但不适于数字引脚 0 和 1 上的串行通信）。

SoftwareSerial 库文件可以在 Arduino NANO 开发板的任何数字引脚上进行串行通信。

ATmega328 还支持 I2C（TWI）和 SPI 通信。Arduino 软件包含 1 个 Wire 库文件，可简化 I2C 总线的使用。如需使用 SPI 通信，请参照 ATmega328 数据手册。

5. 编程

可以利用 Arduino 软件给 Arduino NANO 开发板编程。通过 Tools→Board 菜单选择“Arduino Duemilanove 或者 NANO w/ ATmega328”（根据开发板上的微控制器选择）。

Arduino NANO 开发板上的 ATmega328 预先烧录了启动加载器，从而无须使用外部硬件编程器即可将新代码上传给它，利用原始的 STK500 协议进行通信。

还可以旁路启动加载器，利用 Arduino ISP 等通过 ICSP（在线串行编程）接口为微控制器编程。

6. 自动（软件）复位

Arduino NANO 开发板的设计让它运行计算机上的软件复位，而不需要在上传程序前按下复位按钮。FT232RL 的一条硬件流程控制线路（DTR）通过 1 个 100nF 电容器与 ATmega328 的复位线路连接。该线路被复位（电压降低）时，复位线路电压下降足够大以至于复位芯片。Arduino 软件利用该功能，只需在 Arduino 开发环境中按下“上传”按钮即可上传程序。这就意味着，启动加载器的暂停时间更短，因为降低 DTR 能够与开始上传协调一致。

该设置其他含义：Arduino NANO 开发板连至运行 macOS X 或 Linux 的计算机时，每次通过 USB 连接时它都会复位。在接下来 0.5s 左右的时间内，启动加载器在 Arduino

NANO开发板上运行。虽然它被设定为忽略不良数据(即除了上传新代码以外的任何数据),但它会在连接打开之后拦截发送给开发板数据的前几字节。首次启动时,在开发板上运行的程序收到了一次性配置或其他数据,要确保与之通信的软件会在打开连接之后稍等片刻才发送该数据。

本章习题

1. Arduino UNO开发板的工作电压、闪存、SRAM、时钟速度分别是多少?
2. Arduino UNO开发板有多少个数字I/O引脚和模拟引脚?
3. Arduino UNO开发板每个I/O引脚的直流电流是多少?
4. Arduino UNO开发板的输入电压范围是多少?
5. Arduino UNO开发板如何实现串口通信?
6. Arduino DUE开发板的工作电压、工作电流与Arduino UNO开发板是否一致?

第2章 Arduino 软件开发平台

CHAPTER 2

本章主要介绍 Arduino 开发环境及 Arduino 编程语法，包括 Arduino 开发环境的安装、简单的硬件系统、软件调试方法，以及 Arduino 程序结构、程序控制与数据结构等内容。

2.1 微课视频

2.1 Arduino 平台特点

作为目前流行的开源硬件开发平台，Arduino 具有非常多的优点，正是这些优点使得 Arduino 平台得以广泛的应用。Arduino 的优点包括以下三个方面：

(1) 开放原始的电路图设计和程序开发界面可免费下载，也可依需求自己修改。Arduino 可使用 ICSP 线上烧录器，将 Bootloader 烧入新的 IC 芯片，用户可依据官方电路图，简化 Arduino 模组，完成独立运作的微处理控制。

(2) 可以非常简便地与传感器、各式各样的电子元件连接（如红外线、超音波、热敏电阻、光敏电阻、伺服电机等）；支持多样的互动程序，如 Flash、Max/Msp、VVVV、PD、C、Processing 等；使用低价格的微处理控制器；连接 USB 供电，无须外接电源；可提供 9V 直流电源输入以及多样化的 Arduino 扩展模块。

(3) 通过各种各样的传感器来感知环境，并通过控制灯光、直流电机和其他装置来反馈并影响环境；可以方便地连接以太网扩展模块进行网络传输，使用蓝牙传输、WiFi 传输、无线摄像头控制等多种应用。

2.2 Arduino IDE 的安装

Arduino IDE 是 Arduino 开放源码的集成开发环境，其界面友好，语法简单且方便下载程序，这使得 Arduino 的程序开发变得非常便捷。作为一款开放源码的软件，Arduino IDE 是由 Java、Processing、AVR-GCC 等软件写成。Arduino IDE 具有跨平台的兼容性，适用于 Windows、macOS X 以及 Linux。2011 年 11 月 30 日，Arduino 官方正式发布了 Arduino 1.0 版本，可以下载不同操作系统的压缩包，也可以在 GitHub 上下载源码重新编译自己的 Arduino IDE，Arduino IDE 不断更新版本。安装过程如下：

(1) 从 Arduino 官网下载最新版本 IDE,下载界面如图 2-1 所示。

如图 2-1 所示,选择适合自己计算机操作系统的安装包,这里以介绍 Windows 7 的 64 位系统安装过程为例。

(2) 双击 EXE 文件选择安装,如图 2-2 所示。

v1.7.8

- Windows: 下载
- Windows: ZIP file (针对非管理员安装)
- Mac OS X: Zip file (需要Java 7或更高版本)
- Linux: 32 bit, 64 bit

图 2-1 Arduino 下载界面

图 2-2 Arduino 安装界面

(3) 同意协议,如图 2-3 所示。

(4) 选择需要安装的组件,如图 2-4 所示。

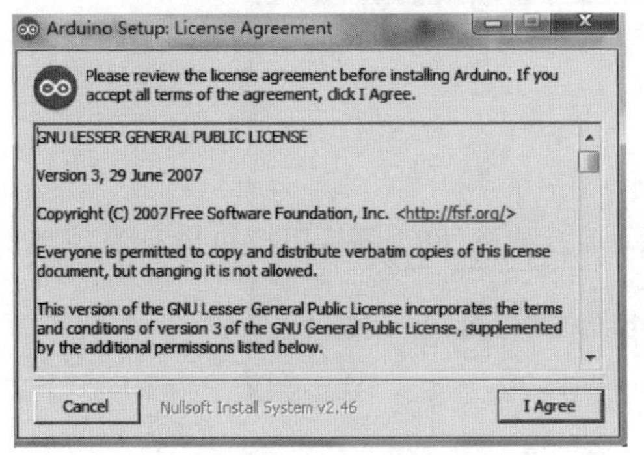

图 2-3 同意协议

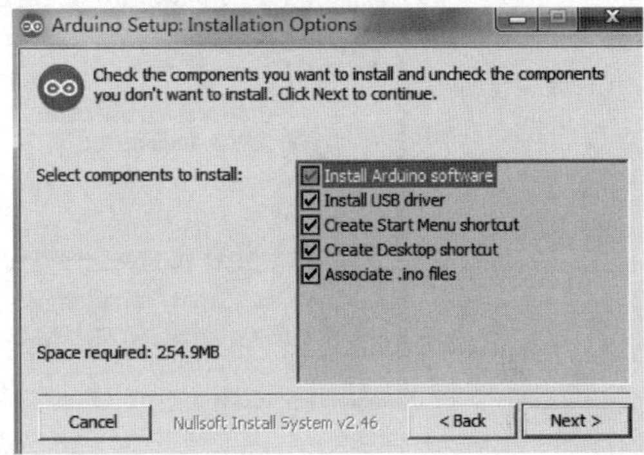

图 2-4 选择安装组件

(5) 选择安装位置,如图 2-5 所示。

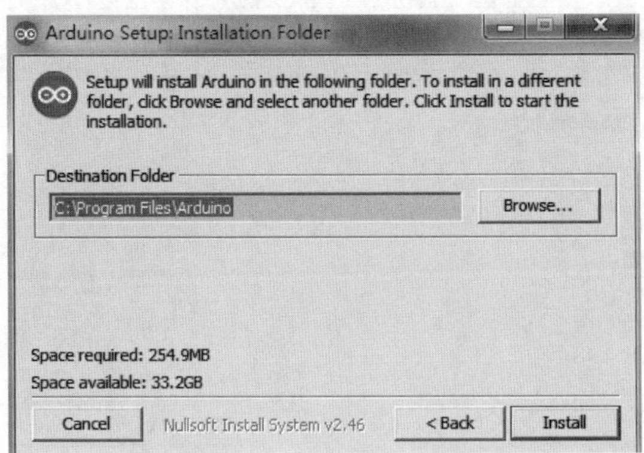

图 2-5 选择安装位置

（6）安装过程，如图 2-6 所示。

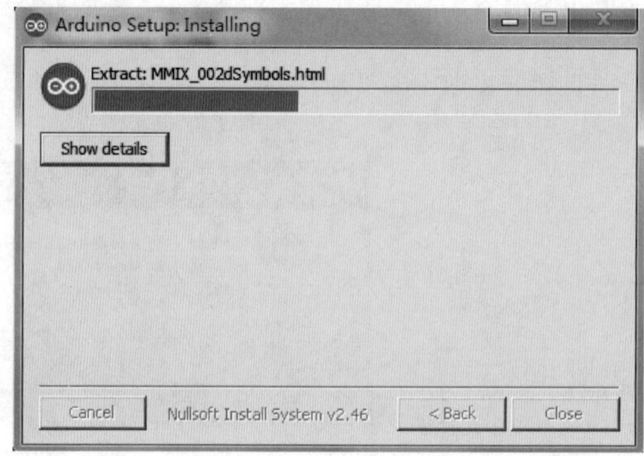

图 2-6　安装过程

（7）安装 USB 驱动，如图 2-7 所示。

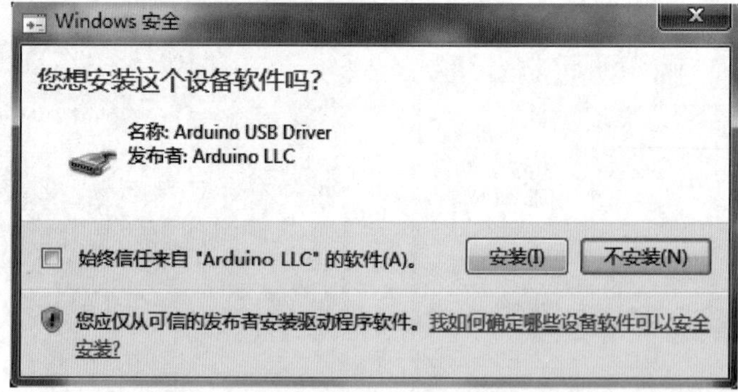

图 2-7　安装 USB 驱动

（8）安装完成，如图 2-8 所示。

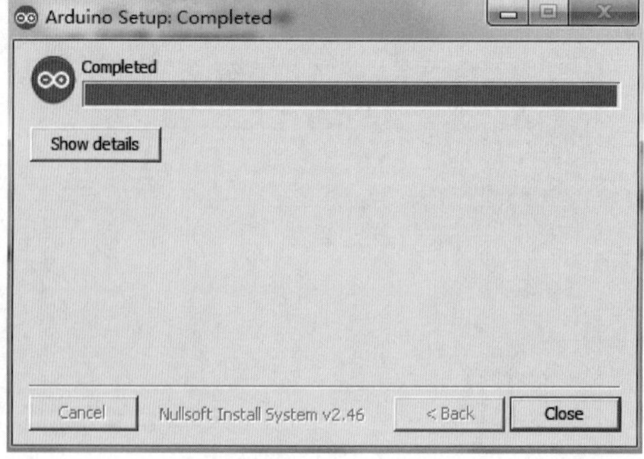

图 2-8　安装完成

(9) 进入 Arduino IDE 开发界面,如图 2-9 所示。

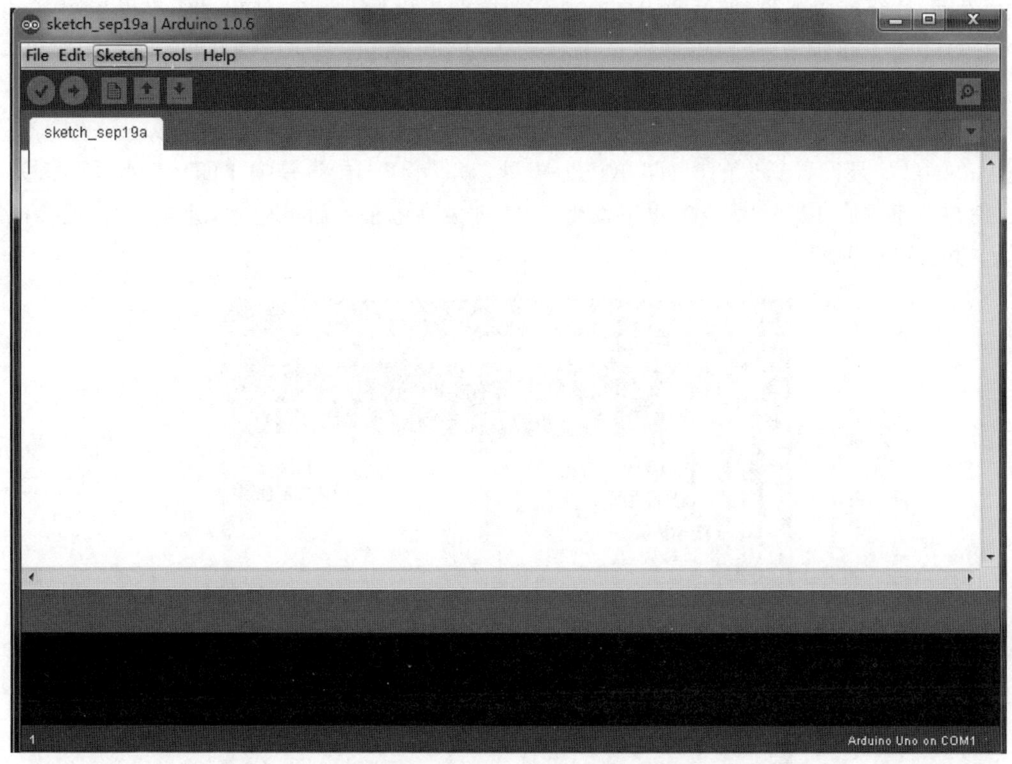

图 2-9　Arduino IDE 开发界面

2.3　Arduino IDE 的使用

第一次使用 Arduino IDE,需要将 Arduino 开发板通过 USB 端口连接到计算机,计算机会为 Arduino 开发板安装驱动程序,并分配相应的 COM 端口,如 COM1、COM2 等,不同的计算机和系统分配的 COM 端口是不一样的,所以,安装完毕,要在计算机的硬件管理中查看 Arduino 开发板被分配到哪个 COM 端口,这个端口就是计算机与 Arduino 开发板的通信端口。

Arduino 开发板的驱动安装完毕之后,需要在 Arduino IDE 中设置相应的端口和开发板类型。方法如下：Arduino 集成开发环境启动后,在菜单栏中打开"工具"→"端口",进行端口设置,设置为计算机硬件管理中分配的端口；然后,在菜单栏打开"工具"→"开发板",选择 Arduino 开发板的类型,如 Arduino UNO、DUE、YUN 等各种类型的开发板,这样计算机就可以与开发板进行通信。Arduino IDE 工具栏显示的功能如图 2-10 所示。

在 Arduino IDE 中有很多示例,包括基本的、数字的、模拟的、控制的、通信的、传感器的、字符串的、存储卡的、音频的、网络的等。下面介绍一个简单、具有代表性的示例 Blink,以便于读者快速熟悉 Arduino IDE,从而开发出新的产品。

在菜单栏打开"文件"→"示例"→01Basic→Blink,这时在主编辑窗口会出现可以编辑的程序。Blink 示例程序的功能是控制 LED 的亮灭。在 Arduino 编译环境中,程序是以

C/C++语言编写的。例如，下面程序的前面几行是注释行，介绍程序的作用及相关的声明等；然后，是变量的定义，最后是Arduino程序的两个过程：void setup()和void loop()。在void setup()中的代码，导通电源时会执行一次，void loop()中的代码会不断重复地执行。由于在Arduino UNO开发板上，数字引脚13有板载LED，所以定义整型变量"LED=13"，用于函数的控制。另外，程序中用了一些函数，pinMode()函数用于设置引脚——输入或者输出；delay()是设置延迟的时间，单位为毫秒；digitalWrite()是向LED变量写入相关的值，使得数字引脚13的LED的电平发生变化，即为高电平或者低电平，这样LED就会根据延迟的时间交替地亮灭。

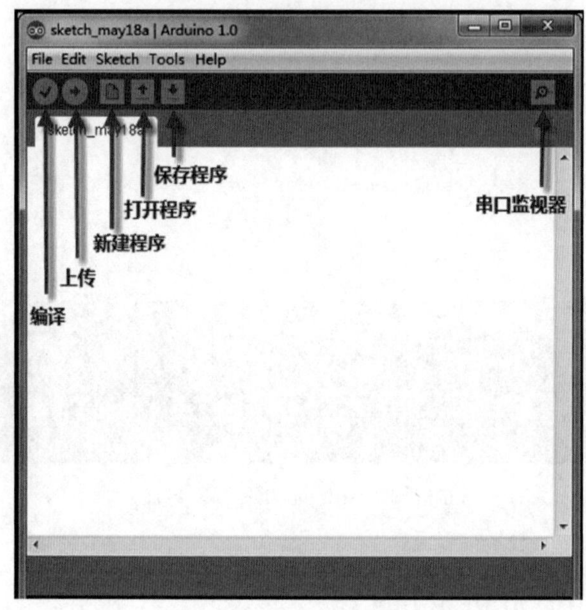

图2-10 Arduino IDE工具栏显示的功能

程序编辑完成之后，在工具栏中找到"存盘"按钮，将程序存盘；然后，在工具栏中找到"上传"按钮，该按钮将被编辑的程序上传到Arduino开发板中，使得开发板按照修改后的程序运行；同时，还可以单击工具栏的窗口监视器，观看串口数据的传输情况。Arduino IDE是非常直观高效的调试工具。

```
/*
  Blink示例,重复开、关操作
  亮、灭的LED各等待1s
 */
//多数Arduino开发板的数字引脚13接LED
//定义引脚名称
int led = 13;
//setup()程序运行一次
void setup() {
  //初始化引脚为输出
  pinMode(led, OUTPUT);
}
//loop()程序不断重复运行
```

```
void loop() {
  digitalWrite(led, HIGH);                          //开 LED(高电平)
  delay(1000);                                      //等待 1s
  digitalWrite(led, LOW);                           //关 LED(低电平)
  delay(1000);                                      //等待 1s
}
```

当然，目前还有其他支持 Arduino 的开发环境，如 SonxunStudio，是由松迅科技开发的集成开发环境，目前只支持 Windows 系统，包括 Windows XP 以及 Windows 7 的 Arduino 开发，使用方法与 Arduino IDE 大同小异。由于篇幅的关系，这里不再赘述。

2.4 Arduino 程序结构

Arduino 的程序结构主要包括两部分：void setup()函数和 void loop()函数。其中，前者用于声明变量及引脚名称(例如，int val;int ledPin＝13;)，在程序开始时使用，初始化变量，设置引脚模式，调用库文件等(例如，pinMode(ledPin,OUTUPT);)。而 void loop()，在 setup()函数之后使用，void loop()程序不断地循环执行，是 Arduino 软件开发程序的主体。

1. setup()

当程序开始运行时，该函数被调用。用在 loop()函数开始执行之前，定义初始环境属性，如引脚模式(INPUT 或 OUTPUT)，启动串行端口等。setup()函数中声明的变量在 loop()函数中是不可访问的。语法规则为 void setup() { }，例如：

```
void setup()
{
pinMode(8, OUTPUT);
Serial.begin(9600);
}
void loop()
{
Serial.print('.');
delay(1000);
}
```

2. loop()

loop()函数连续执行包含在其块内的代码行，直到程序停止。loop()函数与 setup()函数一起使用。每秒执行 loop()函数的次数可以用 delay()函数和 delayMicroseconds()函数控制。语法规则为 loop() { }，例如：

```
int WLED = 13;
void setup()
{
 pinMode(WLED, OUTPUT);                             //设置板载 LED 引脚为输出
}
void loop()
{
 digitalWrite(WLED, HIGH);                          //设置 LED 为开
 delay(1000);                                       // 延迟 1s
```

```
  digitalWrite(WLED, LOW);                          //设置 LED 为关
  delay(1000);                                      // 延迟 1s
}
```

2.5
微课视频

2.5 Arduino 程序控制

本节主要介绍基于 C/C++的基本语法、控制结构方法和运算符的功能。

2.5.1 基本语法

Arduino 编程语法，遵从 C/C++语言的基本规则，包括分号；、大括号{}、#define、#include、注释符号(如//和/* */)的使用介绍。简单总结如下。

1. 分号；

分号用于完成每个语句，也用于分隔 for()循环的不同元素。如果没有分号，编译器将报告错误。错误提示可能很明显，并指出缺少的分号。如果出现一个不能通过的或不合逻辑的编译器错误，首先要检查是否缺少分号。例如：

```
int a = 100;
```

2. 大括号{}

大括号{}表示函数和语句块的开始和结束。它们也用于定义数组声明中的初始值。一个开始的"{"后面必须跟一个结束的"}"，通常被称为大括号平衡。因为大括号的使用场景是多样的，因此，需要插入大括号时，在输入开始大括号之后立即输入结束大括号。

Arduino IDE 具有检查大括号的功能。只需选择一个大括号，或者在一个大括号之后单击插入点，它的另一半大括号将被高亮显示。不成对的括号常常会导致一些不可知的编译器错误，在大型程序中很难追踪到这些错误。由于它们的用法不同，大括号对程序的语法也非常重要，移动一个大括号通常会极大地影响程序的含义。函数、循环和条件语句中都可以使用大括号。例如：

函数：

```
void myfunction(参数 1 和参数 2) {程序语句}
```

循环：

```
while (布尔表达式) {程序语句 }
do{程序语句} while (布尔表达式);
for(初始化; 结束条件; 增量表达式) {程序语句}
```

条件语句：

```
if(布尔表达式){程序语句}
else if(布尔表达式) {程序语句}
else{程序语句}
```

3. #define

#define 是 C 语言功能的语句，允许程序员提供一个名称在程序中代表一个常量。

Arduino 定义的常量不占用芯片上的程序存储空间。编译器将在编译时用定义的值替换常量的引用。

需要注意：定义常量已经包含在其他一些常量或变量名中，文本将被定义的常量取代。通常情况下，const 关键字是定义常量的首选，可以更多地使用。在 # define 语句后没有分号，如果有分号，编译器将提示错误。例如，# define ledPin 3 是正确的，# define ledPin 3；是错误的。示例如下：

```
#define MYLED 8                                    //将 MYLED 替换为 8
void setup() {
 pinMode(MYLED, OUTPUT);
}
void loop() {
 digitalWrite(MYLED, HIGH);
 delay(100);
 digitalWrite(MYLED, LOW);
 delay(100);
}
```

4. #include

#include 语句用于包含外部库文件。允许程序员访问大量的标准 C 库文件以及特别为 Arduino 编写的库文件。#include 与 # define 类似，后面不能加分号，否则会出现编译错误。下面的示例包含一个库文件，将数据存储在闪存中，而不是内存中。

```
#include <avr/pgmspace.h>
prog_uint16_t myConstants[] PROGMEM = {0, 21140, 702 , 9128, 0, 25764, 8456, 0, 0, 0, 0, 0, 0,
0, 0, 29810, 8968, 29762, 29762, 4500};
```

5. 注释符号

（1）//是单行注释。用于解释程序的功能，//之后的内容为注释。注释不输出到处理器，所以编译器忽略它，也不占用微控制器的闪存空间。注释的唯一目的是帮助读者理解程序是如何工作的。注释有两种放置方式：一是单独放在一行；二是放在程序语句之后。例如：

```
//多数 Arduino 开发板数字引脚 13 连接有 LED
int led = 13;
digitalWrite(led, HIGH);                           //打开 LED,HIGH 是高电平
```

（2）/*　*/是多行注释。这类注释可扩展为多行，从/*开始，直到*/结束。

2.5.2　控制结构语句

本节介绍 if、if…else、for、switch…case、while、do…while、break、continue、return、goto 语句，下面分别讲解其用法。

1. if 语句

if 语句用于测试某个表达式是否为真。例如，如果输入值高于某个数值，表达式计算结果为 true，那么将执行封装在大括号内的语句；如果表达式计算结果为 false，则不执行大括号内的语句。表达式中可以使用一个或多个运算符。下面的语句都是正确的，if 后面是唯

一的一条语句，大括号可以在 if 语句后省略。if 语句后面如果是多条语句，大括号不能省略。例如：

```
if (x > 120) digitalWrite(LEDpin, HIGH);
if (x > 120){ digitalWrite(LEDpin, HIGH); }
if (x > 120){
  digitalWrite(LEDpin1, HIGH);
  digitalWrite(LEDpin2, HIGH);
}
```

请谨慎使用单等号（例如，if(x=10)）。单等号是赋值操作符，x=10 表示将 x 设置为 10（将 10 放入变量 x 中）。使用双等号（例如，if(x==10)），==即比较运算符，x==10 用于测试 x 是否等于 10，如果是，结果为真，但 x=10 语句总是真的。

这是因为 C 语言求值语句 if(x=10)按照如下步骤操作：10 被赋值给 x（记住单等号是赋值操作符），所以 x 现在包含 10。然后，条件求值为 10，它的计算结果总是为 true。

2. if…else 语句

if…else 语句允许对多个测试条件进行分组。如果满足某个条件，则执行相应动作；否则执行另一些动作。例如，一个温度传感器系统可以按照如下方式控制：

```
if (temperature >= 70)
{
  //危险!关闭系统!
}
else if (temperature >= 60 && temperature < 70)
{
  //警告!请用户注意!
}
else
{
  //安全!
}
```

3. for 语句

for 语句是迭代控制结构，其重复执行已知次数的某段程序。for 语句对于任何重复操作都有用途，并且通常与数组结合使用，以对数据/引脚的集合进行操作。例如，使用 PWM 引脚对 LED 调光，程序如下：

```
int PWMpin = 10;                              //LED 通过电阻接到数字引脚 10
void setup() {  }
void loop() {
 for (int i = 0; i <= 255; i++){              //循环控制 PWM 的值
 analogWrite(PWMpin, i);
 delay(10);
  }
}
```

4. switch…case 语句

switch…case 语句类似 if…else 结构，但是当它需要选择三种或更多方案时，此结构更为方便。程序控制会跳转到与表达式具有相同值的情况。break 语句用于退出 switch 语句，通常在每个 case 程序段的末尾使用。如果没有匹配的值，switch 语句将继续执行以下表达式，直到 break 语句或 switch 语句的结尾。例如：

```
switch (变量) {
 case 1:
 //当变量等于 1 时执行语句
 break;
 case 2:
 //当变量等于 2 时执行语句
 break;
 default:
 //如果没有匹配的,则执行默认语句,此语句为可选的
 }
```

5. while 语句

while 语句格式如下：

```
while(条件表达式)
```

该条件表达式为 true 时，将连续执行大括号中的一系列语句。表达式必须在重复时更新，否则程序将永远不会中断 while 循环。该语句中可以用递增的变量或外部条件。例如：

```
var = 0;
while(var < 100){                              //执行语句 100 次
 var++;
}
```

6. do…while 语句

do…while 语句同 while()语句一样，但是在循环结束时会测试条件，所以该循环语句至少运行一次。例如：

```
do{
 delay(10);
 x = readSensor();
}while(x < 50);
```

7. break 语句

break 语句通常用于结束执行一个结构。例如，switch()、for()、do…while()或 while()，然后跳转到下一条语句。例如：

```
char letter = 'A';
switch(letter){
 case 'A':
 println('A');                              //打印 A
 break;                                     //退出语句
 case 'B':
 println('B');                              //不执行该语句
 break;
 default:
```

```
   println('default');                        //不执行该语句
   break;
  }
```

8. continue 语句

该语句用于跳过当前循环的剩余语句，再次控制时，继续检查条件。例如，下面的代码将 0～255 写入 PWMpin 变量中，但 41～119 的值跳过了。

```
for (x = 0; x <= 255; x ++)
{
   if (x > 40 && x < 120){                    //跳过
      continue;
   }
   analogWrite(PWMpin, x);
   delay(50);
}
```

9. return 语句

return 语句用于终止函数的执行，并从调用函数返回一个值。例如，下面是将传感器的输入与阈值进行比较的函数，代码如下：

```
int checkSensor(){
 if (analogRead(0) > 400) {
 return 1;                                    //调用函数返回 1
 else{
 return 0;                                    //调用函数返回 0
 }
}
```

10. goto 语句

goto 语句将程序执行流程转移到标签后开始执行。个别程序员认为 goto 语句没有必要，原因是不加限制地使用跳转语句，容易使程序流程不明确，但有些地方可以使用跳转语句，使用得当，可以简化程序和编码。例如，在一定的条件下跳出循环的嵌套或者逻辑块。跳转语句使用如下：

```
if(note != 0) {
 digitalWrite(LedPin, HIGH);
 }else{
 goto label1;
}
…
label1:
```

2.5.3 运算符

运算符是对编译器执行特定数学或逻辑函数的符号，通过运算符的运算结果控制程序的结构。C 语言内置运算符丰富，有算术运算符、比较运算符、布尔运算符、位运算符和指针运算符。

1. 算术运算符

算术运算符包括=、+、-、*、/和%六种。下面介绍其使用方法。

1) 赋值运算符(=)

该运算符为变量分配一个值。C编程语言中的单等号为赋值运算符。它与数学中的符号含义不同,赋值运算符告诉微控制器等号右边的任何值或表达式的值,并将其存储在等号左边的变量中。

赋值运算符左边的变量要能容纳保存的值。如果不足以容纳这个值,存储在变量中的值则不正确。另外,不要把赋值运算符(单等号)与比较运算符(双等号)混淆,后者计算两个表达式是否相等。例如:

```
int sensVal;                              //声明整型变量 sensVal
sensVal = analogRead(0);                  //将模拟引脚 A0 的数值存入 SensVal
```

2) 加法运算符(+)

加法运算是四种主要的算术运算之一。加法运算符用于对两个操作数求和。允许的数据类型为int、float、double、byte、short、long。

如果相加结果大于能够存储数据类型的范围(例如,32767加1结果为-32768),则加法操作溢出。如果其中的一个操作数是float型或double型,那么将用浮点运算进行计算。如果操作数是float/double数据类型,并且存储和的变量是整数,则只存储整数部分,小数部分丢失。例如:

```
float a = 5.5, b = 6.6;
int c = 0;
c = a + b;                                //c 的值为 12,而不是 12.1
```

3) 减法运算符(-)

减法运算是四种主要的算术运算之一。减法运算符用于求两个操作数的差值。允许的数据类型为int、float、double、byte、short、long。

如果相减的结果小于可以存储数据类型的范围(例如,-32768减去1,结果为32767),则减运算溢出。如果其中的一个操作数是float/double型,那么将用浮点运算进行计算。如果操作数是float/double数据类型,存储差的变量是整数,则只存储整数部分,小数部分丢失。例如:

```
float a = 5.5, b = 6.6;
int c = 0;
c = a - b;                                //c 的值为 - 1,而不是 - 1.1
```

4) 乘法运算符(*)

乘法运算是四种主要的算术运算之一。乘法运算符用于对两个操作数求积。允许的数据类型为int、float、double、byte、short、long。

如果相乘的结果大于可以存储数据类型的范围,则乘法操作溢出。如果其中的一个操作数是float/double数据类型,那么将用浮点运算进行计算。如果操作数是float/double数据类型,存储积的变量是整数,则只存储整数部分,小数部分丢失。例如:

```
float a = 5.5, b = 6.6;
```

```
int c = 0;
c = a * b;                                   //c 的值为 36,而不是 36.3
```

5）除法运算符（/）

除法运算是四种主要的算术运算之一。除法运算符用于求两个操作数相除产生的结果。允许的数据类型为 int、float、double、byte、short、long。

如果其中一个操作数是 float/double 型，那么将用浮点运算进行计算。如果操作数是 float/double 数据类型，并且存储结果的变量是整数，则只存储整数部分，小数部分丢失。

6）模运算运算符（%）

模运算是计算一个整数除以另一个整数时的余数。它有助于在一个特定的范围内保存一个变量（例如，数组的大小）。例如：

```
int x = 0;
x = 7 % 5;                                   // x = 2
x = 9 % 5;                                   // x= 4
x = 5 % 5;                                   // x = 0
x = 4 % 5;                                   // x = 4
```

2. 比较运算符

比较运算符包括==、!=、<、>、<=和>=六种。下面介绍其使用方法。

1）==

==为相等比较运算符，将左边的变量与运算符右边的值或变量进行比较。当两个操作数相等时返回 true。允许的数据类型为 int、float、double、byte、short、long。例如：

```
if (x == y)                                  // x 是否等于 y
{                                            //执行语句
}
```

2）!=

!=为不相等比较运算符，将左边的变量与运算符右边的值或变量进行比较。当两个操作数不相等时返回 true。允许的数据类型为 int、float、double、byte、short、long。例如：

```
if(x!= y)                                    //x 是否不等于 y
{                                            //执行语句
}
```

3）<

<为小于比较运算符，将左边的变量与运算符右边的值或变量进行比较。当左边的操作数小于右边的操作数时返回 true。允许的数据类型为 int、float、double、byte、short、long。例如：

```
if (x < y)                                   // x 是否小于 y
{                                            //执行语句
}
```

4）>

>为大于比较运算符，将左边的变量与运算符右边的值或变量进行比较。当左边的操作数大于右边的操作数时返回 true。允许的数据类型为 int、float、double、byte、short、

long。例如：

```
if (x>y)                                    // x是否大于 y
{                                           //执行语句
}
```

5）>=

>=为大于或等于比较运算符，将左边的变量与运算符右边的值或变量进行比较。当左边的操作数大于或等于右边的操作数时返回 true。允许的数据类型为 int、float、double、byte、short、long。例如：

```
if (x>=y)                                   // x是否大于或等于 y
{                                           //执行语句
}
```

6）<=

<=为小于或等于比较运算符，将左边的变量与运算符右边的值或变量进行比较。当左边的操作数小于或等于右边的操作数时返回 true。允许的数据类型为 int、float、double、byte、short、long。例如：

```
if (x<=y)                                   // x是否小于或等于 y
{                                           //执行语句
}
```

3. 布尔运算符

布尔运算符包括 &&、||和!三种，下面介绍其使用方法。

1）&&

&& 为逻辑与运算符，只有在两个操作数都为真时，结果才为真。不要把逻辑与运算符(双符号，&&)与位与运算符(单符号，&)混淆，它们是完全不同的两个运算符。这个运算符可以在 if 条件语句中使用。例如：

```
if (digitalRead(2) == HIGH && digitalRead(3) == HIGH) {      //数字引脚 2 和 3 的值都为 HIGH
    //执行相关语句
}
```

2）||

||为逻辑或运算符，如果两个操作数中的任意一个是真的，则逻辑或结果为真。不要混淆逻辑或运算符(双符号，||)与位或运算符(单符号，|)的区别。这个运算符可以在 if 条件语句中使用。例如：

```
if (x>0 || y>0) {                           // x或 y大于 0
  // 执行语句
}
```

3）!

! 为逻辑非运算符，结果为布尔值。如果表达式为真，则返回假，如果表达式为假，则返回真。这个运算符可以在 if 条件语句中使用。例如：

```
if (!x) {                                   // x为假
```

```
// 执行语句
}
```

4. 位运算符

位运算符包括 &、|、~、^、<<和>>六种,下面介绍其使用方法。

1) &

& 为位与运算符。在 C++中,位与运算符用在两个整数表达式之间,位与的作用是对两个整数表达式相对应的位进行与操作,根据这一规则,若两个输入位都是 1,产生的输出为 1,否则输出 0。例如:

```
int a = 92;                              //二进制为 0000000001011100
int b = 101;                             //二进制为 0000000001100101
int c = a & b;                           //结果为 0000000001000100,或者十进制 68
```

2) |

|为位或运算符。在 C++的位或运算符是竖线符号,对两个整数表达式相对应的位进行操作,如果输入位有一个是 1,操作的结果为 1,否则为 0。例如:

```
int a =  92;                             //二进制为 0000000001011100
int b = 101;                             //二进制为 0000000001100101
int c = a | b;                           //结果为 0000000001111101,或者十进制 125
```

3) ~

~为位非运算符。它应用于单个操作数,使得操作数的二进制位相反:0 变成 1,1 变成 0。对于有符号数,位非操作会将正数变为负数,反之亦然。对于任意整数 x,~x=-x-1,例如:

```
int a = 103;                             //二进制 0000000001100111
int b = ~a;                              //二进制 1111111110011000 = -104
```

4) ^

^为位异或运算符。通常表示为 XOR。位异或运算符是用插入符号表示。如果两个对应输入位不同,位异或运算的结果为 1,否则它的结果为 0。例如:

```
int x = 12;                              //二进制 1100
int y = 10;                              //二进制 1010
int z = x ^ y;                           //二进制 0110,或者十进制 6
```

5) <<

<<为左移位运算符。它使二进制操作数的位向左移动指定位数,左侧位移除,右侧位补零,每左移一次,相当于乘以 2。例如:

```
int a = 5;                               //二进制 0000000000000101
int b = a << 3;                          //二进制 0000000000101000,或者十进制 40
```

6) >>

>>为右移位运算符。它使二进制操作数的位向右移动指定位数,左侧位补符号位,右侧位移除,每左移一次,相当于除以 2。例如:

```
int a = 40;                          //二进制 0000000000101000
int b = a >> 3;                      //二进制 0000000000000101,或者十进制 5
```

对于负数的示例如下：

```
int x = -16;                         //二进制 1111111111110000
int y = 3;
int result = x >> y;                 //二进制 1111111111111110,或者十进制 -2
```

这种操作称为符号扩展，如果不是想要的结果，而是希望从左边移入零，那么可以将数值转换为无符号表达式，例如：

```
int x = -16;                         //二进制 1111111111110000
int y = 3;
int result = (unsigned int)x >> y;   //二进制 0001111111111110
```

5. 指针运算符

本节介绍 & 和 * 运算符，下面介绍其使用方法。

1) &

& 为取址运算符，是指针特有的特性之一，& 运算符用于获取变量地址。如果 x 是一个变量，那么 &x 表示变量 x 的地址。取址是一个复杂的问题，绝大多数的 Arduino 程序用不到指针。然而，为了操作特定的数据结构，指针可以简化代码。

2) *

* 为指针运算符，是指针特有的特性之一。* 运算符用于指向变量的值。如果 p 是一个变量，那么 *p 表示 p 所指向的地址中包含的值。是与取址相反的操作，指针是一个复杂的问题，绝大多数 Arduino 程序用不到指针。然而，为了操作特定的数据结构，指针可以简化代码。例如：

```
int *p;                              //声明指向整型的指针
int i = 5, result = 0;
p = &i;                              // p 包含了 i 的地址
result = *p;          //result 得到指针 p 指向地址的值,也就是 i 的值 5
```

6. 复合运算符

复合运算符的目的是为了简化程序，使程序精炼，同时也是为了提高编译效率，专业人员更喜欢使用复合运算符，对于初学者不必多用，首先要保证程序清晰易懂。本节包括 &=、*=、++、+=、--、-=、/=和|=运算符，其使用方法如下。

1) &=

&=为复合位与运算符。在 C++中，位与运算符用在两个整数表达式之间。复合位与运算的作用是对两个整数表达式相对应的位进行与操作，并将结果赋值给第一个变量，根据这一规则，若两个输入位都是 1，产生的输出为 1，否则输出 0。例如：

```
x = B01001011;
y = B00101101;
x &= y;                              //等价于 x = x & y;
x = B00001001;
```

2）|=

|=为复合位或运算符。在C++的位或操作，复合位或运算用于对两个整数表达式相应的位进行操作，并将结果赋值给第一个变量，如果输入位有一个是1，操作的结果为1，否则为0。例如：

```
x = B01001011;
y = B00101101;
x |= y;                                     //等价于 x = x | y;
x = B01101111;
```

3）+=

+=为复合加法运算符。加法运算是四种主要的算术运算之一。复合加法运算用于操作两个操作数生成二者之和，并将结果赋值给第一个变量。例如：

```
x += y;                                     //等价于 x = x + y;
```

4）-=

-=为复合减法运算符。减法运算是四种主要的算术运算之一。复合减法运算用于操作两个操作数生成二者之差，并将结果赋值给第一个变量。例如：

```
x -= y;                                     //等价于 x = x - y;
```

5）*=

*=为复合乘法运算符。乘法运算是四种主要的算术运算之一。复合乘法运算用于操作两个操作数生成二者之积，并将结果赋值给第一个变量。例如：

```
x *= y;                                     //等价于 x = x * y;
```

6）/=

/=为复合除法运算符，除法运算是四种主要的算术运算之一。复合除法运算用于操作两个操作数生成二者之商，并将结果赋值给第一个变量。例如：

```
x /= y;                                     //等价于 x = x / y;
```

7）++

++运算符将变量的值加1。需要注意，符号如果放在变量后面则先使用变量，然后加1；如果放在变量前面，则先加1，然后使用变量。例如：

```
x = 2;
y = ++x;                                    // x= 3, y = 3
y = x++;                                    // x = 4, y = 3
```

8）--

--运算符将变量的值减1。需要注意，符号如果放在变量后面则先使用变量，然后减1；如果放在变量前面，则先减1，然后使用变量。例如：

```
x = 2;
y = --x;                                    // x= 1, y = 1
y = x--;                                    // x = 0, y = 1
```

2.6 Arduino 数据结构

2.6
微课视频

Arduino 软件平台中的数据组织方式与 C/C++类似，主要包括常量定义、数据类型、变量修饰等。

2.6.1 常量定义

常量在 Arduino 语言中预先定义，用来使程序更容易阅读。具体分为整型常量、浮点型常量、布尔常量、引脚电平常量、引脚模式常量和内建常量。

1. 整型常量

整型常量是直接使用在程序中的数字，例如 1、2、3。默认情况下，这些数字被视为整型常量，但可以用其他修饰符更改。通常情况下，整型常量作为十进制的整数，但是也可以用特殊符号标识其他进制的数字，二进制数字以“0b”开头(例如，0b010)，八进制数字以“0”开头(例如，0235)，十六进制数字以“0x”开头(例如，0x125A)。

若要用另一类数据类型指定整型常量有相应的限制。一般遵循：用“u”或“U”将常量强制转换为无符号整型数据格式，例如 33u；用“l”或“L”将常量强制变为长整型数据格式，例如 100000l；用“ul”或“UL”，将常量强制为无符号长整型常数，例如 32767ul。

2. 浮点型常量

浮点型常量的使用让代码更易读，用于表达式求值的浮点型常量在编译时进行交换，例如 n = 0.005；浮点型常量也可以用多种科学记数法表示。“E”和“e”都是有效的指数标识，例如 2.34E5 和 67e-12。

3. 布尔常量

true 和 false 两个常数用于 Arduino 语言，表示真和假。false 定义为 0，为假；true 常被定义为 1，为真；但是，true 有更广泛的定义，任何非零的整数在布尔意义上都是真的。因此，在布尔意义上 1、2 和 −200 都被定义为 true。

4. 引脚电平常量

当读或写入数字引脚时，只有两种可能的值：HIGH 和 LOW。注意，常量 true 和 false 都是小写的，而 HIGH、LOW、INPUT 和 OUTPUT 是大写。

HIGH 的含义取决于一个引脚是否被设置为输入或输出。当引脚以 pinMode()设置为输入，通过 digitalread()读取数据，电压大于 3.0V(5V 开发板)或者电压大于 2.0V(3.3V 开发板)时，Arduino(ATmega)开发板报告引脚的值为 HIGH。

引脚也可以通过 pinmode()配置为输入，并通过 digitalwrite()设置为 HIGH。使内部 20kΩ 的上拉电阻开始工作，把输入引脚配置为 HIGH，除非通过外部电路拉低，这就是 INPUT_PULLUP 工作状态。当引脚用 pinmode()配置为输出，并用 digitalwrite()设置为 HIGH，引脚电平为 5V(5V 开发板)，3.3V(3.3V 开发板)。在这种状态下，它可以产生电流，例如可以使通过串联电阻接地的二极管发光。

LOW 的含义取决于一个引脚是否被设置为输入或输出。当引脚以 pinmode()配置为输入，通过 digitalread()读取数据，电压小于 1.5V(5V 开发板)或者电压约低于 1.0V(3.3V 开发板)，Arduino(ATmega)报告引脚的值为 LOW。

当引脚通过 pinmode()配置为输出，并通过 digitalwrite()设置为 LOW，引脚电压为 0V（5V 和 3.3V 的开发板），在这种状态下，它可以吸收电流，例如可以点亮通过串联电阻连接到 5V（或 3.3V）的 LED。

5. 引脚模式常量

INPUT、INPUT_PULLUP、OUTPUT 为引脚模式常量，可以通过 pinMode()函数改变不同的引脚模式。

1）INPUT 常量

Arduino 开发板通过 pinMode()将引脚配置为 INPUT，是处于高阻抗状态。引脚配置为 INPUT，在电路中采样时该常量要求非常小，相当于在引脚前串联 100MΩ 的电阻，对于读取传感器的值非常有用。

如果引脚被配置为 INPUT，并且正在读取一个开关状态，当开关处于打开状态时，输入引脚将“悬空”，从而导致不可预知的结果。为了保证开关打开时的正确读数，必须使用上拉或下拉电阻。电阻的作用是在开关打开时把引脚设置到已知状态。通常选择一个 10kΩ 的电阻，可以防止一个“悬空”输入，同时也避免在开关闭合时产生过多的电流。

如果使用下拉电阻，当开关打开时，输入引脚为 LOW，开关关闭后输入引脚为 HIGH。如果使用上拉电阻，当开关打开时，输入引脚为 HIGH，开关闭合时输入引脚为 LOW。

2）INPUT_PULLUP 常量

Arduino 单片机具有内部上拉电阻（电阻连接到电源内部），可以接入电路。如果喜欢内部上拉电阻，而不是外部上拉电阻，使用 pinMode()的 INPUT_PULLUP 参数。

下面示例演示了 INPUT_PULLUP 与 pinMode()使用方法。通过 Arduino 和 USB 建立串口通信，监视开关的状态。当输入为 HIGH 时，连接到数字引脚 13 的板载 LED 打开，当输入为 LOW 时，LED 关闭。开关电路如图 2-11 所示。代码如下：

```
void setup()
{
  Serial.begin(9600);                              //开始串口连接
  pinMode(2, INPUT_PULLUP);                        //数字引脚 2 配置为 INPUT_PULLUP 模式
  pinMode(13, OUTPUT);                             //数字引脚 13 配置为 OUTPUT 模式
}
void loop() {
  int sensorVal = digitalRead(2);                  //读取开关的值
  Serial.println(sensorVal);                       //打印开关的值
  //上拉开关逻辑是反转的，打开时为 HIGH，按下时为 LOW，数字引脚 13 的 LED 在开关按下时点亮，松
  //开时熄灭
  if (sensorVal == HIGH) {
    digitalWrite(13, LOW);
  } else {
    digitalWrite(13, HIGH);
  }
}
```

当引脚连接到负电压或者高于 5V、3.3V（不同开发板）的正电压，对于引脚配置为 INPUT 或 INPUT_PULLUP 模式，开发板有可能被烧毁。

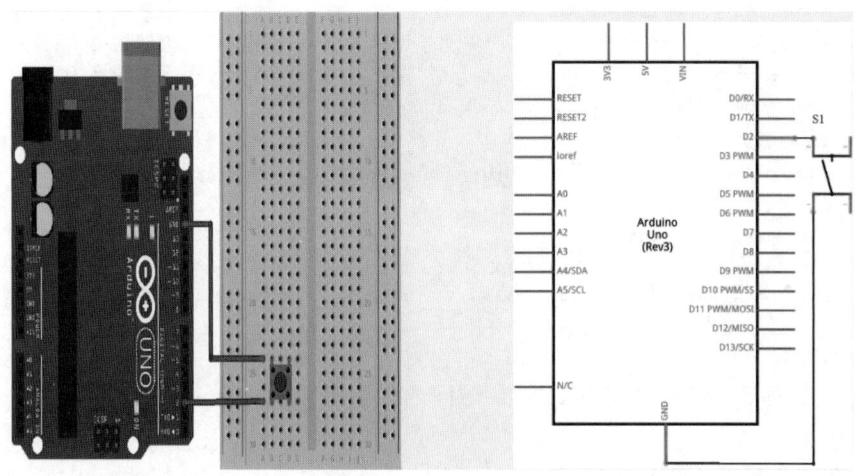

图 2-11 开关电路

3）OUTPUT 常量

引脚配置为 OUTPUT，是低阻抗状态，意味着可以向其他电路提供大量的电流。ATmega 芯片引脚可提供电流或吸收电流，为其他元器件/电路提供高达 40mA 的电流。它们对 LED 供电有很高的价值，因为 LED 通常使用不到 40mA。如果负载大于 40mA（例如直流电机）将需要一个晶体管或其他接口电路。配置为 OUTPUT 模式的引脚，连接到地或正电源可能损坏电路。

6. 内建引脚常量

大多数 Arduino 开发板有一个引脚通过电阻串联连接到板载 LED。常量 LED_BUILTIN 定义为板载 LED 的引脚。大多数开发板的 LED_BUILTIN 为数字引脚 13。

2.6.2 数据类型

Arduino 的数据类型主要包括 String()、array、bool/boolean、byte、char、double、float、int、long、short、unsigned char、unsigned int、unsigned long、void、word 和 string 字符数组等。

1. String()

String()用于构建 String 类型的实例。Arduino 具有多版本数据类型，可以通过其他数据类型构建字符串，即将其他数据类型序列化为字符串格式。例如，用双引号（即字符数组）构成的一组常量字符串，单引号中的一个常数字符，字符串对象的另一个实例，整型或长整型常数；使用指定进制的整型或长整型常数；整型或长整型变量；使用指定进制的整型或长整型变量；浮点型或者双精度型数据，使用指定的小数位数。

使用格式为 String(val)、String(val, base)、String(val, decimalPlaces)，返回字符串类型的一个实例。val 作为字符串格式化的变量，允许的数据类型为 string、char、byte、int、long、unsigned int、unsigned long、float、double；base 为可选的，是作为字符串格式化整数值的进制或基；decimalPlaces 只用于 float 和 double 数据，作为所需的小数位数。例如，以下为字符串的有效声明：

```
String stringOne = "Hello String";                      //使用字符串常量
String stringOne = String('a');                         //将字符常量转换为字符串
String stringTwo = String("This is a string");          //将字符串常量转换为字符串对象
String stringOne = String(stringTwo + " with more");    //级联两个字符串
String stringOne = String(13);                          //使用整型常量
String stringOne = String(analogRead(0), DEC);          //使用整型和十进制
String stringOne = String(45, HEX);                     //使用整型和十六进制
String stringOne = String(255, BIN);                    //使用整型和二进制
String stringOne = String(millis(), DEC);               //使用长整型和十进制
String stringOne = String(5.698, 3);                    //使用浮点型和小数位
```

2. array

array 类型即数组。数组是用索引数访问的变量集合。Arduino 软件以 C/C++ 语言中的数组为基础。

可以声明没有初始化的数组，也可以不声明一个数组的大小，编译器会根据数组元素创建适当大小的数组，或者可以同时初始化数组并声明数组的大小。注意，在声明一个字符类型数组时，不是初始化所需的数组元素大小，需要增加一个数组元素，以保存空字符。例如：

```
int myInts[6];
int myPins[] = {2, 4, 8, 3, 6};
int mySensVals[6] = {2, 4, -8, 3, 2};
char message[6] = "hello";
```

数组是从 0 开始索引的，也就是说，引用上面定义的数组 myPins，数组的第一个元素位于索引 0 处，因此，mySensVals[0] == 2、mySensVals[1] == 4 等。因此，在访问数组时应该小心大于数组大小的索引（使用大于声明数组大小的索引数－1），将从内存中读取其他程序的数据。从这些位置读取数据可能不会有结果，产生无效数据。而写入大于数组索引的内存位置，却会导致不可预知的结果，如崩溃或程序故障，故障可能是难以追踪的。不像 Basic 或 Java 语言，C 语言编译器不检查声明数组的大小是否在合法范围内。

3. bool/ boolean

bool 类型的变量拥有一个值：true 或 false，每个 bool 变量占用一字节的内存。boolean 是 bool 的别称，由 Arduino 定义，二者是等同的。该类型的示例中，将 LED 通过电阻连接到数字引脚 5，开关连接到数字引脚 13，另外一端接地，开关的状态通过 LED 显示，代码如下：

```
int LEDpin = 5;                       // 连接 LED 到数字引脚 5,另一端通过电阻接地
int switchPin = 13;                   //开关连接到数字引脚 13,另一端接地
bool running = false;
void setup()
{
  pinMode(LEDpin, OUTPUT);
  pinMode(switchPin, INPUT);
  digitalWrite(switchPin, HIGH);      //打开上拉电阻
}
void loop()
{
  if (digitalRead(switchPin) == LOW)
```

```
    {                                    //按下开关
      delay(100);                        //延迟消除开关抖动
      running = !running;                //切换 running 变量
      digitalWrite(LEDpin, running);     //通过 LED 显示
    }
}
```

4. byte

byte 类型的变量用于存储一个 8 位无符号数，范围为 0～255。例如：

```
byte a = 200;
byte b;
b = 100;
byte c = B10110;                         //B 表示二进制数
```

5. char

char 占用 1 字节，是存储字符值的数据类型。单个字符使用单引号，例如，'A'，对于多个字符的字符串，使用双引号，例如，"ABC"。

字符以数字存储，可以在 ASCII 表中看到特定的编码。也就是说，可以使用字符的 ASCII 值进行算术运算，例如，'A'+1 值为 66，因为大写字母 A 的 ASCII 值为 65。字符数据类型有符号类型，它从－128～127。对于无符号数，字节(8 位)数据类型，使用 byte 数据类型。下面的示例从模拟引脚 A0 读取数据，并用串口监视器打印其 ASCII 码值。

```
int analogValue = 0;                     //用于获取模拟值的变量
void setup() {                           //打开串口，波特率为 9600
  Serial.begin(9600);
}
void loop() {
  analogValue = analogRead(0);           //在模拟引脚 A0 读取数据
  Serial.println(analogValue);           //打印出十进制的 ASCII 编码
  Serial.println(analogValue, DEC);      //打印出十进制的 ASCII 编码
  Serial.println(analogValue, HEX);      //打印出十六进制的 ASCII 编码
  Serial.println(analogValue, OCT);      //打印出八进制的 ASCII 编码
  Serial.println(analogValue, BIN);      //打印出二进制的 ASCII 编码
  delay(10);                             //延迟 10s
}
```

6. double

在 Arduino UNO 和其他基于 ATmega 系列的开发板中，双精度浮点数占用 4 字节。也就是说，double 实现与 float 完全相同，精度不增加。由于在 Arduino DUE 中，double 具有 8 字节(64 位)的精度。因此，用户使用相关示例代码时，应检查代码是否隐含双精度变量。

7. float

对于浮点数的数据类型，数字有一个小数点。浮点数通常用近似模拟值和连续值，比整数具有更大的分辨率。浮点数可以从 3.4028235E+38～－3.4028235E+38。它们被存储为 32 位(4 字节)。浮点数只有 6～7 个精度的数字位数，也就是数字的总数，而不是小数点右边的数字。

浮点数不精确，比较时可能产生奇怪的结果。例如，6.0/3.0 可能不等于 2.0。应该使

用两个数字之差的绝对值。

浮点运算在执行计算时也比整数运算慢，因此，如果循环必须以最快的速度运行，才能得到关键的定时函数，程序员通常会把浮点运算转换成整数运算提高速度。如果使用浮点数进行数学运算，则需要添加小数点，否则将被视为整数。例如：

```
int x;
  int y;
  float z;
  x = 1;
  y = x / 2;                          //y= 0,整数不能有小数点
  z = (float)x / 2.0;                 //z = 0.5,使用 2.0,不是 2
```

8. int

整数是数字存储的主要数据类型，在 Arduino UNO 和其他基于 ATmega 的开发板中，整型数据存储为 16 位（双字节），也就是范围为 −32768～32767。在 Arduino DUE 和基于 SAMD 的开发板中（例如 MKR1000 和 Zero），整数存储为 32 位（4 字节），范围为 −2147483648～2147483647。

当有符号变量超出其最大或最小容量时，结果就会溢出。溢出的结果是不可预测的，因此应该避免。溢出的一个典型现象是变量“滚动”，从它的最大值到最小值，反之亦然，但实际情况并非总是如此。如果希望使用变量“滚动”，请选择无符号整型变量。例如：

```
int a;                                //声明整型变量 a
a = -5;                               //给变量 a 赋值 - 5
int b = 105;                          //声明变量 b,并赋值为 105
int c = a + b;                        //声明变量 c 为另外两个变量之和
```

9. long

长整型变量扩展了数字存储的变量，存储范围为 −2147483648～2147483647，占用 32 位（4 字节）。例如：

```
long a;                               //声明变量 a
a = -232323131;                       //为变量赋值 - 232323131
long b = 123987546;                   //声明变量 b 并赋值 123987546
long c = a + b;                       //声明变量 c 为另外两个变量之和
```

10. short

short 是 16 位的短整型数据类型。所有的 Arduino（ATMega 和 ARM）开发板，短整型数据为 16 位（2 字节），范围为 −32768～32767。例如：

```
short pinIn = 3;
```

11. unsigned char

unsigned char 为占用 1 字节内存的无符号字符数据类型，与 byte 类型具有相同的数据类型。无符号字符数据类型编码数为 0～255。为使 Arduino 的编程风格一致，byte 数据类型是首选。例如：

```
unsigned char CharC = 'C';
unsigned char CharC = 67;             //二者等效
```

12. unsigned int

在 Arduino UNO 和其他基于 ATMega 系列的开发板中，unsigned int(无符号整型)数据是 2 字节的值。不存储负数，只存储正值，范围为 0～65535。Arduino Due 存储一个 4 字节(32 位)值，范围为 0～4294967295。无符号整数和有符号整数之间的区别在于最高位(称为符号位)。在 Arduino 的有符号整数中，如果高位是"1"，则为一个负数，其他 15 位采用二进制的补码进行运算。

使用无符号变量是因为在需要循环操作的翻转行为时，带符号的变量太小，希望避免长整型/浮点数的内存和速度损失。

单片机执行计算时应用以下规则：计算是在变量的范围内完成的，如果目标变量有符号，即使两个输入变量都是无符号的，也会进行有符号的数学运算。然而，如果计算需要中间结果，中间结果的范围在代码中没有指定，在这种情况下，单片机将为中间结果执行无符号运算，因为这两个输入都是无符号的。示例如下：

```
unsigned int x = 5;
unsigned int y = 10;
int result;
result = x - y;                    //5 - 10 = -5
result = (x - y)/2;                //5 - 10 的结果对于无符号数是 65530,65530/2 = 32765
//解决的方案是使用有符号数,或者单步计算
result = x - y;                    // 5 - 10 = -5
result = result / 2;               // -5/2 = -2,整型变量小数部分被忽略
```

13. unsigned long

无符号长整型变量用于扩展数字变量的大小，存储为 32 位(4 字节)。与标准长整型不同，无符号长整型数据不存储负数，它们的范围为 0～4294967295。示例如下：

```
unsigned long time;
void setup()
{
  Serial.begin(9600);
}
void loop()
{
  Serial.print("Time: ");
  time = millis();
  Serial.println(time);            //打印从程序开始运行的时间
  delay(1000);                     //等待 1s,避免过量数据
}
```

14. void

void 关键字仅在函数声明中使用。它表示该函数不会将任何信息返回给它所调用的函数。示例如下：

```
void setup() {
 pinMode(3, OUTPUT);
}
void loop() {
```

```
 digitalWrite(3, HIGH);
}
```

15. word

word 存储一个 16 位的无符号数字，范围为 0～65535。与无符号整型相同。例如：

```
word a;                              //声明变量 a
a = 642;                             //为变量 a 赋值为 642
word b = 15930;                      //声明变量 b 并赋值为 15930
word int c = a + b;                  //声明变量 c 为另外两个变量之和
```

16. String 字符数组

通过两种方式表示字符串：可以使用 String()数据类型或字符数组，String()数据类型已经描述过，下面说明使用字符数组的方法。通常，字符串以空字符（ASCII 代码 0）终止。这样函数（例如，Serial. print()）才知道字符串的结尾，不会继续读取内存的下一字节。意味着该字符串必须具有空字符。请注意，可以使用没有最终空字符的字符串，但可能存在问题。一般字符串始终在双引号（例如，"ABC"）内定义，字符始终在单引号（例如，'A'）内定义。可以按照如下方式定义字符串数组：

```
char myStrings[] = {"This is string 1", "This is string 2", "This is string 3","This is string 4",
"This is string 5","This is string 6"};
```

也可以声明字符数组（有一个额外字符），编译器将添加所需的'\0'字符：

```
char name_of_array[7] = {'p','h','r','a','s','e'};
```

也可以显式地加 null 字符：

```
char name_of_array[7] = {'p','h','r','a','s','e','\0'};
```

用引号中的字符串常量初始化；编译器将对数组进行大小调整，以适合字符串常量和终止'\0'字符：

```
char name_of_array[] = "phrase";
```

用显式的大小和字符串常量初始化数组：

```
char name_of_array[7] = "phrase";
```

初始化数组，为较大的字符串留出额外的空间：

```
char name_of_array[12] = "phrase";
```

通过串口打印字符串，示例如下：

```
char * myStrings[] = {"This is string 1", "This is string 2", "This is string 3","This is string
4", "This is string 5","This is string 6"};
void setup(){
Serial.begin(9600);
}
void loop(){
for (int i = 0; i < 6; i++){
```

```
    Serial.println(myStrings[i]);
    delay(500);
    }
}
```

2.6.3　变量修饰

本节介绍程序运行中一些必要的修饰限定操作，以更好地实现程序功能，包括转换函数、变量限定范围和其他扩展操作。

1. 转换函数

转换函数包括对不同数据类型之间的转换，包括 byte(字节型)、char(字符型)、float(浮点型)、int(整型)、long(长整型)和 word(字型)的变量类型转换。

1) byte(x)

该函数将输入的任意值 x 转换为 byte 数据类型。相当于使用运算符(byte)，例如下面的两个示例是等效的。

```
byte b = byte(260);
byte b = (byte) 260;
```

2) char(x)

该函数将输入的任意值 x 转换为 char 数据类型。相当于使用运算符(char)，例如下面的两个示例是等效的。

```
char c = char(126);                //变为字符
char c = (char) 126;               //变为字符
```

3) float(x)

该函数将输入的任意值 x 转换为 float 数据类型。相当于使用运算符(float)，例如：

```
float i = float(3.1415);           //设置 i 为浮点值 3.1415
```

4) int(x)

该函数将输入的任意值 x 转换为 int 数据类型。相当于使用运算符(int)，例如：

```
int i = int(3.1415);               //整型变量 i 设置为 3
```

5) long(x)

该函数将输入的任意值 x 转换为 long 数据类型。例如：

```
long i = long(3.1415);             //设置变量 i 为长整型数值 3
```

6) word(x)

该函数将输入的任意值 x 转换为 word 数据类型。word(h, l)函数返回为 word 数据类型，h 为字的高字节，l 为字的低字节。

2. 变量范围和限定符

Arduino 软件中的变量有范围属性。全局变量是程序中每个函数可以看到的，局部变量只对声明它们的函数可见。在 Arduino 环境中，函数外部声明的任何变量(例如 setup()、 loop()等)都是一个全局变量。当程序开始变得越来越复杂时,局部变量是确保只有一个函数可以访问其自身变量的有用方式。可以防止一个函数无意中修改另一个函数使用的变量时的编程错误。在 for 循环中声明和初始化一个变量也是有用的,创建一个只能从 for 循环括号内访问的变量,例如:

```
int gPWMval;                          //所有函数都可见此变量
void setup()
{
 // ...
}
void loop()
{
 int i;                               //此变量只能在 loop 函数中可见
 float f;                             //此变量只能在 loop 函数中可见
 // ...
for (int j = 0; j < 100; j++){        //变量只能在 for 循环内使用}
}
```

1) static

static 关键字用于创建只有一个函数可见的变量。但是,与每次调用函数时都会创建和销毁的局部变量不同,静态变量在函数调用之外仍然存在,在函数调用之间保留数据。声明为静态的变量只能在第一次调用函数时创建和初始化。它可以修饰任何数据类型,如 int、double、long、char 和 byte 等。例如:

```
void setup()
{
 Serial.begin(9600);
}
void loop()
{
 static int x = 0;                    // x 在 loop()函数只初始化一次
 Serial.println(x);                   //输出 x 的值
 x = x + 1;
 delay(200);
}
```

2) volatile

volatile 是变量限定词的关键字,通常在变量的数据类型之前使用,以修改编译器和后续程序对变量的处理方式。声明变量 volatile 是编译器的一个指令。编译器是将 C/C++代码转换为机器代码的软件,这是 Arduino 软件中 ATmega 芯片的实际指令。具体来说,它指示编译器从 RAM 中加载变量,而不是存储寄存器,存储寄存器是存储和操作程序变量的临时内存位置。在某些条件下,存储在寄存器中变量的值可能不准确。

volatile 用来修饰被不同线程访问和修改的变量。作为指令关键字,确保本条指令不会因编译器的优化而省略,且要求每次直接读值,意为防止编译器对代码进行优化,当变量的值可以被超出当前代码控制(如并发执行的线程)改变时,变量应该被声明为 volatile。在 Arduino 软件中,唯一可能发生这种情况的地方是与中断相关的代码部分,称为中断服务程序。例如，当中断引脚改变状态时，切换 LED 状态，代码如下：

```
int pin = 13;
volatile int state = LOW;
void setup()
{
 pinMode(pin, OUTPUT);
 attachInterrupt(0, blink, CHANGE);
}
void loop()
{
 digitalWrite(pin, state);
}
void blink()
{
 state = !state;
}
```

3）const

const 关键字代表常量。它是修改变量行为的限定符，使变量“只读”。这意味着该变量可以像其他类型的变量一样使用，但其值不能更改。如果尝试对一个值赋给一个常量变量，将收到编译器错误。在使用 const 关键字定义的常量时，要遵守管理变量的范围规则，这是 const 关键字成为定义常量比较实用的方法，并且优于使用 #define。例如：

```
const float pi = 3.14;
float x;
x = pi * 2;                              //数学公式中使用常量
pi = 7;                                  //非法赋值
```

3. 其他应用

1）sizeof()

sizeof()运算符返回变量类型中的字节数或数组占用的字节数。可以对任何变量类型或数组操作(例如 int、byte、long、char、array)。返回值为所占用的字节数。该运算符对于处理数组(如字符串)非常有用，因为在不破坏其他程序的情况下，可以方便更改数组的大小。以下程序利用 sizeof()运算符每次打印一个字符：

```
char myStr[] = "this is a test";
int i;
void setup(){
  Serial.begin(9600);
}
void loop() {
  for (i = 0; i < sizeof(myStr) - 1; i++){
    Serial.print(i, DEC);
    Serial.print(" = ");
    Serial.write(myStr[i]);
    Serial.println();
  }
  delay(5000);
}
```

2）PROGMEM

将数据存储在闪存(程序)存储器中，而不是 SRAM。PROGMEM 关键字是一个变量修饰符，只能用于 pgmspace. h 中定义的数据类型。它告诉编译器"把这些信息放入闪存"，而不是 SRAM。为了使用 PROGMEM，变量必须是全局定义或用 static 关键字定义。PROGMEM 是 pgmspace. h 库文件的一部分，它在 Arduino IDE 的较新版本中自动包含，但是使用的版本低于 1.0，需要将库文件包含在程序中，代码如下：

```
#include <avr / pgmspace.h>
```

请注意，因为 PROGMEM 是一个变量修饰符，所以 Arduino 编译器接收的定义如下：

```
const dataType variableName[] PROGMEM = {};
const PROGMEM dataType variableName[] = {};
```

虽然 PROGMEM 用于单个变量，但是可以存储更大的数据块。使用 PROGMEM 是两步的过程。将数据写入闪存后，它需要特殊的方法(函数)，也可以在 pgmspace. h 库文件中定义，将程序存储器中的数据读回到 SRAM 中，需要单独处理。下面的代码说明如何将无符号字符(1 字节)和整数(2 字节)读写到 PROGMEM。

```
#include <avr/pgmspace.h>
const PROGMEM uint16_t charSet[] = { 65000, 32796, 16843, 10, 11234};     //存储无符号数
const char signMessage[] PROGMEM = {"I AM PREDATOR, UNSEEN COMBATANT. CREATED BY THE UNITED
STATES DEPART"};                                                          //存储字符
unsigned int displayInt;
int k;                                                                    //计数器变量
char myChar;
void setup()
{
 Serial.begin(9600);
 while (!Serial);
 //读取一个 2 字节整数
 for (k = 0; k < 5; k++)
 {
 displayInt = pgm_read_word_near(charSet + k);
 Serial.println(displayInt);
 }
 Serial.println();
//读取一个字符串
 for (k = 0; k < strlen(signMessage); k++)
 {
 myChar = pgm_read_byte_near(signMessage + k);
 Serial.print(myChar);
 }
Serial.println();
}
void loop() {
 //主程序代码
}
```

在处理大量文本时，使用这种方法方便快捷，例如，LCD 显示器的项目，设置字符串数

组，因为字符串本身是数组。这些通常都是大型结构，将它们放入 PROGMEM 中是可行的。例如，在闪存中存储字符串表并取回，代码如下：

```
#include <avr/pgmspace.h>
const char string_0[] PROGMEM = "String 0"; .
const char string_1[] PROGMEM = "String 1";
const char string_2[] PROGMEM = "String 2";
const char string_3[] PROGMEM = "String 3";
const char string_4[] PROGMEM = "String 4";
const char string_5[] PROGMEM = "String 5";
const char* const string_table[] PROGMEM = {string_0, string_1, string_2, string_3, string_
4, string_5};                           //构建引用字符串的表
char buffer[30];                        //数组要足够大
void setup()
{
  Serial.begin(9600);
  while(!Serial);                       //串口连接
  Serial.println("OK");
}
void loop()
{
  /* 使用 strcpy_P 函数复制字符串到 RAM */
  for (int i = 0; i < 6; i++)
  {
    strcpy_P(buffer, (char*)pgm_read_word(&(string_table[i])));
    Serial.println(buffer);
    delay( 500 );
  }
}
```

本章习题

1. 将 Arduino 开发板通过 USB 线连接到计算机，计算机会为 Arduino 开发板安装驱动程序，并分配相应的 COM 端口，试问如何选择 COM 端口。

2. Arduino IDE 开发板中，“新建”“编辑”和“上传”命令的作用是什么？

3. 串口监视器的作用是什么？

4. 如何在 Arduino IDE 开发板中设置通信端口和开发板类型？

5. 请改写 Blink 程序为 3s 亮，2s 灭。

6. 分析语句 if(x=10)与(x==10)的关系。

7. 计算如下程序的值为多少？float · a=5.5　b=6.6

第 3 章 Arduino 函数

CHAPTER 3

Arduino 软件开发环境包括各种函数，Arduino 函数是建立在 C/C++语言基础上的，即以 C/C++语言为基础，对 AVR 单片机（微控制器）相关的一些寄存器参数设置等进行函数化，方便开发者使用。

3.1 微课视频

3.1 Arduino 函数概述

Arduino 开发环境主要使用的函数包括数字输入/输出函数、模拟输入/输出函数、高级输入/输出函数、时间函数、外部中断函数、数学函数、串口通信函数等，用于控制 Arduino 开发板和执行各种操作。主要分类如下。

1. 数字输入/输出函数

数字输入/输出函数主要包括 digitalRead()、digitalWrite()和 pinMode()。

2. 模拟输入/输出函数

模拟输入/输出函数主要包括 analogRead()、analogReference()、analogWrite()、analogReadResolution()和 analogWriteResolution()。

3. 高级输入/输出函数

高级输入/输出函数主要包括 noTone()、pulseIn()、pulseInLong()、shiftIn()、shiftOut()和 tone()。

4. 时间函数

时间函数主要包括 delay()、delayMicroseconds()、micros()和 millis()。

5. 外部中断函数

外部中断函数主要包括 attachInterrupt()、detachInterrupt()、interrupts()和 noInterrupts()。

6. 数学函数

数学函数主要包括 abs()、constrain()、map()、max()、min()、pow()、sq()、sqrt()、cos()、sin()和 tan()。

7. 串口通信函数

串口通信函数主要包括 Serial. begin()、Serial. end()、Serial. flush()、Serial. print()、Serial. println()、Serial. available()、Serial. read()、Serial. peek()、Serial. readBytes()、

Serial. readBytesUntil()、Serial. readString()、Serial. readStringUntil()、Serial. parseFloat()、Serial. parseInt()、Serial. find()、Serial. findUntil()、Serial. write()等。

8. 字符类函数

字符类函数主要包括 isAlpha()、isAlphaNumeric()、isAscii()、isControl()、isDigit()、isGraph()、isHexadecimalDigit()、isLowerCase()、isPrintable()、isPunct()、isSpace()、isUpperCase()、isWhitespace()、random()和 randomSeed()。

9. 位/字节函数

位/字节函数主要包括 bit()、bitClear()、bitRead()、bitSet()、bitWrite()、highByte()、lowByte()等。

10. 字符串函数

字符串函数主要包括 String. charAt()、String. c_str()、String. compareTo()、String. concat()、String. endsWith()、String. equals()、String. equalsIgnoreCase()、String. getBytes()、String. indexOf()、String. lastIndexOf()、String. length()、String. remove()、String. replace()、String. reserve()、String. setCharAt()、String. startsWith()、String. substring()、String. toCharArray()、String. toFloat()、String. toInt()、String. toLowerCase()、String. toUpperCase()和 String. trim()。

11. USB 函数

USB 函数主要包括 Keyboard. begin()、/Keyboard. end()、Keyboard. press()、Keyboard. print()、Keyboard. println()、Keyboard. release()/Keyboard. releaseAll()、Keyboard. write()；Mouse. begin()、Mouse. click()、Mouse. end()、Mouse. move()、Mouse. press()、Mouse. release()、Mouse. isPressed()等。

3.2 数字 I/O 函数

3.2
微课视频

数字 I/O 函数主要有 pinMode()、digitalWrite()和 digitalRead()，下面分别介绍其使用方法。

1. 数字 I/O 引脚悬空

如果将数字引脚悬空(未接上拉电阻或者下拉电阻)，此时 Arduino 输入引脚的值一直在“漂移”，也就是说，系统不能判定是高电平还是低电平，会随机地返回 HIGH 或 LOW。参考示例如下：

```
int pinIN = 7;
void setup( ) {
pinMode(pinIN,INPUT);                       //引脚输入模式
Serial.begin(9600) ;                        //串口波特率
}
void loop() {
int read_light = digitalRead(pinIN);        //读取输入引脚的值
if (read_light == HIGH) {                   //如果为高电平,打印 HIGH
  Serial.println("HIGH");}
else if (read_light == LOW){
  Serial.println("LOW");                    //如果为低电平,打印 LOW
```

```
  }
}
```

2. pinMode()

pinMode(pin, mode)函数将指定的数字 I/O 引脚设置为 INPUT、OUTPUT 或 INPUT_PULLUP。可以使用 digitalWrite()和 digitalRead()方法设置或读取数字 I/O 引脚的值，它是一个无返回值的函数。函数有 pin 和 mode 两个参数。pin 参数表示要配置的引脚，mode 参数表示设置的参数 INPUT(输入)、OUTPUT(输出)，也可以使用 INPUT_PULLUP 模式使能内部上拉电阻。此外，INPUT 模式显式禁用内部上拉电阻。

INPUT 参数用于读取信号，OUTPUT 用于输出控制信号。PIN 的范围是数字引脚 0～13，也可以把模拟引脚(A0～A5)作为数字引脚使用，此时编号为数字引脚 14 对应模拟引脚 A0，数字引脚 19 对应模拟引脚 A5，一般会放在 setup()函数里，先设置再使用。

在下面示例中，将数字引脚 7 定义为 pinIN，通过电阻接地，按键开关分别连接数字引脚 7 和 5V 引脚；将数字引脚 13 定义为 pinOUT，如图 3-1 所示。

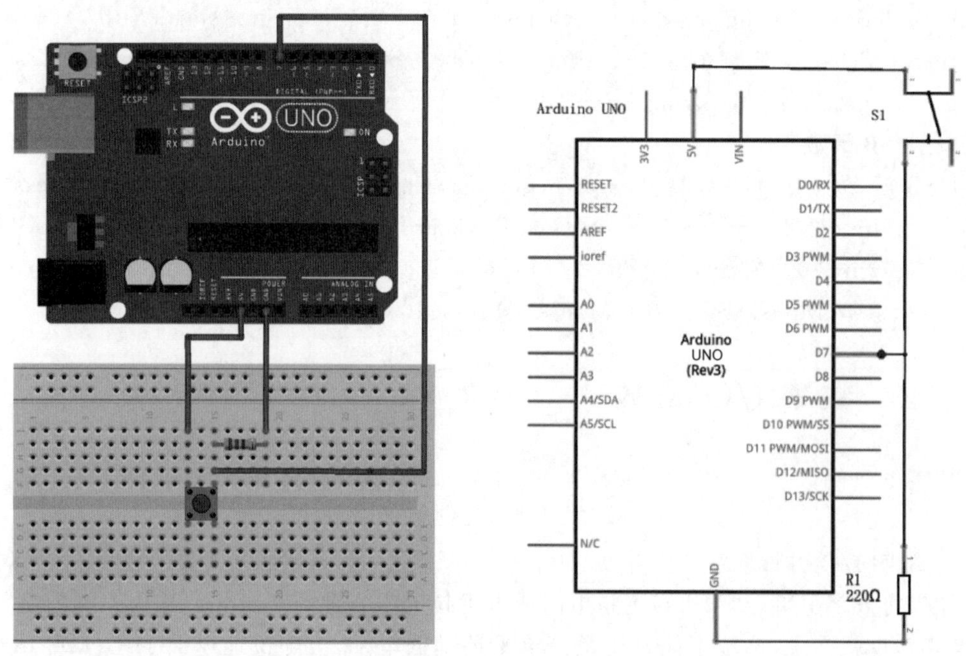

图 3-1 pinMode()电路图

通过方法 pinMode()将 pinIN 设置为 INPUT，由按键控制，将 pinOUT 设置为 OUTPUT。在循环中，读数读取 pinIN 的值，如果为高电平(值为 1)，数字引脚 13 输出设置为高电平，否则为低电平。代码如下：

```
int pinIN = 7;
int pinOUT = 13;
int value = 0;
void setup() {
 pinMode(pinIN, INPUT);                    //设置输入模式
 pinMode(pinOUT, OUTPUT);                  //设置输出模式
```

```
}
void loop() {
 value = digitalRead(pinIN);                    //读取引脚的值
 if (value == HIGH)
 {
 digitalWrite(pinOUT, HIGH);                    //输出高电平
 } else {
 digitalWrite(pinOUT, LOW);                     //输出低电平
 }
}
```

3. digitalWrite()

digitalWrite(pin,value)函数的作用是设置引脚的输出电压为高电平或低电平。该函数也是一个无返回值的函数。pin 参数表示所要设置的引脚,value 参数表示输出的电压 HIGH(高电平)或 LOW(低电平),使用前必须先用 pinMode 设置。

在下面的示例中,将数字引脚 7 定义为 pinIN,将数字引脚 13 定义为 pinOUT。通过方法 pinMode()将 pinIN 设置为 INPUT,由按键控制,将 pinOUT 设置为 OUTPUT,电路如图 3-2 所示。5V 引脚通过电阻连接数字引脚 7 和按键开关,按键开关的另一端接地。在循环中,读数读取 pinIN 的值,如果为低电平(值为 0),数字引脚 13 输出设置为高电平,否则为低电平。代码如下:

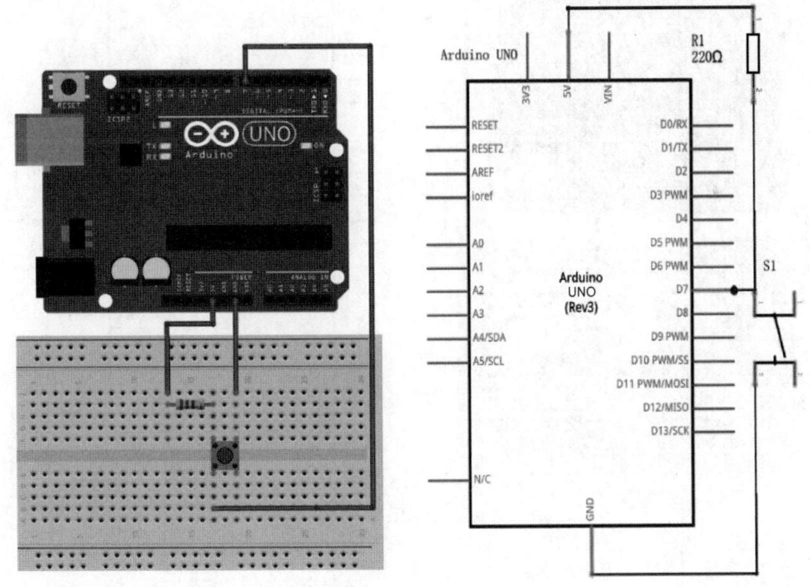

图 3-2 digitalWrite()电路图

```
int pinIN = 7;
int pinOUT = 13;
int value = 0;
void setup() {
 pinMode(pinIN, INPUT);                         //设置输入模式
 pinMode(pinOUT, OUTPUT);                       //设置输出模式
}
```

```
void loop() {
 value = digitalRead(pinIN);                    //读取引脚电平
 if (value == LOW)
 {
 digitalWrite(pinOUT, HIGH);
 } else {
 digitalWrite(pinOUT, LOW);
 }
}
```

4. digitalRead()

digitalRead(pin)函数在引脚设置为输入的情况下，可以获取引脚的电压情况 HIGH（高电平）或者 LOW（低电平），pin 参数表示所要设置的引脚，使用前必须先用 pinMode 设置。

在下面的示例中，将数字引脚 7 定义为 pinIN，将数字引脚 13 定义为 pinOUT。通过方法 pinMode()将 pinIN 设置为 INPUT_PULLUP，由按键控制，将 pinOUT 设置为 OUTPUT，电路如图 3-3 所示。在循环中，读取 pinIN 的值，如果为低电平（值为 0），数字引脚 13 输出设置为高电平，否则为低电平。代码如下：

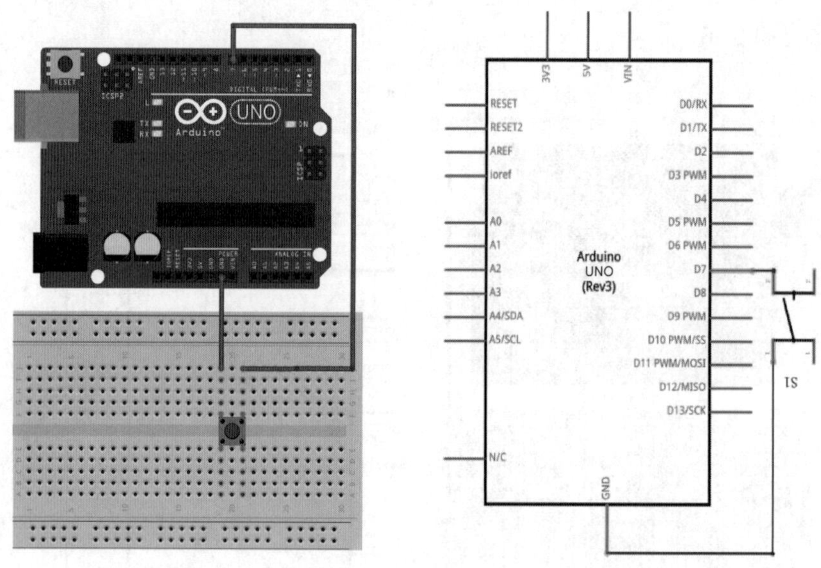

图 3-3 digitalRead()电路图

```
int pinIN = 7;
int pinOUT = 13;
int value = 0;
void setup() {
 pinMode(pinIN, INPUT_PULLUP);                  //上拉输入模式
 pinMode(pinOUT, OUTPUT);
}
void loop() {
 value = digitalRead(pinIN);                    //读取引脚数值
 if (value == LOW)
```

```
{
digitalWrite(pinOUT, HIGH);                //点亮 LED
} else {
digitalWrite(pinOUT, LOW);                 //熄灭 LED
}
}
```

3.3 模拟 I/O 函数

3.3
微课视频

本部分主要包括 analogReference()、analogRead()、analogWrite()，以及用于 ARM 开发板的 analogReadResolution()、analogWriteResolution()函数，下面分别介绍各自的用法。

1. analogReference()

首先，analogReference()方法设置指定用作 analogRead()命令的参考电压模式，该值将作为参考的最大电压。选项是：

DEFAULT：默认模拟参考电压为 5V 或 3.3V。

INTERNAL：内部参考电压，ATmega168/ATmega328 为 1.1V，ATmega8/ATmega32U4 为 2.56V。

INTERNAL1V1：内置 1.1V 参考电压(Arduino Mega 2560)。

INTERNAL2V56：内置 2.56V 参考电压(Arduino Mega 2560)。

EXTERNAL：仅作为参考，使用在 0～5V，加到 AREF 引脚的电压。

其次，函数 analogReference(ref)在 Arduino M0 和 Arduino M0 PRO 上为 A/D 转换器设置参考电压，需要一个参数(ref)，参考的可能值为：

AR_DEFAULT：在这种情况下，Vref 为 VDDana，VDDana 为 3.3V，Vref 为 3.3V。

AR_INTERNAL：在这种情况下 Vref=1V。

AR_EXTERNAL：Vref 根据开发板上可用 Vref 引脚上的电压进行变化。注意在 Vref 引脚上不要超过 VDDana−0.6V(3.3V−0.6V=2.7V)，因为 ATSAMD21G18A 不能容忍高于上述值的电压，这在其数据表中有所描述。

最后，函数 analogReference(ref)为 Arduino PRIMO 开发板设置 A/D 转换器的参考电压，需要一个参数(ref)，参考的可能值为：

DEFAULT：在这种情况下，Vref 为 3.3V。

INTERNAL：在这种情况下，Vref 为 3V。

INTERNAL3V6：在这种情况下，Vref 为 3.6V。

需要注意的是，在设置模拟参考值后，使用 analogRead()读取的前几个数字可能不是精确的。另外，不要将任何 0～5V 的电压应用于 AREF，如果在 AREF 引脚上使用外部引用，则必须在调用 analogRead()之前将模拟引用设置为 EXTERNAL。如果 AREF 引脚连接到外部源，则不要使用应用中的其他参考电压选项，因为它们将短路到外部电压，并导致开发板上的微控制器永久性损坏。参考示例如下：

```
int inpin = 0;
int val = 0;
void setup() {
```

```
Serial.begin(9600);
}
void loop() {
  val = analogRead(inpin);                    //读取模拟端口 0 的值
  Serial.println(val);                        //把数值写入串口
}
```

2. analogRead()

analogRead(pin)用于读取引脚的模拟量电压值，每读取一次需要花 100μs 的时间。参数 pin 表示所要获取模拟量电压值的引脚，返回为 int 型。精度 10 位，返回值为 0～1023，其中 0 等于 0V，1023 等于 5V。通常，单位的分辨率为 4.9mV，但可以使用 analogReference()进行更改。注意：函数参数的 pin 范围为 0～5，对应开发板上的模拟口 A0～A5。

```
int pinIN = 3;
int value = 0;
void setup() {
  Serial.begin(9600);
}
void loop() {
  value = analogRead(pinIN);
  Serial.println(value);
}
```

3. analogWrite()

analogWrite(pin，value)函数是通过 PWM(Pulse-Width Modulation)，即脉冲宽度调制的方式在引脚上输出一个模拟量，图 3-4 为 PWM 输出的一般形式，也就是在一个脉冲的周期内高电平所占的比例。主要用于 LED 亮度控制、电机转速控制等方面的应用。

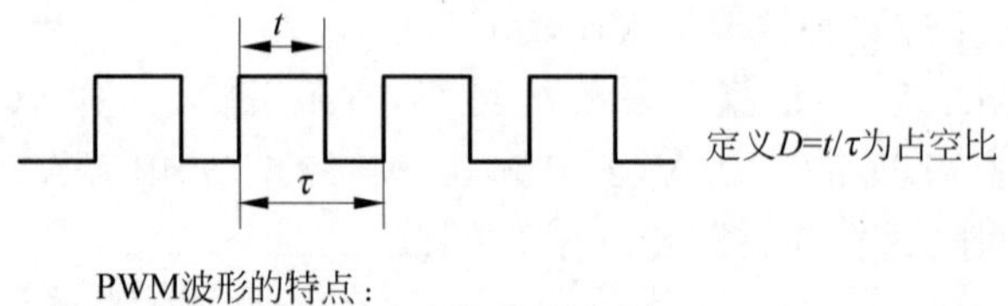

PWM波形的特点：
波形频率恒定，其占空比D可以改变

图 3-4　占空比的定义

analogWrite()方法设置 PWM 输出引脚的值。大多数引脚上 PWM 信号的频率约为 490Hz。在 Arduino UNO 和类似的开发板上，数字引脚 5 和 6 的频率约为 980Hz。Arduino LEONARDO 开发板的数字引脚 3 和 11 也工作在 980Hz。在大多数 Arduino 开发板(ATmega168 或 ATmega328)上，此功能适用于数字引脚 3、5、6、9、10 和 11。在 Arduino MEGA 开发板上，它可以在数字 2～13 和 44～46 上工作。带有 ATmega8 的开发板只支持数字引脚 9、10 和 11 上的 analogWrite()，可能的值为 0～255。

注意：在 Arduino M0/Arduino M0 PRO 开发板上 A0 引脚有 DAC，可以通过 analogWrite()使用，选择 0～1023 的值。

使用 analogWrite()电路如图 3-5 所示。电位器的中间引脚连接模拟引脚 0，其他两端接 5V 引脚。本示例通过电位器的值控制数字引脚 13 的板载 LED 亮度。

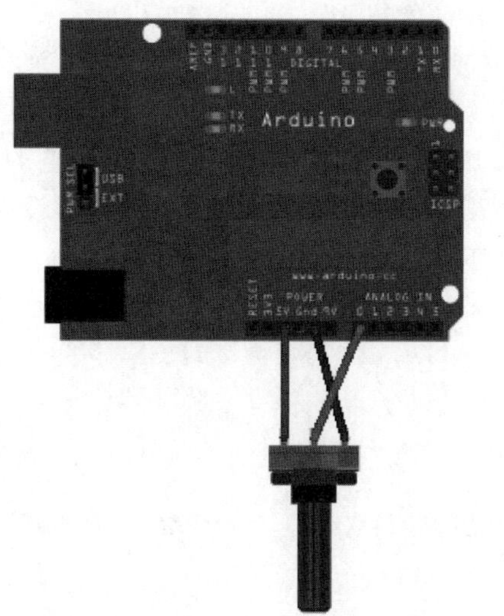
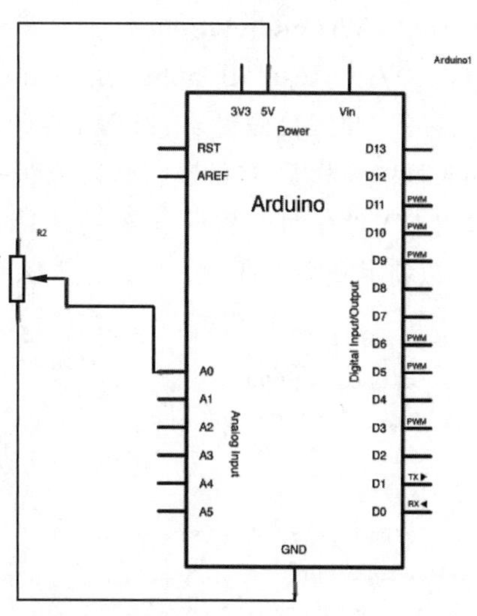

图 3-5 analog Write()示例电路图

模拟引脚的操作函数示例如下：

```
int sensor = A0;                                  //A0 引脚读取电位器
int LED = 11;                                     //第 11 引脚输出 LED
void setup()
{ Serial.begin(9600);
}
void loop()
{ int v;
  v = analogRead(sensor);
  Serial.println(v,DEC);                          //可以观察读取的模拟量
  analogWrite(LED,v/4);      //读回的值范围是 0～1023,结果除以 4,才能得到 0～255 的区间值
}
```

4. analogReadResolution()

analogReadResolution(bit)是 Arduino DUE/M0/M0 PRO/PRIMO 开发板的模拟 API 的扩展。设置由 analogRead()返回值(以位为单位)。它默认为 10 位(返回值为 0～1023),但是在 Arduino 开发板中,可以将 DUE/M0/M0 PRO 开发板设置为 12 位(可能的返回值介于 0～4095),而在 Arduino PRIMO 开发板中可以设置为 14 位(可能的返回值介于 0～16384)。由 analogRead()函数返回值的分辨率(以位为单位),可以设置高于 12 位的分辨率,但是由 analogRead()返回值将会近似,使用示例如下：

```
int pinIN = 3;
int value = 0;
void setup() {
  Serial.begin(9600);
}
void loop() {
  analogReadResolution(12);
  value = analogRead(pinIN);
  Serial.println(value);
}
```

5. analogWriteResolution()

analogWriteResolution(bit)是 Arduino DUE/M0/M0 PRO 和 PRIMO 开发板的模拟 API 的扩展。此函数设置 analogWrite()函数的分辨率。它默认为 8 位(0～255)，但是在 Arduino 某些开发板中，可以将写入分辨率设置为 12，其值为 0～4095，以利用完整的 DAC 分辨率或 PWM 信号设置防止滚动。另外对于 Arduino PRIMO 开发板，它默认设置为 8 位，但可以将其更改为 10 位或 12 位。使用示例如下：

```
void setup(){
  Serial.begin(9600);
  pinMode(11, OUTPUT);
}
void loop(){
  int sensorValue = analogRead(A0);          //使用 LED 读取输入 A0，并映射为 PWM 引脚
  Serial.print("Analog Read: ");
  Serial.print(sensorValue);
  analogWriteResolution(12);      //改变 PWM 分辨率到 12b 位，只有 DUE 开发板支持全分辨率
  analogWrite(11, map(sensorValue, 0, 1023, 0, 4095));
  Serial.print(" , 12 - bit PWM value : ");
  Serial.print(map(sensorValue, 0, 1023, 0, 4095));
}
```

3.4
微课视频

3.4 高级 I/O 函数

本部分主要介绍 tone()、noTone()、shiftOut()、shiftIn()、pulseIn()高级操作函数，下面分别介绍其使用方法。

1. tone()

tone(pin,frequency,time)函数用于在一个引脚上产生一定时间的确定频率。该功能可以一次表达一个音调。如果一个音调在不同的引脚上播放，则新的音调功能将不起作用。如果音调在相同的引脚上播放，则调用设置其频率。

pin 参数为 int 类型，用来设置输出音频的引脚，frequency 参数为 unsigned int 类型，用来设置基音频率，time 参数为 unsigned long 类型，用来设置时间长度。下列音调频率被预定义使用音调：

```
NOTE_B0 = 31, NOTE_C1 = 33, NOTE_CS1 = 35, NOTE_D1 = 37, NOTE_DS1 = 39, NOTE_E1 = 41, NOTE_F1 =
44, NOTE_FS1 = 46, NOTE_G1 = 49, NOTE_GS1 = 52, NOTE_A1 = 55, NOTE_AS1 = 58, NOTE_B1 = 62, NOTE_
C2 = 65, NOTE_CS2 = 69, NOTE_D2 = 73, NOTE_DS2 = 78, NOTE_E2 = 82, NOTE_F2 = 87, NOTE_FS2 = 93,
NOTE_G2 = 98, NOTE_GS2 = 104, NOTE_A2 = 110, NOTE_AS2 = 117, NOTE_B2 = 123, NOTE_C3 = 131, NOTE_
CS3 = 139, NOTE_D3 = 147, NOTE_DS3 = 156, NOTE_E3 = 165, NOTE_F3 = 175, NOTE_FS3 = 185, NOTE_G3
= 196, NOTE_GS3 = 208, NOTE_A3 = 220, NOTE_AS3 = 233, NOTE_B3 = 247, NOTE_C4 = 262, NOTE_CS4 =
277, NOTE_D4 = 294, NOTE_DS4 = 311, NOTE_E4 = 330, NOTE_F4 = 349, NOTE_FS4 = 370, NOTE_G4 = 392,
NOTE_GS4 = 415, NOTE_A4 = 440, NOTE_AS4 = 466, NOTE_B4 = 494, NOTE_C5 = 523, NOTE_CS5 = 554,
NOTE_D5 = 587, NOTE_DS5 = 622, NOTE_E5 = 659, NOTE_F5 = 698, NOTE_FS5 = 740, NOTE_G5 = 784, NOTE
_GS5 = 831, NOTE_A5 = 880, NOTE_AS5 = 932, NOTE_B5 = 988, NOTE_C6 = 1047, NOTE_CS6 = 1109, NOTE_
D6 = 1175, NOTE_DS6 = 1245, NOTE_E6 = 1319, NOTE_F6 = 1397, NOTE_FS6 = 1480, NOTE_G6 = 1568,
```

```
NOTE_GS6 = 1661, NOTE_A6 = 1760, NOTE_AS6 = 1865, NOTE_B6 = 1976, NOTE_C7 = 2093, NOTE_CS7 =
2217, NOTE_D7 = 2349, NOTE_DS7 = 2489, NOTE_E7 = 2637, NOTE_F7 = 2794, NOTE_FS7 = 2960, NOTE_G7
= 3136, NOTE_GS7 = 3322, NOTE_A7 = 3520, NOTE_AS7 = 3729, NOTE_B7 = 3951, NOTE_C8 = 4186, NOTE_
CS8 = 4435, NOTE_D8 = 4699, NOTE_DS8 = 4978
```

使用示例如下：

```
void setup() {
tone(12, 432, 3000);                //产生 432Hz 音频,输出在数字引脚 12,3000ms 时长
}
void loop() {
}
```

2. noTone()

noTone(Pin)函数停止在指定引脚中产生频率。Pin 参数为指定相关的引脚，电路如图 3-6 所示。使用示例如下：

```
void setup() {
pinMode(12, INPUT);                 //在数字引脚 12 设置开关并设为输入
tone(8, 432);                       //在数字引脚 8 产生 432Hz 音频,没有设置时间表示无限大
}
void loop() {
  if (digitalRead(12) == HIGH) {    //如果按下开关,数字引脚 8 的音频就会停止
  noTone(8);
  }
}
```

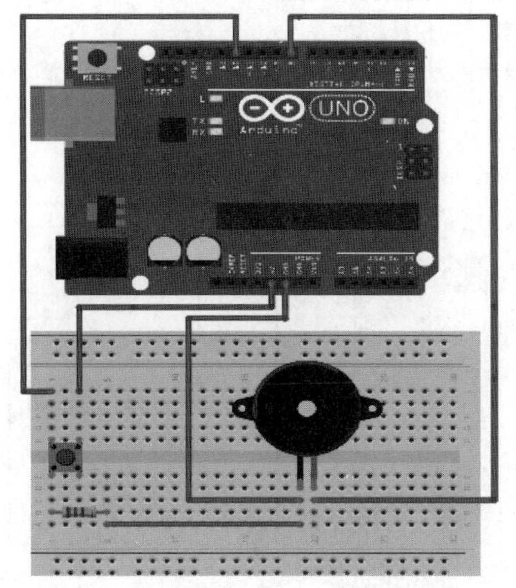

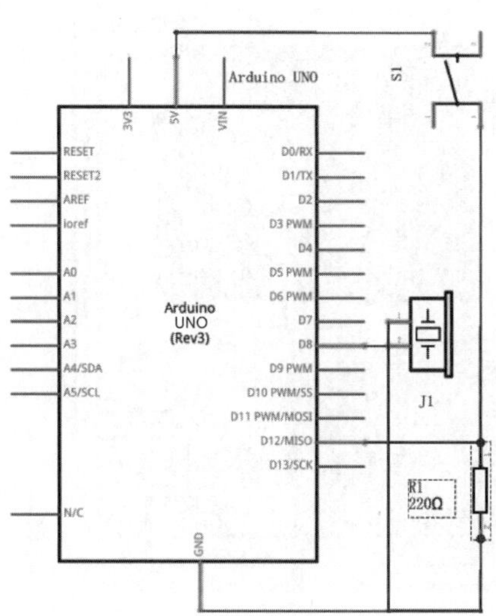

图 3-6　noTone()示例电路

3. shiftOut()

shiftOut()函数将数据写入引脚，一次一位，一般与 74HC595 移位寄存器联合使用，引脚如图 3-7 所示，引脚功能如表 3-1 所示；Arduino 开发板与 74HC595 连线关系如表 3-2 所

示，示例电路如图 3-8 所示。使用方法 shiftOut(dataPin，clockPin，bitOrder，data)，参数说明如下：

dataPin：数据类型为 int，用于发送数据的引脚。

clockPin：数据类型为 int，该引脚用作时钟。

bitOrder：可为 MSBFIRST 或 LSBFIRST，表示要使用的位顺序。MSBFIRST 代表最高有效位（最左边的位）优先，LSBFIRST 代表较低有效位（最右边的位）优先。它可以从最高或最低有效位（最左边或最右边的位）开始写入位。

data：数据类型为 byte 或 unsigned int，是要发送的数据，为 1 字节（8 位）。

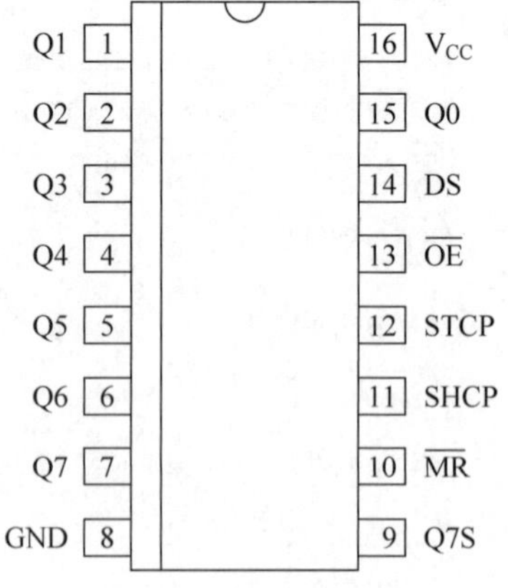

图 3-7 74HC595 引脚

表 3-1 74HC595 引脚功能

V，MR	Q0～Q7	OE，GND	STCP	SHCP	DS	Q7S
接 5V	并行输出数据	接地	锁存引脚	时钟引脚	数据引脚	串行输出数据

表 3-2 Arduino 开发板与 74HC595 连接引脚

Arduino 开发板	74HC595	Arduino 开发板	74HC595
5V	VCC，MR	GND	OE，GND
5	DS	6	SHCP
7	STCP		

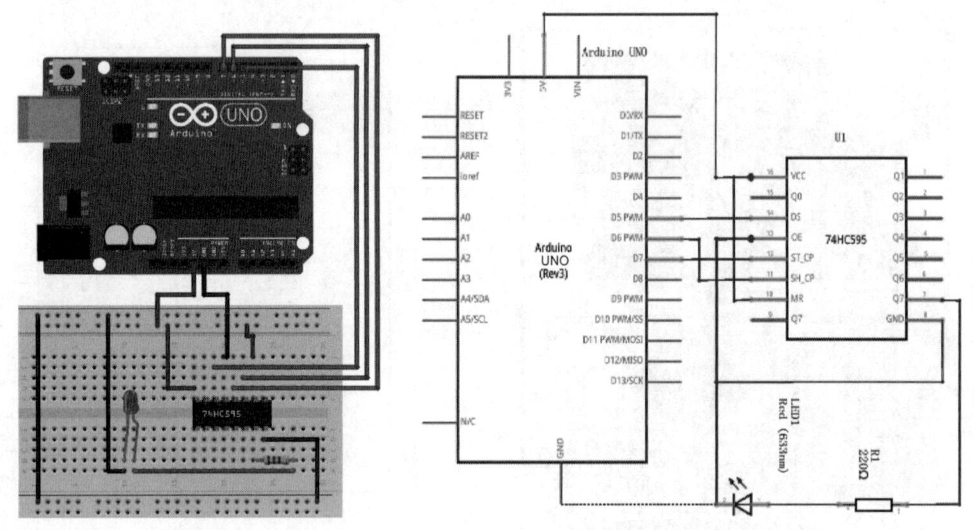

图 3-8 shiftOut()示例电路图

通过向 74HC595 写入连续整数，改变输出数据引脚的持续高低电平的时间，从而控制 LED 的不同亮灭周期，数字引脚 7 的周期为 1s，数字引脚 6 的周期为 2s，数字引脚 5 的周期为 4s，以此类推。图 3-8 只画出了数字引脚 7 的 LED 电路，如果需要其他 LED，读者可以自行添加，代码如下：

```
int data = 5;                         //数据输入引脚
int clk = 6;                          //时钟引脚
int latch = 7;                        //锁定引脚
byte valueIN = 0;
void setup() {
 pinMode(data, OUTPUT);
 pinMode(clk, OUTPUT);
 pinMode(latch, OUTPUT);
 Serial.begin(9600);
}
void loop() {
 digitalWrite(latch, LOW);                        //设定移位寄存器
 shiftOut(data, clk, LSBFIRST, valueIN);          //输入数据
 digitalWrite(latch, HIGH);                       //锁存数据
 Serial.print("valueIN = ");
 Serial.println(valueIN,BIN);                     //二进制输出
 delay(1000);
 valueIN = valueIN + 1;
}
```

4. shiftIn()

shiftIn()函数读取引脚上的数据，一次读取一位。它可以读取从最高有效位(最左边的位)或最低有效位(最右边的位)开始的位。语法格式如下：

```
shiftIn(dataPin,clockPin,bitOrder);
```

参数说明如下：

```
dataPin: 数据类型为 int,用于发送数据的引脚
clockPin: 数据类型为 int,该引脚用作时钟
```

bitOrder：可以为 MSBFIRST 或 LSBFIRST，表示要使用的位顺序。MSBFIRST 代表最高有效位(最左位)优先，LSBFIRST 代表较低有效位(最右位)优先。

示例电路如图 3-9 所示，数字引脚 8 连接串行输出 Q7S(或者 Q7')，其他引脚连接与 shiftOut()示例电路图相同。

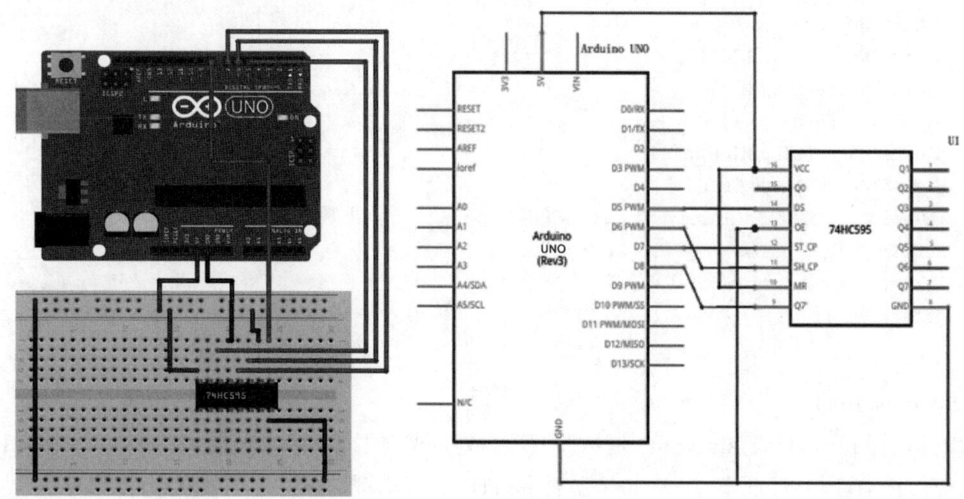

图 3-9 shiftIn()示例电路

具体代码如下。

```
int data = 5;                                       //数据引脚
int clk = 6;                                        //时钟引脚
int latch = 7;                                      //锁定的引脚
int incoming = 8;                                   //输入数据
byte valueOUT = 0;
void setup() {
 pinMode(data, OUTPUT);
 pinMode(clk, OUTPUT);
 pinMode(latch, OUTPUT);
 pinMode(incoming, INPUT);
 Serial.begin(9600);
}
void loop() {
 digitalWrite(latch, LOW);                          //移位寄存器设定
 digitalWrite(clk, LOW);                            //输入第一位数据
 digitalWrite(data, 0);
 digitalWrite(clk, HIGH);
 digitalWrite(clk, LOW);                            //输入第二位数据
 digitalWrite(data, 1);
 digitalWrite(clk, HIGH);
 digitalWrite(clk, LOW);                            //输入第三位数据
 digitalWrite(data, 0);
 digitalWrite(clk, HIGH);
 digitalWrite(clk, LOW);                            //输入第四位数据
 digitalWrite(data, 1);
 digitalWrite(clk, HIGH);
 digitalWrite(clk, LOW);                            //输入第五位数据
 digitalWrite(data, 1);
 digitalWrite(clk, HIGH);
 digitalWrite(clk, LOW);                            //输入第六位数据
 digitalWrite(data, 1);
 digitalWrite(clk, HIGH);
 digitalWrite(clk, LOW);                            //输入第七位数据
 digitalWrite(data, 0);
 digitalWrite(clk, HIGH);
 digitalWrite(clk, LOW);                            //输入第八位数据
 digitalWrite(data, 1);
 digitalWrite(clk, HIGH);
 digitalWrite(latch, HIGH);
 valueOUT = shiftIn(incoming, clk, LSBFIRST);       //输出数据
 Serial.print("valueOUT = ");
 Serial.println(valueOUT, BIN);
 delay(1000);
}
```

5. PulseIn()

PulseIn(pin,value,timeout)函数用于读取引脚脉冲的时间长度，脉冲可以是 HIGH（高电平）或者 LOW（低电平）。如果脉冲是 HIGH，该函数将先等引脚变为高电平，然后开

始计时，一直等到引脚变为低电平。返回脉冲持续的时间长度，单位为 ms，如果超时没有读到数据，返回 0。该函数语法格式如下：

```
pulseIn(pin, value);
pulseIn(pin, value, timeout);
```

参数说明如下：

(1) pin：要读取脉冲的引脚编号。

(2) value：数据类型为 int 类型，要读取的脉冲类型，HIGH 或 LOW。

(3) timeout：数据类型为 unsigned long，可选，等待脉冲启动的微秒数，默认值为 1s。

本示例说明：设计一个按钮脉冲计时器，测一下按钮的持续时间，测测谁的反应快，看谁能按出最短的时间，按钮接在数字引脚 3 上，通过下拉电阻接地，电路如图 3-10 所示，代码如下：

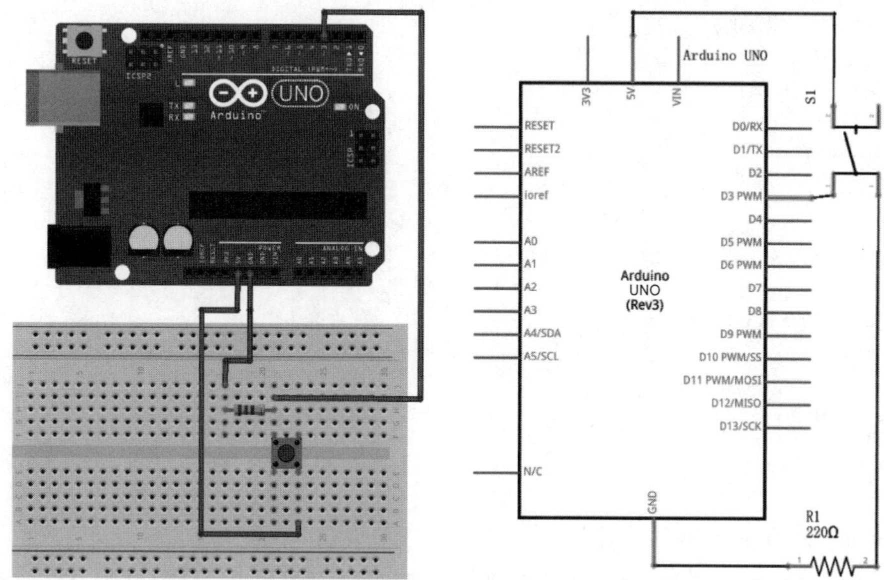

图 3-10　PulseIn()示例电路

```
int button = 3;
int count;
void setup()
{
pinMode(button, INPUT);                        //输入模式
serial,begin(9600);
}
void loop()
{ count = pulseIn(button, HIGH);              //高电平检测
    if(count!= 0)
    { Serial.println(count, DEC);             //串口监视器输出
      count = 0;
    }
}
```

3.5
微课视频

3.5 时间函数

本部分主要包括 delay()、delayMicroseconds()、millis()、micros()，下面进行详细介绍。

1. delay()

delay(ms)，延时函数，参数是延时的时长，单位是 ms(毫秒)。应用延时函数的典型例程是跑马灯的应用，在数字引脚 6～9 上各接一个 LED，使用 Arduino 开发板控制四个 LED 依次点亮，示例如下：

```
void setup()
{
  pinMode(6,OUTPUT);                          //定义为输出
  pinMode(7,OUTPUT);
  pinMode(8,OUTPUT);
  pinMode(9,OUTPUT);
}
void loop()
{
  int i;
  for(i = 6;i <= 9;i++)                        //依次循环四盏灯
  {
  digitalWrite(i,HIGH);                        //点亮 LED
  delay(1000);                                 //持续 1s
  digitalWrite(i,LOW);                         //熄灭 LED
  delay(1000);                                 //持续 1s
    }
}
```

2. delayMicroseconds()

delayMicroseconds(μs)，延时函数，参数是延时的时长，单位是 μs(微秒)。1ms＝1000μs。该函数可以产生更短的延时。示例如下：

```
//blink 示例用于演示延迟功能
int ledPin = 13;                              //连接在数字引脚 13 的 LED
void setup()
{
  pinMode(ledPin, OUTPUT);                    //设置数字引脚为输出
}
void loop()
{
  digitalWrite(ledPin, HIGH);                 //LED 开
  delayMicroseconds(5000);                    //等待
  digitalWrite(ledPin, LOW);                  //LED 关
  delayMicroseconds(5000);                    //等待
}
```

需要注意的是，它仅适用于 Arduino M0 和 M0 PRO 开发板。此函数停止程序执行一

段时间(以 μs 表示),作为参数给出。对低于 20μs 的值,该功能不能被精确使用,其最大误差约为 500ns。在 20~60μs,最大误差约为 400ns。超过 60μs 这个函数可以给出最大的精度,长时间停顿(例如 10 000μs 或更长),建议使用 delay()。

3. millis()

计时函数,应用该函数,可以获取单片机通电到现在运行的时间长度,单位是 ms。系统最长的记录时间为 9 小时 22 分,超出之后,从 0 开始。返回值是 unsigned long 类型。

该函数适合作为定时器使用,不影响单片机的其他工作(而使用 delay 函数期间无法进行其他工作)。计时时间函数使用示例,延时 10s 后自动点亮的灯,程序如下:

```
int LED = 13;
unsigned long i,j;
void setup()
{
  pinMode(LED,OUTPUT);
  i = millis();                                   //读入初始值
}
void loop()
{
   j = millis();                                  //不断读入当前时间值
   if((j - i)> 10 000)                            //如果延时超过 10s,点亮 LED
   {
   digitalWrite(LED,HIGH);
   }
   else digitalWrite(LED,LOW);
}
```

4. micros()

计时函数,该函数返回开机到现在运行的微秒值。返回值是 unsigned long 类型值,70min 溢出。示例之一,显示当前的微秒值,代码如下:

```
unsigned long time;
void setup()
{
Serial.begin(9600);
}
void loop()
{
Serial.print("Time: ");
time = micros();                                  //读取当前的微秒值
Serial.println(time);                             //打印开机到目前运行的微秒值
delay(1000);                                      //延时 1s
}
```

示例之二,延时灯的另一种实现方式,代码如下:

```
int LED = 13;
unsigned long i,j;
void setup()
{
```

```
  pinMode(LED,OUTPUT);
  i = micros();                                   //读入初始值
}
void loop()
{
j = micros();                                     //不断读入当前时间值
   if((j - i)> 10000000)                          //如果延时超过 10s,点亮 LED
      {
   digitalWrite(LED,HIGH);
       }
   else digitalWrite(LED,LOW);
}
```

3.6
微课视频

3.6 中断函数

什么是中断？实际上中断在人们的日常生活中非常常见。中断概念如图 3-11 所示。

例如，一个人正在看书，电话铃响，于是在书上做上记号，去接电话，与对方通话；门铃响了，有人敲门，让打电话的对方稍等一下，然后去开门，并在门旁与来访者交谈，谈话结束，关好门；回到电话机旁，继续通话，接完电话后再回来从做记号的地方接着看书。

同样的道理，在单片机中也存在中断概念，如图 3-12 所示，在计算机或者单片机中中断是由于某个随机事件的发生，计算机暂停原程序的运行，转去执行另一程序（随机事件），处理完毕后又自动返回源程序继续运行的过程，也就是说高优先级的任务中断了低优先级的任务。在计算机中中断包括如下几部分：

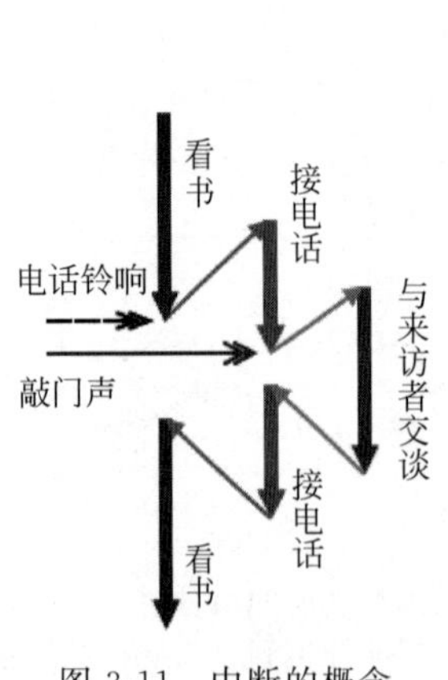

图 3-11　中断的概念

图 3-12　单片机中的中断

中断源：引起中断的原因，或能发生中断申请的来源；

主程序：计算机现行运行的程序；

中断服务子程序：处理突发事件的程序。

1．attachInterrupt()

attachInterrupt()函数用于指定外部中断发生时调用的命名中断服务程序（ISR）。大多数 Arduino 开发板有两个外部中断：中断 0(数字引脚 2)和中断 1(数字引脚 3)。有一些 Arduino 开发板有别的中断。例如，在 Arduino MEGA 2560 开发板中有其他四个中断：中断 2(数字引脚 21)、中断 3(数字引脚 20)、中断 4(数字引脚 19)、中断 5(数字引脚 18)。在 Arduino LEONARDO 开发板中有中断 0(数字引脚 3)、中断 1(数字引脚 2)、中断 2(数字引脚 0)、中断 3(数字引脚 1)和中断 4(数字引脚 7)。

Arduino DUE 开发板允许在所有可用引脚上附加中断功能。Arduino M0、M0 PRO 和 Zero PRO 开发板可以使用除数字引脚 2 以外的所有引脚作为中断引脚。attachInterrupt()函数用于设置中断，语法格式如下：

```
attachInterrupt(digitalPinToInterrupt(pin), ISR, mode);
attachInterrupt(interrupt,function, mode);
attachInterrupt(pin,ISR, mode) (Arduino DUE, ZERO, MKR1000, 101 使用);
```

参数说明如下：

interrupt：允许外部中断源。

pin：使能中断的引脚号。

ISR：中断事件发生时要调用的函数名称。此函数不能使用任何参数，并且不返回任何内容。

mode：有四种有效模式。当 LOW 引脚为低电平时触发中断；当 CHANGE 引脚改变值时设置触发中断；当 RISING 引脚从低电平变为高电平时触发中断；当 FALLING 引脚从高电平变为低电平时，设置为触发中断。HIGH 仅限 Arduino DUE、ZERO、MKR1000、101 开发板使用，当引脚为高电平时触发中断。

中断源可选 0 或 1，对应数字引脚 2 或数字引脚 3。中断处理函数是一段子程序，当中断发生时执行该子程序部分。

示例功能如下：数字引脚 2 接按钮开关，使用中断 0 控制数字引脚 13 的板载 LED，电路如图 3-13 所示。按下按钮，马上响应中断，翻转 LED 状态。可以使用不同的 4 个参数，如 LOW、CHANGE、RISING 和 FALLING 参数。代码如下：

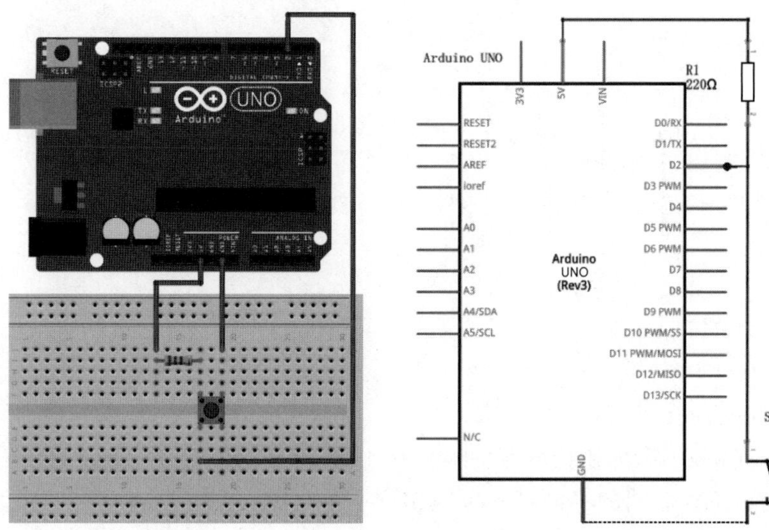

图 3-13　中断示例电路图

```
volatile int state = LOW;                  //将要在中断函数内部更改的值声明为 volatile 类型
const int interruptPin = 2;
void setup(){
  pinMode(13,OUTPUT);
pinMode(interruptPin, INPUT);
  attachInterrupt(digitalPinToInterrupt(interruptPin),Blink,LOW);   //设置外部中断函数
 }
void loop()
{
  digitalWrite(13,state);
}
void Blink()
{
  state = !state;
}
```

上述示例存在按键抖动的情况，改进代码如下：

```
volatile int state = LOW;                  //在中断函数内部更改的值需要声明为 volatile 类型
volatile unsigned long triggertime = 0;           //按键按下,第一次触发中断的时刻
volatile unsigned long delta = 200;               //去抖期的时长(毫秒)
volatile int i = 0;                               //按下第 i 次
const int interruptPin = 2;
void Blink()
{
  if (millis() - triggertime > delta) //如果中断内时间减去上次进入中断时间大于消抖时间
    {
    i++;                                          //i + 1,并记录中断完全执行时间
    triggertime = millis();
    Serial.print("i = ");
    Serial.println(i);
    }
  state = !state;
}
void setup()
{
  Serial.begin(9600);
  pinMode(13,OUTPUT);
pinMode(interruptPin, INPUT);
  attachInterrupt(digitalPinToInterrupt(interruptPin),Blink,RISING);
}
void loop()
{
  digitalWrite(13,state);
}
```

2. detachInterrupt()

detachInterrupt()函数用于取消外部中断，语法如下：detachInterrupt(interrupt)，其中 interrupt 表示所要取消的中断源；detachInterrupt(pin)（Arduino DUE 开发板使用），其中 pin 表示中断的引脚号，示例如下：

```
int pinLed = 13;
volatile int state = LOW;
int count = 0;
void setup()
{
 pinMode(pinLed, OUTPUT);
 attachInterrupt(0, Blink, RISING);                    //启用中断
 Serial.begin(9600);
}
void loop()
{
 count = count + 1;
 if(count > 20)
 {
 detachInterrupt(0);                                   //取消中断
 Serial.println("Interrupt disabled");
 }
else{
 digitalWrite(pinLed, state);
 }
 delay(1000);
}
void Blink()
{
 state = !state;
}
```

3. interrupts() /noInterrupts()

interrupts()在 noInterrupt()禁用中断之后启用中断。默认情况下,启用中断以允许重要任务在后台进行。某些功能在中断被禁用时不起作用,输入的通信可能会被忽略。对于特别关键的代码段,中断可能被禁用,使用示例如下:

```
void setup() {
}
void loop() {
 noInterrupts();                                       //禁用所有中断
 //重要代码部分
 interrupts();                                         //允许中断
 //其他代码
}
```

3.7 串口通信函数

3.7
微课视频

串行通信接口(Serial Interface)是指数据按顺序传送,其特点是通信线路简单,只要一对传输线就可以实现双向通信的接口,如图 3-14 所示。串口通信是指外设和计算机间,通过数据信号线、地线、控制线等,按位进行传输数据的一种通信方式。这种通信方式使用的数据线少,在远距离通信中可以节约通信成本,但其传输速度比并行传输速度低。

串口通信接口出现是在 1980 年前后，数据传输率是 115～230kbps。串口通信接口出现的初期是为了实现计算机外设的通信，初期串口一般用来连接鼠标和外置 Modem 以及老式摄像头和写字板等设备。

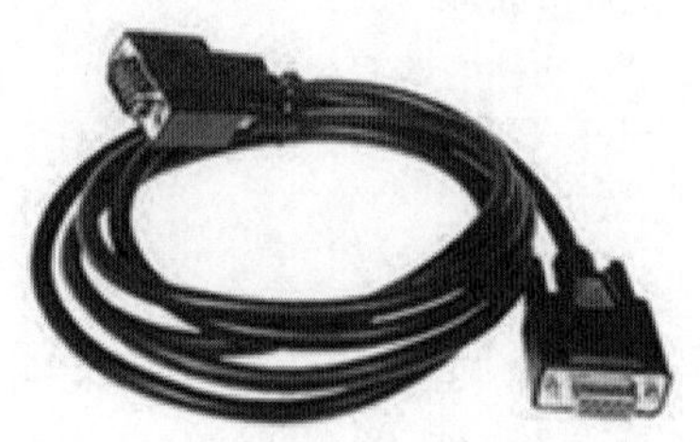

图 3-14 串口通信接口

由于串口通信接口(COM)不支持热插拔及传输速率较低，目前部分新主板和大部分便携电脑已开始取消该接口，串口多用于工控和测量设备以及部分通信设备中。包括各种传感器采集装置、GPS 信号采集装置、多个单片机通信系统、门禁刷卡系统的数据传输、机械手控制、操纵面板控制电机等，特别是广泛应用于低速数据传输的工程应用。下面对 Arduino 开发板常用串口的函数做详细的介绍。

1. Serial. begin()

该函数开启串口，通常置于 setup()函数中，用于设置串口的波特率，即数据的传输速率，每秒钟传输的符号个数。语法格式如下：

```
Serial.begin(speed);
Serial.begin(speed,config);
```

参数如下：

speed：波特率，一般取值 300、1200、2400、4800、9600、14 400、19 200、28 800、38 400、57 600、115 200 等；

config：设置数据位、校验位和停止位。例如，Serial. begin(speed,Serial_8N1)；Serial_8N1 中：8 表示 8 个数据位，N 表示没有校验，1 表示有 1 个停止位，示例如下：

```
void setup() {
Serial.begin(9600);                                   //打开串口,设置波特率为 9600
}
```

2. Serial. end()

禁止串口传输函数。此时串口传输的引脚可以作为数字 I/O 引脚使用。该函数没有参数，没有返回值，使用语法为 Serial. end()。

3. Serial. flush()

1.0 版本之前为清空串口缓存，现在该函数作用为等待输出数据传送完毕。如果要清空串口缓存，可以使用 while(Serial. read() >= 0)来代替。该函数没有参数，没有返回值，使用语法为 Serial. flush()。

4. Serial. print()

串口输出数据函数，写入字符串数据到串口，即该函数向串口发送数据。可以发送变量，也可以发送字符串。语法格式为：

```
Serial.print(val);
Serial.print(val,format);
```

参数如下：

val：打印的值，任意数据类型；

format：输出的数据格式，包括整数类型和浮点型数据的小数点位数。

例1：

```
Serial.print("today is good");
```

例2：

```
Serial.print(x,DEC);以十进制发送 x
```

例3：

```
Serial.print(x,HEX);以十六进制发送变量 x
```

5. Serial.println()

写入字符串数据并换行，该函数与 Serial.print()类似，只是多了换行功能。语法格式为：

```
Serial.println(val)
Serial.println(val,format)
```

参数如下：

val：打印的值，任意数据类型；

format：输出的数据格式，包括整数类型和浮点型数据的小数点位数。

串口通信函数使用示例如下：

```
int x = 0;
void setup()
{ Serial.begin(9600);                               //波特率为 9600
}
void loop()
{
  if(Serial.available())
     {  x = Serial.read();
        Serial.print("received:");
        Serial.println(x,DEC);                      //输出并换行
     }
    delay(1000);
}
```

6. Serial.available()

判断串口缓冲器的状态函数，用以判断数据是否送达串口。注意使用时通常用 delay(1000)以保证串口字符接收完毕，即保证 Serial.available()返回的是缓冲区准确的可读字节数。该函数用来判断串口是否收到数据，函数的返回值为整型，不带参数，使用示例如下：

```
void setup() {
  Serial.begin(9600);
  while(Serial.read()> = 0){}                       //清除串口缓存
}
void loop() {
```

```
    if (Serial.available() > 0) {                   //是否有数据
     delay(1000);                                   //等待数据传完
     int ndata = Serial.available();
     Serial.print("Serial.available = :");          //串口打印数据
     Serial.println(ndata);
   }
   while(Serial.read()>= 0){}                       //清空串口缓存
 }
```

7. Serial.read()

读取串口数据，一次读一个字符，读完后删除已读数据。将串口数据读入，该函数不带参数，返回串口缓存中第一个可读字节，当没有可读数据时返回－1，整数类型，示例如下：

```
char char1;
void setup() {
  Serial.begin(9600);
  while(Serial.read()>= 0){}                       //清除串口缓存
}
void loop() {
  while(Serial.available()> 0){
    char1 = Serial.read();                         //读串口第一字节
    Serial.print("Serial.read: ");
    Serial.println(char1);
    delay(1000);                                   //打印数据
    }
  }
```

8. Serial.peek()

读串口缓存中下一字节的数据（字符型），但不从内部缓存中删除该数据。也就是说，连续的调用 peek()将返回同一个字符。而调用 read()则会返回下一个字符。该函数没有参数，返回串口缓存中下一字节（字符）的数据，如果没有，返回－1，整数类型。Serial.peek()每次从串口缓存中读取一个字符，并不会将读过的字符删除。第二次读取时仍然为同一个字符。

```
char char1;
void setup() {
  Serial.begin(9600);
  while(Serial.read()>= 0){}                       //清除串口缓存
}
void loop() {
  while(Serial.available()> 0){                    //读取串口数据
    char1 = Serial.peek();
    Serial.print("Serial.peek: ");
    Serial.println(char1);                         //打印输出数据
    delay(1000);
    }
  }
```

9. Serial. readBytes()

从串口读取指定长度的字符到缓存数组。返回存入缓存的字符数,0 表示没有有效数据。语法格式为:

```
Serial.readBytes(buffer,length);
```

参数如下:

(1) buffer:缓存变量。

(2) length:设定的读取长度。

参考示例如下:

```
char buff[18];
int ndata = 0;
void setup() {
  Serial.begin(9600);
  while(Serial.read()>= 0){}                    //清串口
}
void loop() {
  if(Serial.available()> 0){
      delay(1000);
      ndata = Serial.readBytes(buff,3);         //读取数据
      Serial.print("Serial.readBytes:");
      Serial.println(buff);                     //输出数据
    }
  while(Serial.read() >= 0){}                   //清串口缓存
  for(int i = 0; i < 18; i++){
        buff[i] = '\0';
    }
}
```

10. Serial. readBytesUntil()

从串口缓存读取指定长度的字符到数组 buffer,遇到终止字符后停止。返回存入缓存的字符数,0 表示没有有效数据。语法如下:

```
Serial.readBytesUntil(character,buffer,length);
```

参数如下:

(1) character:查找的字符(char)。

(2) buffer:存储读取数据的缓存(char[]或 byte[])。

(3) length:设定的读取长度。

参考示例如下:

```
char buff[18];
char char1 = ',';                               //终止字符
int ndata = 0;
void setup() {
  Serial.begin(9600);
  while(Serial.read()>= 0){}                    //清串口
}
void loop() {
```

```
    if(Serial.available()> 0){
        delay(1000);
        ndata = Serial.readBytesUntil(char1,buff,3);//读取数据
        Serial.print("Serial.readBytes:");
        Serial.println(buff);                       //打印数据
    }
  while(Serial.read() >= 0){}                       //清串口
  for(int i = 0; i < 18; i++){
        buff[i] = '\0';
    }
}
```

11. Serial.readString()

从串口缓存区读取全部数据到一个字符串型变量。语法为 Serial.readString()，没有参数，返回从串口缓存区中读取的一个字符串。相关示例如下：

```
String cdata = "";
void setup() {
  Serial.begin(9600);
  while(Serial.read()>= 0){}                        //清串口
}
void loop() {
  if(Serial.available()> 0){
      delay(1000);
      cdata = Serial.readString();
      Serial.print("Serial.readString:");
      Serial.println(cdata);                        //打印数据
    }
    cdata = "";
}
```

12. Serial.readStringUntil()

从串口缓存区读取字符到一个字符串型变量，直至读完或遇到某终止字符。返回从串口缓存区中读取的整个字符串，直至检测到终止字符。语法为：Serial.readStringUntil(terminator)，参数为 terminator 为终止字符。

相关示例如下：

```
String cdata = "";
char terminator = ',';
void setup() {
  Serial.begin(9600);
  while(Serial.read()>= 0){}                        //清串口
}
void loop() {
  if(Serial.available()> 0){
      delay(1000);
      cdata = Serial.readStringUntil(terminator); //读取数据
      Serial.print("Serial.readStringUntil: ");
      Serial.println(cdata);
    }
```

```
    while(Serial.read()>= 0){}
}
```

13. Serial. parseFloat()

读串口缓存区第一个有效的浮点型数据，数字将被跳过。当读到第一个非浮点数时函数结束。没有参数，返回串口缓存区第一个有效的浮点型数据，数字将被跳过。从串口缓存中读取第一个有效的浮点数，第一个有效数字之前的负号也将被读取，独立的负号将被舍弃。语法为 Serial. parseFloat()，相关示例如下：

```
float cfloat;
void setup() {
  Serial.begin(9600);
  while(Serial.read()>= 0){}                          //清串口
}
void loop() {
  if(Serial.available()> 0){
      delay(1000);
      cfloat = Serial.parseFloat();                   //从串口读取数据
      Serial.print("Serial.parseFloat:");
      Serial.println(cfloat);                         //打印数据
    }
    while(Serial.read()>= 0){}                        //清串口缓存
}
```

14. Serial. parseInt()

从串口接收数据流中读取第一个有效整数(包括负数)。需要注意的是，非数字的首字符或负号将被跳过；当可配置的超时值没有读到有效字符时，或者读不到有效整数时，分析停止；如果超时且读不到有效整数，返回 0。从串口缓存中读取第一个有效整数，第一个有效数字之前的负号也将被读取，独立的负号将被舍弃。语法为：Serial. parseInt()，返回下一个有效整型值。相关示例如下：

```
int cInt;
void setup() {
  Serial.begin(9600);
  while(Serial.read()>= 0){}                          //清串口
}
void loop() {
  if(Serial.available()> 0){
      delay(1000);
      cInt = Serial.parseInt();                       //从串口读取数据
      Serial.print("Serial.parseInt:");
      Serial.println(cInt);                           //串口打印数据
    }                                                 //清串口缓存
    while(Serial.read()>= 0){}
}
```

15. Serial. find()

从串口缓存区读取数据，寻找目标字符串，找到目标字符串返回真，否则为假，语法为 Serial. find(target)，参数 target 为目标字符串。

相关示例如下：

```
char target[] = "test";
void setup() {
  Serial.begin(9600);
  while(Serial.read()>= 0){}                          //清串口
}
void loop() {
   if(Serial.available()> 0){
      delay(1000);
      if(Serial.find(target)){                        //从串口读数据
         Serial.print("find target:");                //打印数据
         Serial.println(target);
        }
     }                                                //清串口
    while(Serial.read()>= 0){}
}
```

16. Serial.findUntil()

从串口缓存区读取数据，寻找目标字符串（char 型数组），直到出现给定字符串（char 型），找到为真，否则为假。语法为 Serial.findUntil(target，terminal)。

参数如下：

(1) target：目标字符串。

(2) terminal：结束搜索字符串。

如果在找到终止字符之前找到目标字符，返回真，否则返回假。相关示例如下：

```
char target[] = "test";
char terminal[] = "end";
void setup() {
  Serial.begin(9600);
  while(Serial.read()>= 0){}                          //清串口
}

void loop() {                                         //从串口读数据
   if(Serial.available()> 0){
      delay(1000);
      if(Serial.findUntil(target,terminal)){
         Serial.print("find target:");
         Serial.println(target);
        }
     }                                                //清串口
    while(Serial.read()>= 0){}
}
```

17. Serial.write()

串口输出数据函数，写二进制数据到串口，返回字节长度，语法如下：

```
Serial.write(val);
Serial.write(str);
Serial.write(buf, len);
```

参数如下：

(1) val：字节。

(2) str：一串字节。

(3) buf：字节数组。

(4) len：buf 的长度。

示例如下：

```
void setup(){
  Serial.begin(9600);
}
void loop(){
  Serial.write(65);                          //发送 65
  Serial.println();
  delay(1000);
  int bytesSent = Serial.write("hello");     //发送"hello",返回字符串长度
  Serial.println();
  delay(1000);
}
```

3.8 数学函数

3.8 微课视频

本节主要介绍 abs()、constrain()、map()、max()、min()、pow()、sqrt()/sq()、sin()、cos()、tan()、randomSeed()和 random()函数，下面分别说明其使用方法。

1. abs()

abs()函数计算数字的绝对值，返回非负数。因为其实现功能的方式不同，要避免在括号内使用其他函数，这可能会导致结果不正确。例如：

```
abs(a++);                                    //避免使用此种方式,可能导致结果不正确
abs(a);                                      //用此种方法
a++;
```

2. constrain()

constrain()函数将数值限制在一个范围内。语法格式为 constrain(x, a, b)，x 为要限制的变量，a 为范围的下限，b 为范围的上限，所有数据类型均适用该函数。例如：

```
sensVal = constrain(sensVal, 10, 150);       //传感器的值限定在 10～150
```

3. map()

map()函数将数值重新映射到另一个范围。语法格式为 map(value, fromLow, fromHigh, toLow, toHigh)，也就是说，fromLow 的值映射到 toLow，fromHigh 的值映射到 toHigh。例如：

```
y = map(x,1,50,50,1);
y = map(x,1,50,50, - 100);
```

map()函数使用整数数值，所以不会生成分数，小数剩余部分被截断，而不是四舍五入

或平均，下面的示例将模拟数值映射为 8 位数值，在处理模拟量时用处比较大，代码如下：

```
void setup() {}
void loop()
{
 int val = analogRead(0);
 val = map(val, 0, 1023, 0, 255);
 analogWrite(9, val);
}
```

4. max()

max()函数计算两个数的最大值，返回两个数中比较大的值，例如：

```
sensVal = max(senVal, 20);                //赋给 sensVal 的值不小于 20
```

5. min()

min()函数计算两个数的最小值，返回两个数中比较小的值，例如：

```
sensVal = min(sensVal, 100);              //赋给 sensVal 的值不超过 100
```

6. pow()

pow()函数计算幂函数值。语法格式为 pow(base，exponent)，其中 base 为底数，exponent 为指数。例如：

```
x = pow(5,3)                              //x 的值为 125
```

7. sqrt()/sq()

sqrt()函数计算一个数的平方根。sq()函数计算一个数的平方，返回值均为双精度值。

8. sin()

sin()函数计算以弧度表示的某角度的正弦。它返回－1 和 1 之间的双精度值。例如：

```
double x = sin(0);                        // x = 0
double y = sin(π/2);                      // y = 1
```

9. cos()

cos()函数计算以弧度表示的某角度的余弦。它返回－1 和 1 之间的双精度值。例如：

```
double x = cos(0);                        // x = 1
double y = cos(π/2);                      // y = 0
```

10. tan()

tan()函数计算以弧度表示的某角度的正切。它返回－1 和 1 之间的双精度值。例如：

```
double z = tan(π);                        // z = 0
```

11. randomSeed()

randomseed()函数初始化伪随机数发生器，使它在随机序列的任意点开始。这个序列虽然很长，而且是随机的。如果随机序列产生的值比较重要，那么需要完全随机的输入值初始化发生器，例如，读取没有连接的引脚模拟值。该函数没有返回值。示例代码如下：

```
long randNumber;
```

```
void setup(){
 Serial.begin(9600);
 randomSeed(analogRead(0));                    //初始化序列发生器
}
void loop(){
 randNumber = random(300);
 Serial.println(randNumber);
delay(50);
}
```

12. random()

random()函数生成随机数。每当调用该函数时,它会在指定的范围内返回随机值。如果传递一个参数给函数,返回一个在零和参数值之间的浮点数。调用函数 random(5),返回 0～5 的值。如果传递了两个参数,返回一个在两个参数之间的浮点数。例如:

```
long randNumber;
void setup(){
 Serial.begin(9600);
randomSeed(analogRead(0));
}
void loop() {
randNumber = random(300);                      //打印 0～299 的随机数
 Serial.println(randNumber);
randNumber = random(10, 20);                   //打印 10～19 的随机数
 Serial.println(randNumber);
delay(50);
}
```

3.9　字符处理函数

3.9
微课视频

本节主要介绍 isAlpha()、isAlphaNumeric()、isAscii()、isControl()、isDigit()、isGraph()、isHexadecimalDigit()、isLowerCase()、isPrintable()、isPunct()、isSpace()、isUpperCase()和 isWhitespace()字符处理函数,下面分别讲解其用法。

1. isAlpha()

isAlpha()函数分析字符是否为字母。语法格式为 isAlpha(this),this 为字符型变量,如果 this 是字母,返回 true。例如:

```
if (isAlpha(this))                             //测试 this 变量是否为字母
{
    Serial.println("The character is a letter");
}
else
{
    Serial.println("The character is not a letter");
}
```

2. isAlphaNumeric()

isAlphaNumeric()函数分析字符是否为字母或数字,语法格式为 isAlphaNumeric

(this)，this 为字符型变量，如果 this 是字母或数字，返回 true。例如：

```
if (isAlphaNumeric(this))                    //测试 this 变量是否为字母或数字
{
    Serial.println("The character is alphanumeric");
}
else
{
    Serial.println("The character is not alphanumeric");
}
```

3. isAscii()

isAscii()函数分析字符是否为 ASCII 码，语法格式为 isAscii(this)，this 为字符型变量，如果 this 是 ASCII 码，返回 true。例如：

```
if (isAscii(this))                           //测试 this 变量是否为 ASCII
{
    Serial.println("The character is ASCII");
}
else
{
    Serial.println("The character is not ASCII");
}
```

4. isControl()

isControl()函数分析字符是否为控制字符。语法格式为 isControl(this)，this 为字符型变量，如果 this 是控制字符返回 true。例如：

```
if (isControl(this))                         //测试 this 变量是否为控制字符
{
    Serial.println("The character is a control character");
}
else
{
    Serial.println("The character is not a control character");
}
```

5. isDigit()

isDigit()函数分析字符是否为数字，语法格式为 isDigit(this)，this 为字符型变量，如果 this 是数字，返回 true。例如：

```
if (isDigit(this))                           //测试 this 变量是否为数字
{
    Serial.println("The character is a digit");
}
else
{
    Serial.println("The character is not a digit");
}
```

6. isGraph()

isGraph()函数分析字符是否为除空格之外的可打印字符,语法格式为 isGraph(this),this 为字符型变量,如果 this 是可打印的,返回 true。例如:

```
if (isGraph(this))                              //测试 this 变量是否为可打印的
{
    Serial.println("The character is printable");
}
else
{
    Serial.println("The character is not printable");
}
```

7. isHexadecimalDigit()

isHexadecimalDigit()函数分析字符是否为十六进制字符(0~9,A~F),语法格式为 isHexadecimalDigit(this),this 为字符型变量,如果 this 是十六进制字符,返回 true。例如:

```
if (isHexadecimalDigit(this))                   //测试 this 变量是否为十六进制字符
{
    Serial.println("The character is a hexadecimal digit");
}
else
{
    Serial.println("The character is not a hexadecimal digit");
}
```

8. isLowerCase()

isLowerCase()函数分析字符是否为小写。语法格式为 isLowerCase(this),this 为字符型变量,如果 this 是小写字符,返回 true。例如:

```
if (isLowerCase(this))                          //测试 this 变量是否为小写字符
{
    Serial.println("The character is lower case");
}
else
{
    Serial.println("The character is not lower case");
}
```

9. isPrintable()

isPrintable()函数分析字符是否为可打印的,包括空格。语法格式为 isPrintable(this),this 为字符型变量,如果 this 是可打印的,返回 true。例如:

```
if (isPrintable (this))                         //测试 this 变量是否为可打印的
{
    Serial.println("The character is printable");
}
else
{
    Serial.println("The character is not printable");
}
```

10. isPunct()

isPunct()函数分析字符是否为标点符号，语法格式为 isPunct(this)，this 为字符型变量，如果 this 是标点符号，返回 true。例如：

```
if (isPunct(this))                              //测试 this 变量是否为标点符号
{
    Serial.println("The character is a punctuation");
}
else
{
    Serial.println("The character is not a punctuation");
}
```

11. isSpace ()

isSpace ()函数分析字符是否为空格，语法格式为 isSpace(this)，this 为字符型变量，如果 this 是空格，返回 true。例如：

```
if (isSpace (this))                             //测试 this 变量是否为空格
{
    Serial.println("The character is a space");
}
else
{
    Serial.println("The character is not a space");
}
```

12. isUpperCase()

isUpperCase()函数分析字符是否为大写字符。语法格式为 isUpperCase(this)，this 为字符型变量，如果 this 是大写字符，返回 true。例如：

```
if (isUpperCase (this))                         //测试 this 变量是否为大写字符
{
    Serial.println("The character is upper case");
}
else
{
    Serial.println("The character is not upper case");
}
```

13. isWhitespace()

isWhitespace()函数分析字符是否为空字符，包括空格、\f、\n、\r、\t 和\v。语法格式为 isWhitespace(this)，this 为字符型变量，如果 this 是空字符，返回 true。例如：

```
if (isUpperCase (this))                         //测试 this 变量是否为空字符
{
    Serial.println ("The character is white space");
}
else
    Serial.println ("The character is not white space");
}
```

3.10 位/字节函数

3.10
微课视频

位/字节函数包括 bit()、bitClear()、bitRead()、bitSet()、bitWrite()、highByte()和lowByte(),下面分别介绍其使用方法。

1. bit()

bit()函数计算确定位的值,位 0 是 1,位 1 是 2,位 2 是 4,等等。语法格式为 bit(n),n 表示计算位的位置,例如:

```
int value = bit(n);                          //n = 1,则 value = 2
```

2. bitClear()

bitClear()函数清除指定位置上的位,也就是对指定位置上的位写入 0。语法格式为 bitClear(byteValue, n),byteValue 为想要设置位的变量,n 为要设置为 0 的位置。例如:

```
int value = 22;                              //变量 value 赋值为 22(B0010110)
int x = bitClear(value, 2);                  // x = 18(B0010010)
```

3. bitRead()

该函数读取指定位的数值。语法格式为 var = bitRead(byteValue, n),byteValue 为要读取的变量名称,n 为读取位的位置,例如:

```
int value = 22;                              // value 赋值为 22
int x = bitRead(value,3);                    // x = 0, 22 的二进制为 0010110,第 3 位为 0
```

4. bitSet()

bitSet()函数设置指定位为 1,即向指定位写入 1。语法格式为 var=bitSet(byteVal, n),byteValue 为设置的变量名称,n 为设置的位。例如:

```
int value = 22;                              //变量 value 赋值为 22(B0010110)
int x = bitSet(value,3);                     //设置第 3 位为 1,变为(B0011110),x = 30
```

5. bitWrite()

bitWrite()函数向指定的位写入 0 或者 1。语法格式为 var = bitWrite(byteVal, n, bitVal),byteValue 为变量名称,n 为要写入的位置,bitVal 为写入位的值。例如:

```
int value = 22;                              //变量 value 设置为 22 (B0010110)
int x = bitWrite(value,3,1);                 //向第 3 位写入 1,变为 B0011110,x = 30
```

6. highByte()

该函数将变量的较高字节(最左侧)返回,对于较大的数据类型(例如四字节数据),返回第 2 个最低字节。语法格式为 highByte(wordValue),wordValue 为变量名称,例如:

```
unsigned int x = 1022;                       //两字节变量,十六进制为 0x03FE
byte hb = highByte(x);                       //hb 变量获取 x 变量的高位字节 0x03
```

7. lowByte()

该函数返回一个变量的最低字节。语法格式为 lowByte(wordValue),wordValue 为变量名称，例如：

```
unsigned int x = 1022;                          //两字节变量，十六进制为 0x03FE
byte lb = lowByte(x);                           //lb 变量获取 x 变量的低位字节 0xFE
```

3.11
微课视频

3.11 字符串函数

字符串函数是实现程序功能的重要应用，也是经常使用的函数，关于常用的字符串函数，总结如下。

1. String. charAt(n)

String. charAt(n)函数获取字符串变量 String 的第 n 个字符。String 为字符串变量，n 为无符号整型变量，返回值为字符串 String 的第 n 个字符。

2. String. c_str()

String. c_str()函数将一个字符串的内容转变为 C 语言风格，没有终止字符串，返回值为指针。注意，调用该函数可以直接访问内部字符串缓冲区，应该谨慎使用。特别是，不应该通过返回的指针修改字符串。当修改或破坏了字符串对象，任何由 c_str()返回的指针无效，不应再使用。

3. String. compareTo(String2)

String. compareTo(String2)函数比较两个字符串，即 String 和 String2，比较一个字符串是在另一个字符串之前还是在之后，或者比较它们是否相等。字符串按字符比较，使用字符的 ASCII 值。这意味着'a'在'b'之前，但在'A'之后，数字先于字母出现。如果 string 在 String2 之前，返回负数；如果二者相等，返回 0；如果 string 在 String2 之后，返回正数。

4. String. concat(parameter)

String. concat(parameter)函数向字符串 String 附加一个参数，参数的类型可以为 string、char、byte、int、unsigned int、long、unsigned long、float、double、__FlashStringHelper (F() macro)。如成功，则返回为 true，如失败，则返回为 false。

5. String. endsWith(String2)

String. endsWith(String2)函数测试一个字符串是否以另一个字符串的字符结束。其中，String 和 String2 是字符串类型的变量。如果是真，则返回 true，否则返回 false。

6. String. equals(String2)

该函数中 String 和 String2 是字符串类型变量，该函数测试两个字符串是否相等，区分字符的大小写，如果相等，返回 true，否则返回 false。

7. String. equalsIgnoreCase(String2)

该函数中 String 和 String2 是字符串类型变量，该函数测试两个字符串是否相等，不区分字符的大小写，如果相等，返回 true，否则返回 false。

8. String. getBytes(buf, len)

该函数将字符串的字符复制到所提供的缓冲区。String 是字符串类型变量，buf 为字符复制到的缓冲区(byte[])，len 为缓冲区的大小，为无符号整型。该函数没有返回值。

9. String. indexOf(val)/String. indexOf(val, from)

String 是字符串类型变量，val 为查找的值、字符或者字符串，from 为开始查找的位置索引。该函数用于在 String 字符串中查找定位字符或字符串。默认情况下，从字符串的开头搜索，也允许从字符或字符串的所有实例给定索引开始查找。如果找到，则返回在被查找字符串中的索引，否则返回－1。

10. String. lastIndexOf(val)/String. lastIndexOf(val, from)

String 是字符串类型变量，val 为查找的值、字符或者字符串，from 为开始查找的位置索引。该函数用于在 String 字符串中查找定位字符或字符串。默认情况下，从字符串的结尾处搜索，也允许从字符或字符串所有实例的指定索引开始反向查找。如果找到，则返回在被查找字符串中的索引，否则返回－1。

11. String. length()

该函数以字符返回字符串的长度，String 是字符串类型变量。(注意，不包括尾随的空字符)，返回值为字符串中字符的个数。

12. String. remove(index)/String. remove(index,count)

String. remove(index)函数修改一个字符串，从所提供的索引值删除到字符串结尾的字符，String. remove(index,count)删除所提供的索引值之后的字符数。String 是字符串类型变量，index、count 为无符号整型，该函数没有返回值。

13. String. replace(substring1, substring2)

该函数具有字符串替换功能，允许替换所有字符串实例中的字符，也可以替换字符串中的子字符串。String、String1 和 String2 是字符串型变量，该函数没有返回值。

14. String. reserve(size)

该函数允许分配内存中的缓冲区用于字符串操作。String 是字符串型变量，size 为无符号整型，声明内存中要保存字符串操作的字节数。该函数没有返回值。

15. String. setCharAt(index,c)

该函数设置字符串的字符。对字符串的现有长度之外的索引没有影响。String 是字符串类型变量，index 为无符号整型，为要设置的索引位置，c 为要在给定字符串位置所设置的字符，该函数没有返回值。

16. String. startsWith(String2)

该函数测试一个字符串是否以另一个字符串的字符开头。String 和 String2 是字符串型变量，如果为真，返回 true，否则返回 false。

17. String. substring(from)/String. substring(from,to)

该函数用于截取字符串的某一部分。字符串起始索引的字符是包含在内的(相应的字符包含子串中)，但终止索引的字符是不包含在内的(相应的字符不包括在子串中)。如果没有终止索引参数，则直到字符串结束。String 是字符串类型变量，from 为起始索引值，to 为终止索引值，其中终止索引值是可选的。该函数返回子字符串。

18. String. toCharArray(buf,len)

该函数将字符串的字符复制到所提供的缓冲区中。String 是字符串类型变量，buf 是将字符复制到的缓冲区(char[])，len 为缓冲区的大小(无符号整型)，该函数没有返回值。

19. String. toFloat()

该函数将有效字符串转换为浮点数。输入字符串应该以一个数字开头。如果字符串包含非数字字符，函数将停止执行转换。例如字符串“123.45”“123”和“123fish”转换为 123.45，

123 和 123。注意："123.456"近似为 123.46；浮点数只有 6～7 位精度的十进制数字，更长的字符串可能被截断。String 是字符串类型变量，该函数返回值为浮点数，因为字符串不以数字开头，不能执行有效的转换，则返回 0。

20．String. toInt()

该函数将有效字符串转换为整数。输入字符串应该以整数开头。如果字符串包含非整数数字，函数将停止转换。String 是字符串型变量，函数返回值为 long 型，因为字符串不以整型数字开头，不能执行有效的转换，故返回 0。

21．String. toLowerCase()

该函数获取小写的字符串。String 是字符串类型变量，该函数没有返回值。

22．String. toUpperCase()

该函数获取大写的字符串。String 是字符串类型变量，该函数没有返回值。

23．String. trim()

该函数得到一个删除任何前导和尾随空格的字符串。String 是字符串类型变量，该函数没有返回值。

最后，使用字符串函数，实现字符串的大小写转换，示例如下：

```
void setup() {
  Serial.begin(9600);
  while (!Serial) {
    ;
  }
  Serial.println("\n\nString case changes:");        //发送程序功能介绍
  Serial.println();
}
void loop() {
  // toUpperCase()将所有字符变为大写
  String stringOne = "<html><head><body>";
  Serial.println(stringOne);
  stringOne.toUpperCase();
  Serial.println(stringOne);
  // toLowerCase()将所有字符变为小写
  String stringTwo = "</BODY></HTML>";
  Serial.println(stringTwo);
  stringTwo.toLowerCase();
  Serial.println(stringTwo);
  while (true);
}
```

3.12 微课视频

3.12 USB 函数

USB 函数主要包括控制键盘和鼠标的函数，Arduino 将接管计算机的键盘和鼠标！在使用这些函数之前要确保有键盘和鼠标的控制权，可以添加状态的按钮控制切换键盘和鼠标。

1. 键盘

键盘功能是基于 32u4 或 SAMD 的开发板，通过本地 USB 端口向连接的计算机发送击键动作。注意：并非所有可能的 ASCII 字符都可以用键盘库发送，尤其是非打印字符。该库文件支持使用修饰符键，在同时按下时改变另一个键的行为，例如 Shift 键。

使用鼠标和键盘库时要注意，如果鼠标或键盘库文件经常运行，那么很难对开发板进行编程。例如 Mouse. move()和 Keyboard. print()将移动光标或发送击键动作给所连接的计算机，只有在准备好处理时才开始调用这些功能。建议使用控制系统，例如物理开关，或者只响应可以控制的特定输入将此功能打开。使用鼠标或键盘的库文件时，最好通过 Serial. print()测试输出，采取这种方式可以确保获取报告的值，具体可参考键盘和鼠标的示例。

1) Keyboard. begin()

Keyboard. begin()开始模拟所连接计算机的键盘，适用于 Arduino Leonardo 或者 DUE 开发板。该函数没有输入参数，没有返回值。例如：

```
#include <Keyboard.h>
void setup() {
  pinMode(2, INPUT_PULLUP);           //数字引脚 2 作为输入并打开上拉电阻,通过开关连接到地
  Keyboard.begin();                   //开始模拟键盘
}
void loop() {
  if(digitalRead(2) == LOW){          //如果按键按下
    Keyboard.print("Hello!");         //发送信息
  }
}
```

2) Keyboard. end()

Keyboard. end()结束模拟所连接计算机的键盘，适用于 Arduino Leonardo 或者 DUE 开发板。该函数没有输入参数，没有返回值。例如：

```
#include <Keyboard.h>
void setup() {
  Keyboard.begin();                   //开启键盘通信
  Keyboard.print("Hello!");           //发送一个按键
  Keyboard.end();                     //结束键盘通信
}
void loop() {      }                  //程序文件
```

3) Keyboard. press()

调用 Keyboard. press()函数，如同在键盘上按键。对于组合按键用处较大。输入参数为按键的字符，返回值为发送按键的数值。使用此函数前需要调用 Keyboard. begin()函数。结束按键使用 Keyboard. release()或者 Keyboard. releaseAll()。例如：

```
#include <Keyboard.h>
char ctrlKey = KEY_LEFT_GUI;          //OSX 系统
//char ctrlKey = KEY_LEFT_CTRL;       //Windows 和 Linux 系统
void setup() {
  pinMode(2, INPUT_PULLUP);           //引脚 2 为输入并打开上拉电阻,通过开关接地
  Keyboard.begin();                   //初始化键盘
```

```
}
void loop() {
  while (digitalRead(2) == HIGH) {  //高电平不动作,直到低电平
    delay(500);
  }
  delay(1000);
  Keyboard.press(ctrlKey);
  Keyboard.press('n');
  delay(100);
  Keyboard.releaseAll();
  delay(1000);                      //等待新窗口开启
```

4）Keyboard.print()

Keyboard.print()向所连接的计算机发送按键，参数为字符或者字符串，返回值为发送字节的数值。

```
#include <Keyboard.h>
void setup() {
  pinMode(2, INPUT_PULLUP);         //引脚 2 为输入并打开上拉电阻,通过开关接地
  Keyboard.begin();
}
void loop() {
  if(digitalRead(2) == LOW){        //如果按键按下
    Keyboard.print("Hello!");       //发送信息
  }
}
```

5）Keyboard.println()

Keyboard.println()向所连接的计算机发送按键及回车换行。参数为字符或者字符串，返回值为发送字节的数值。

```
#include <Keyboard.h>
void setup() {
  pinMode(2, INPUT_PULLUP);         //数字引脚 2 为输入并打开上拉电阻,通过开关接地
  Keyboard.begin();
}
void loop() {
  if(digitalRead(2) == LOW){        //如果按键按下
    Keyboard.print("Hello!");       //发送信息并换行
  }
}
```

6）Keyboard.release()/Keyboard.releaseAll()

Keyboard.release()放开指定的按键，Keyboard.releaseAll()放开全部按键，参数为按键字符，返回值为按键的数值。例如 Keyboard.release()需要逐个按键进行释放，可以代替只使用 Keyboard.releaseAll()一条语句即可。

```
#include <Keyboard.h>
char ctrlKey = KEY_LEFT_GUI;        //OSX 系统
//char ctrlKey = KEY_LEFT_CTRL;     //Windows 和 Linux 系统
```

```
void setup() {
  pinMode(2, INPUT_PULLUP);          //数字引脚 2 为输入并打开上拉电阻,通过开关接地
  Keyboard.begin();                  //初始化键盘
}
void loop() {
  while (digitalRead(2) == HIGH) {   //高电平不动作,直到低电平
    delay(500);
  }
  delay(1000);
  Keyboard.press(ctrlKey);
  Keyboard.press('n');
  delay(100);
  Keyboard.release(ctrlKey);
  Keyboard.release('n');
  delay(1000);                       // 等待新窗口开启
```

7) Keyboard.write()

Keyboard.write()将按键发送到连接的计算机,类似于按下和释放键盘上的键。可以发送 ASCII 字符或附加键盘修饰符和特殊键。参数为字符,返回值为发送字节数值。例如,下面是合法的操作:

```
Keyboard.write(65);                  //发送 ASCII 值 65
Keyboard.write('A');                 //发送字符 A
Keyboard.write(0x41);                //十六进制
Keyboard.write(B01000001);           //二进制
```

只支持键盘上的 ASCII 字符。例如,ASCII 码 8(退格键)会起作用,但 ASCII 码 25(替代)不起作用。当发送大写字母时,键盘会发出一个 Shift 键加上所需的字符,就像在键盘上打字一样。如果发送一个数字类型,它将作为 ASCII 字符发送(例如,Keyboard.write(97)将发送"a")。示例如下:

```
#include <Keyboard.h>
void setup() {
  pinMode(2, INPUT_PULLUP);          //数字引脚 2 为输入并打开上拉电阻,通过开关接地
  Keyboard.begin();
}
void loop() {
  if(digitalRead(2) == LOW){         //如果按键按下
    Keyboard.write(65);              //发送 ASCII'A'
  }
}
```

2. 鼠标

鼠标功能是基于 32u4 或 SAMD 开发板,通过其本地 USB 端口连接计算机,控制光标移动。更新光标位置时,是相对于光标的前一个位置。

使用鼠标和键盘库时要注意,如果鼠标或键盘库文件常运行,那么很难对开发板进行编程。Mouse.move()和 Keyboard.print()将移动光标或发送击键动作给所连接的计算机,只有在准备好处理时才开始调用这些功能。建议使用控制系统,例如物理开关,或者只响应

可以控制的特定输入将此功能打开。

使用鼠标或键盘的库文件时，通过 Serial. print()测试输出，通过这种方式，可以确保获取报告的值，具体可参考键盘和鼠标的示例。

1）Mouse. begin()

Mouse. begin()开始模拟连接到计算机的鼠标。控制计算机前必须调用 Mouse. begin()。使用 Mouse. end()结束控制。该函数没有参数，没有返回值。例如：

```
#include <Mouse.h>
void setup(){
 pinMode(2, INPUT);
}
void loop(){
  if(digitalRead(2) == HIGH){
     Mouse.begin();
   }
}
```

2）Mouse. click()

在光标位置发送一个单击动作到计算机，与按下并立即释放鼠标按钮相同。输入参数有三个，分别是 MOUSE_LEFT（默认）、MOUSE_RIGHT 和 MOUSE_MIDDLE。没有返回值，例如：

```
#include <Mouse.h>
void setup(){
  pinMode(2,INPUT);
  Mouse.begin();                       //初始化
}
void loop(){
  if(digitalRead(2) == HIGH){          //开关按下，发送按下鼠标左键并释放的动作
    Mouse.click();
  }
}
```

3）Mouse. end()

Mouse. end()停止模拟连接到计算机的鼠标。该函数没有参数，没有返回值。例如：

```
#include <Mouse.h>
void setup(){
  pinMode(2,INPUT);
  Mouse.begin();                       //初始化
}
void loop(){
  if(digitalRead(2) == HIGH){          //开关按下，发送按下鼠标左键并释放的动作及停止鼠标模拟
    Mouse.click();
    Mouse.end();
  }
}
```

4）Mouse. move()

Mouse. move()在连接的计算机上移动光标。屏幕上的运动总是相对于光标的当前位

置。语法如下：

```
Mouse.move(xVal、yPos、wheel);
```

其中，xVal为沿着X轴方向移动的量，yPos为沿着Y轴方向移动的量，wheel为滚动轮移动的量，三个参量为有符号字符型变量。该函数没有返回值，例如：

```
#include <Mouse.h>
const int xAxis = A1;                              //X轴模拟传感器
const int yAxis = A2;                              //Y轴模拟传感器
int range = 12;                                    //X或Y的移动范围
int responseDelay = 2;                             //鼠标反应延迟,单位ms
int threshold = range/4;                           //阈值
int center = range/2;                              //中心位置值
int minima[] = {  1023, 1023};                     //实际模拟读取的{x, y}极小值
int maxima[] = {  0,0};                            //实际模拟读取的{x, y}极大值
int axis[] = {  xAxis, yAxis};                     //{x, y}的引脚值
int mouseReading[2];                               //最终鼠标读取的{x, y}值
void setup() {
 Mouse.begin();
}
void loop() {
  int xReading = readAxis(0);                      //读取两个轴的数值
  int yReading = readAxis(1);
  Mouse.move(xReading, yReading, 0);               //移动鼠标
  delay(responseDelay);
}
/*读取x或者y轴数值,并将模拟输入范围缩放为0~<range>*/
int readAxis(int axisNumber) {
  int distance = 0;                                //输出中心距离
  int reading = analogRead(axis[axisNumber]);      //读取模拟输入
  if (reading < minima[axisNumber]) {              //当前值超过最大或最小值,则重置
    minima[axisNumber] = reading;
  }
  if (reading > maxima[axisNumber]) {
    maxima[axisNumber] = reading;
  }
  //输入模拟范围向输出范围映射
  reading = map(reading, minima[axisNumber], maxima[axisNumber], 0, range);
  if (abs(reading - center) > threshold) {         //如果输出读数超出了阈值
    distance = (reading - center);
  }
  if (axisNumber == 1) {                           //为了正确映射移动,Y轴需要反转
    distance = -distance;
  }
  return distance;                                 //返回距离值
}
```

5) Mouse.press()

Mouse.press()将鼠标按住发送到连接的计算机上。按下相当于单击并连续地保持按

住鼠标。输入参数为字符型，分别为 MOUSE_LEFT（默认）、MOUSE_RIGHT 和 MOUSE_MIDDLE。例如：

```
#include <Mouse.h>
void setup(){
  pinMode(2,INPUT);                //初始化鼠标按键开关
  pinMode(3,INPUT);                //终止鼠标按键开关
  Mouse.begin();                   //初始化鼠标
}
void loop(){
  if(digitalRead(2) == HIGH){      //如果数字引脚 2 的开关闭合，则鼠标左键按下并保持
    Mouse.press();
  }
  if(digitalRead(3) == HIGH){      //如果数字引脚 3 的开关闭合，则释放鼠标左键
    Mouse.release();
  }
}
```

6）Mouse.release()

Mouse.release()将之前连接到计算机上并按住的鼠标释放。输入参数为字符型，分别为 MOUSE_LEFT（默认）、MOUSE_RIGHT 和 MOUSE_MIDDLE，参见 Mouse.press()示例。

7）Mouse.isPressed()

Mouse.isPressed()检查所有鼠标按钮的当前状态，通过返回值报告按钮状态。输入参数为字符型，分别为 MOUSE_LEFT（默认）、MOUSE_RIGHT 和 MOUSE_MIDDLE。返回值为布尔类型。例如：

```
#include <Mouse.h>
void setup(){
  pinMode(2,INPUT);                //通过数字引脚 2 开关初始化鼠标按键
  pinMode(3,INPUT);                //通过数字引脚 3 开关终止鼠标按键
  Serial.begin(9600);              //开启串口通信
  Mouse.begin();                   //初始化鼠标
}
void loop(){
  int mouseState = 0;              //检测开关的状态变量
  if(digitalRead(2) == HIGH){      //数字引脚 2 开关闭合，按下鼠标左键，通过变量保存状态
    Mouse.press();
    mouseState = Mouse.isPressed();
  }
  if(digitalRead(3) == HIGH){      //如果数字引脚 3 开关闭合，释放左键并存储状态
    Mouse.release();
    mouseState = Mouse.isPressed();
  }
  Serial.println(mouseState);      //打印当前鼠标状态
  delay(10);
}
```

本章习题

1. 简述 Arduino 开发板的程序结构。
2. Arduino 开发板的常量有哪些？
3. 如何将数字引脚 3 定义为输入，将数字引脚 4 定义为输出？
4. 请编写程序，设置数字引脚 3 交替输出高电平或低电平，其持续时间为 2s。
5. 请写程序，读出模拟引脚 3 的值。
6. 触发中断的模式有哪些？
7. 设置串口的波特率一般有哪些值？
8. 输入一个字符，编程实现判断该字符是数字还是字母，并通过串口输入和输出。

第4章 Arduino硬件设计平台

CHAPTER 4

电子设计自动化(Electronic Design Automation,EDA)是20世纪90年代初,从计算机辅助设计(CAD)、计算机辅助制造(CAM)、计算机辅助测试(CAT)和计算机辅助工程(CAE)的概念上发展而来的。EDA设计工具的出现使得电路设计的效率和可操作性都得到了大幅度的提升。本书针对Arduino系统的学习,主要介绍和使用Fritzing工具,配以详细的示例操作说明。当然,很多软件也支持Arduino的开发,在此不再一一罗列。

Fritzing是一款支持多国语言的电路设计软件,可以同时提供面包板、原理图、PCB三种视图设计,设计者可以采用任意一种视图进行电路设计,软件都会自动同步生成其他两种视图。此外,Fritzing软件还能用来生成电路板生产所需的greber文件、PDF、图片和CAD格式文件,这些都极大地推广和普及了Fritzing的使用。

4.1 微课视频

4.1 Fritzing软件简介

本部分介绍Fritzing的主界面、项目视图和工具栏。

4.1.1 主界面

总体来说,Fritzing软件的主界面由两部分构成,如图4-1所示。一部分是图中左边的项目视图部分,显示设计者开发的电路,包含面包板、原理图和PCB三种视图。另外一部分是图中右边的工具栏部分,包含了软件的元件库、指示栏、导航栏、撤销历史栏和层次栏等子工具栏,这一部分是设计者主要操作和使用的地方。

4.1.2 项目视图

设计者可以在项目视图中自由选择面包板、原理图或PCB进行开发,且设计者可以利用项目视图中的视图切换器快捷轻松地在这三种视图中进行切换,如图4-1所示。此外,设计者也可以利用工具栏中的导航栏进行快速切换,这将在工具部分进行详细说明。下面分别给出这三种视图的操作界面,按从上到下的顺序依次是面包板视图、原理图视图和PCB视图,分别如图4-2~图4-4所示。

图 4-1　Fritzing 主界面

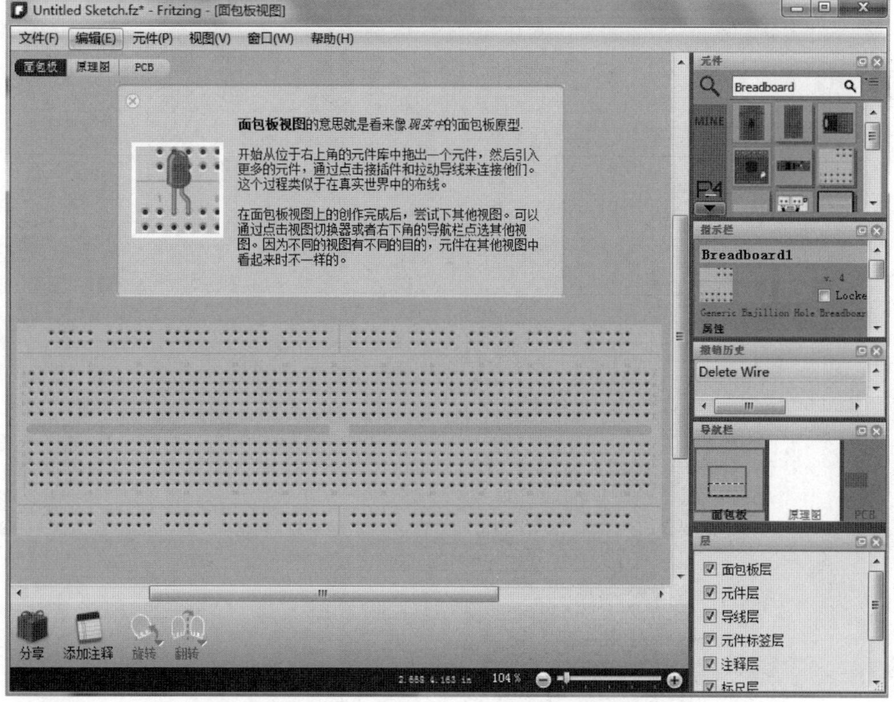

图 4-2　Fritzing 面包板视图

图 4-3 Fritzing 原理图视图

图 4-4 Fritzing PCB 视图

细心的读者至此会发现，在这三种视图下的项目视图中操作可选项和工具栏中对应的分栏内容都只有细微的变化。而且，由于 Fritzing 的三种视图是默认同步生成的，在本教程中，首先选择以面包板为模板对软件的共性部分进行介绍，然后再对原理图视图、PCB 视图与面包板视图之间的差异部分进行补充。之所以选择面包板视图作为模板，是为了方便 Arduino 硬件设计者从电路原理图过渡到实际电路，尽量减少可能出现的连线和端口连接错误。

4.1.3 工具栏

用户可以根据自己的兴趣爱好选择工具栏显示的各种窗口，单击窗口下拉菜单，然后对希望出现在右边工具栏的分栏进行选择，用户也可以将这些分栏设置成单独的浮窗。为了方便初学者迅速掌握 Fritzing 软件，本教程具体介绍各个工具栏的作用。

1. 元件库

元件库中包含了许多的电子元器件，这些电子元器件是按容器分类放置的。Fritzing 一共包含 8 个元件库，分别是 Fritzing 的核心库、设计者自定义的库和其他 6 个库。下面将对这 8 个库进行详细的介绍，也是设计者进行电路设计前必须掌握的。

(1) MINE：MINE 元件库是设计者自定义元器件放置的容器。如图 4-5 所示，设计者可以在这部分添加一些自己的常用元器件，或是添加软件缺少的元器件。具体操作将在后面进行详细说明。

图 4-5 MINE 元件库

(2) Arduino：Arduino 元件库主要放置与 Arduino 相关的开发板，这也是 Arduino 设计者需要特别关心的一个容器。这个容器包含了 Arduino 的 9 块开发板，分别是 Arduino、Arduino UNO R3、Arduino MEGA、Arduino MINI、Arduino NANO、Arduino PRO MINI 3.3V、Arduino FIO、Arduino LilyPad、Arduino ETHERNET，如图 4-6 所示。

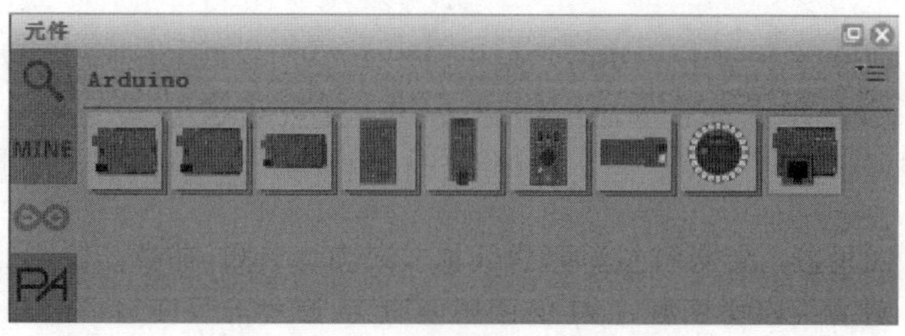

图 4-6 Arduino 元件库

（3）Parallax：Parallax元件库中主要包含了Parallax的微控制器Propeller D40和8款Basic Stamp微控制器开发板，如图4-7所示。该系列微控制器是由美国Parallax公司开发的，这些微控制器与其他微控制器的区别是它们在自己的ROM中搭建一套小型、特有的BASIC编程语言直译器PBASIC，这为BASIC语言的设计者降低了嵌入式设计的门槛。

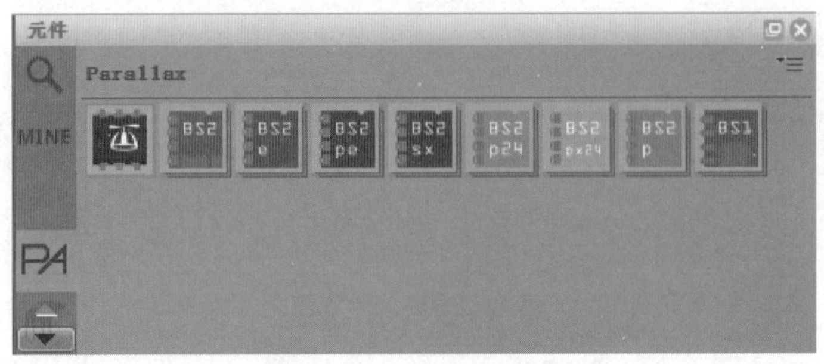

图4-7　Parallax元件库

（4）Picaxe：Picaxe元件库中主要包括PICAXE系列的低价位单片机、电可擦只读存储器、实时时钟控制器、串行接口、舵机驱动等元器件，如图4-8所示。Picaxe系列芯片也是基于BASIC语言，设计者可以迅速掌握。

图4-8　Picaxe元件库

（5）SparkFun：SparkFun元件库也是Arduino设计者重点关注的一个容器，其中包含了许多Arduino的扩展板。此外，这个元件库中还包含了一些传感器和LilyPad系列的相关元器件，如图4-9所示。

（6）Snootlab：Snootlab包含了4块开发板，分别是Arduino的LCD扩展板、SD卡扩展板、接线柱扩展板和舵机的扩展驱动板，如图4-10所示。

（7）Contributed Parts：Contributed Parts元件库中包含带开关电位表盘、开关、LED、反相施密特触发器和放大器等，如图4-11所示。

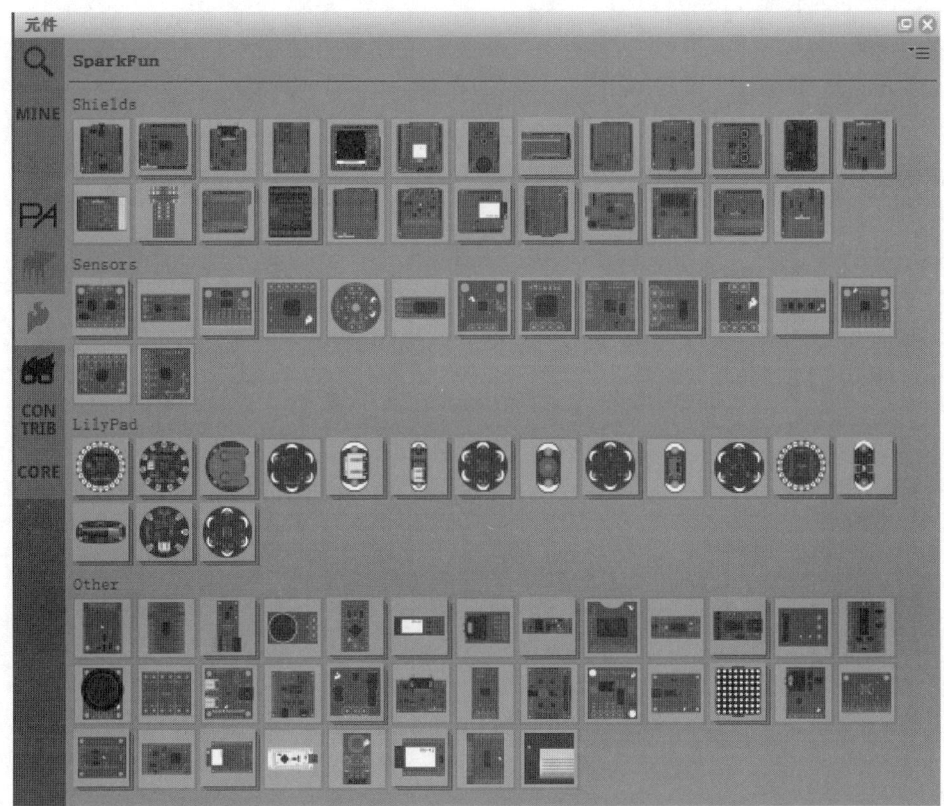

图 4-9 SparkFun 元件库

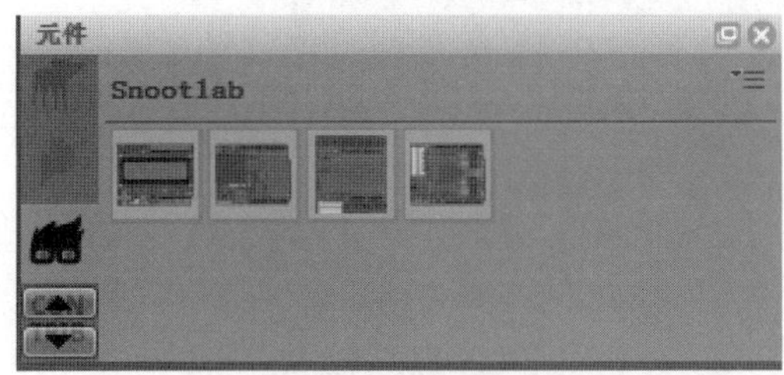

图 4-10 Snootlab 元件库

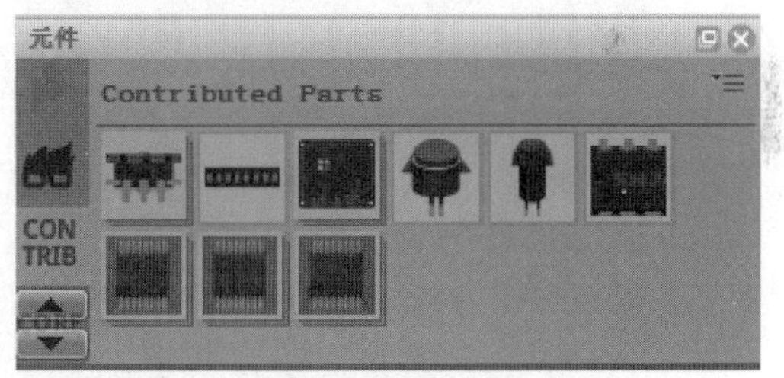

图 4-11 Contributed Parts 元件库

(8) Core Parts：Core Parts 元件库中包含许多平常会用到的基本元器件，如 LED、电阻、电容、电感、晶体管等，还有常见的输入、输出元器件，集成电路元器件，电源、连接、微控制器等。此外，Core Parts 元件库中还包含面包板视图、原理图视图和 PCB 视图的格式以及工具(主要包含笔记和尺子)的选择，如图 4-12 所示。

2. 指示栏

指示栏会给出元件库或项目视图中鼠标所选定元件的详细相关信息，包括该元件的名字、标签及在三种视图下的形态、类型、属性和连接数等。设计者可以根据这些信息加深对元件的理解，或者检验选定的元件是否是自己所需要的，甚至设计者能在项目视图中选定相关元件后，直接在指示栏中修改元件的某些基本属性，如图 4-13 所示。

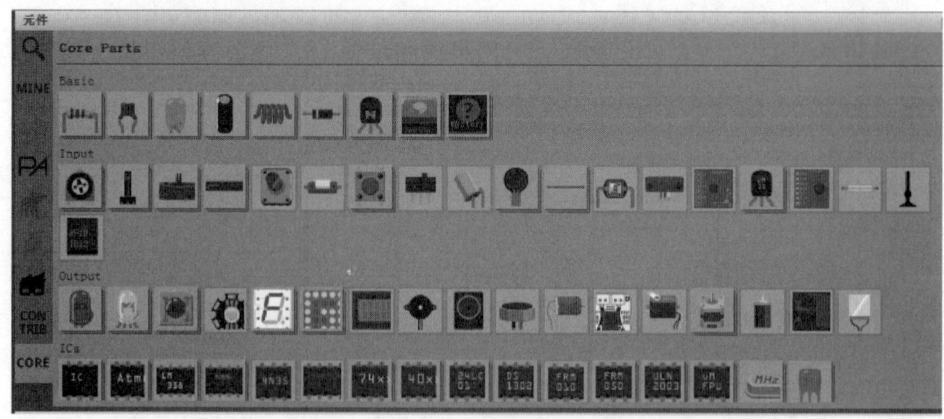

图 4-12 Core Parts 元件库

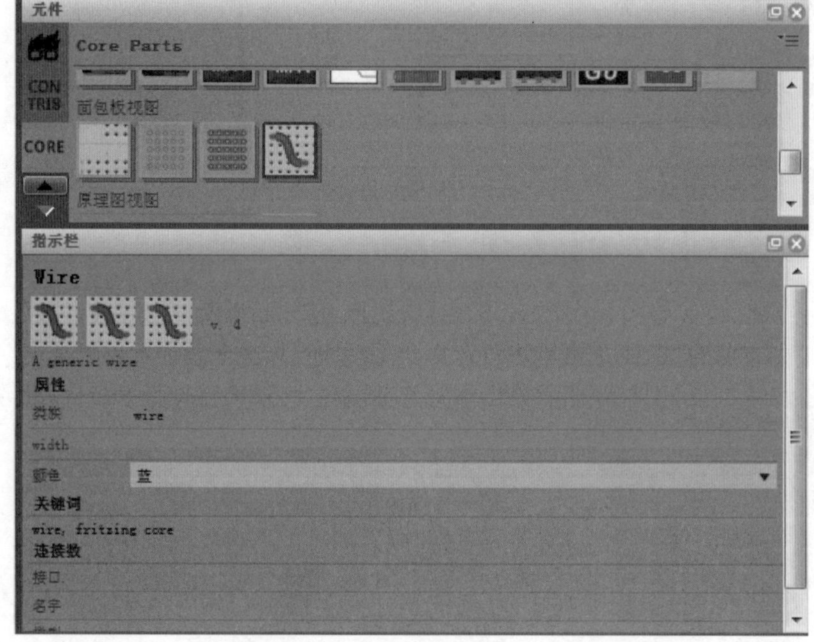

图 4-13 指示栏

3. 撤销历史栏

撤销历史栏中详细记录了使用者的设计步骤，并将这些步骤按照时间的先后顺序依次进行排列，优先显示最近发生的步骤，如图 4-14 所示。设计者可以利用这些记录步骤回到之前的任一设计状态，这为开发工作带来了极大的便利。

4. 导航栏

导航栏中提供了对面包板视图、原理图视图和 PCB 视图的预览，设计者可以在导航栏中任意选定三种视图中的某一视图进行查看，如图 4-15 所示。

5. 层

不同的视图有不同的层结构，详细了解层结构有助于读者进一步理解这三种视图和提升设计者对它们的操作能力。下面将依次给出面包板视图、原理图视图、PCB视图的层结构。

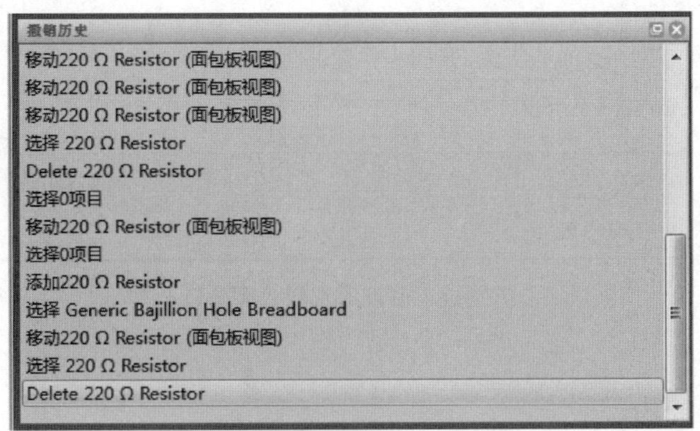

图 4-14　撤销历史栏

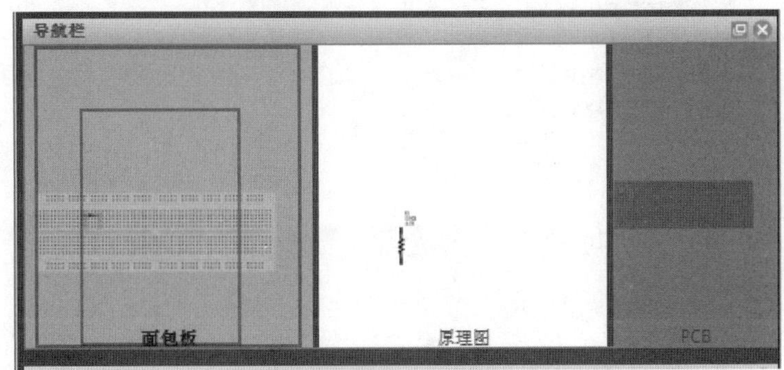

图 4-15　导航栏

首先，关注面包板视图的层结构。从图 4-16 中可以看出，面包板视图一共包含 6 层，且设计者可以通过勾选这 6 层层结构前边的矩形框以决定是否在项目视图中显示相应的层。

图 4-16　面包板视图的层结构

其次，关注原理图的层结构。从图 4-17 中可以看出，原理图一共包含了 7 层，相对面包板而言，原理图多包含了 Frame 层。

PCB 视图是层结构最多的视图。从图 4-18 中可以看出，PCB 视图具有 15 层层结构。在此由于篇幅有限，不再对这些层结构进行一一详解。

图 4-17 原理图视图的层结构

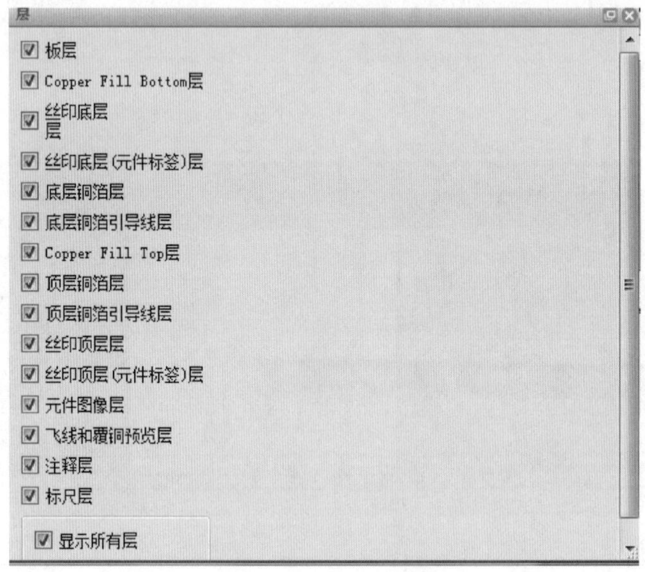

图 4-18 PCB 视图的层结构

4.2 Fritzing 使用方法

本节内容包括查看元件库已有元件、添加新元件到元件库、添加新元件库、添加或删除元件和添加元件间连线。

4.2.1 查看元件库已有元件

设计者在查看容器中的元件时，既可以选择按图标形式查看，也可以选择按列表形式查看，界面分别如图 4-19 和图 4-20 所示。

设计者可以直接在对应的元件库中寻找自己所需要的元件，但由于 Fritzing 所带的库和元件数目都相对比较多，有些情况下，设计者可能很难确定元件所在的具体位置，这时设计者就可以利用元件库中自带的搜索功能从库中找出自己所需要的元件，这个方法能大大提升设计者的工作效率。在此，以一个简单的示例进行说明，如设计者要寻找 Arduino

UNO 开发板，那么可以在搜索栏输入 Arduino UNO 开发板，按下 Enter 键，结果栏就会自动显示出相应的搜索结果，如图 4-21 所示。

图 4-19　元件图标形式

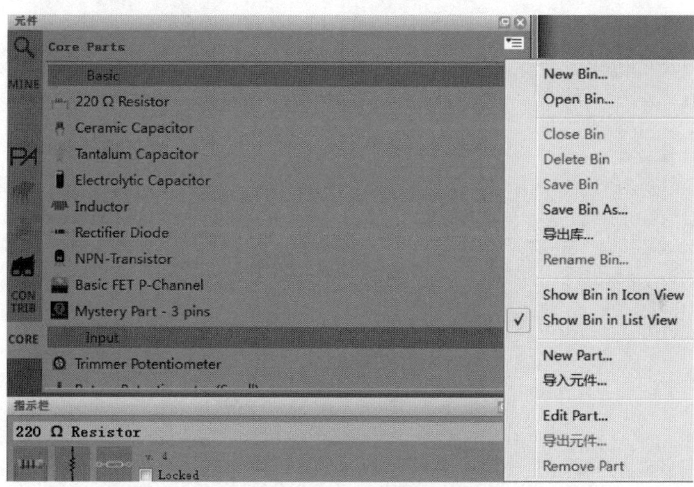

图 4-20　元件列表形式

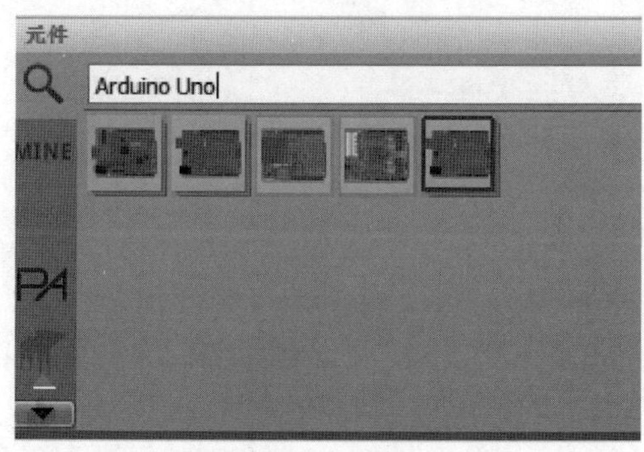

图 4-21　查找元件

4.2.2 添加新元件到元件库

本部分介绍如何从头开始添加新元件以及从已有元件中添加新元件。

1. 从头开始添加新元件

设计者可以通过选择“元件”→“新建”命令进入添加新元件的界面，如图 4-22 所示，也可以通过单击元件库右上角的设置图标进入，如图 4-23 所示。无论采用这两种方式中的哪一种，最终进入的新元件添加界面都如图 4-24 所示。

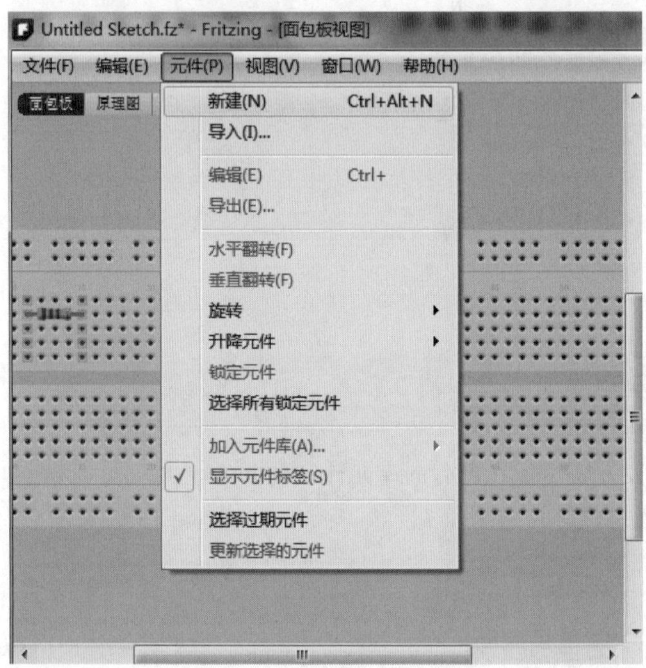

图 4-22 添加新元件(1)

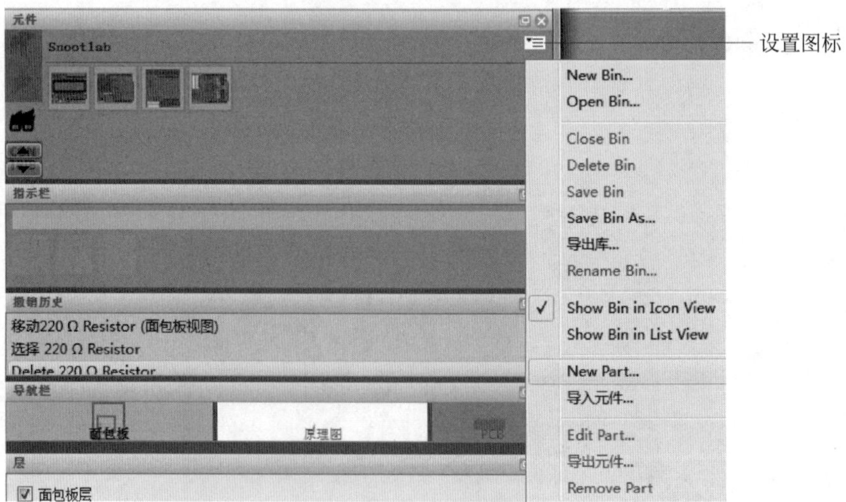

图 4-23 添加新元件(2)

图 4-24　新元件添加界面(1)

设计者在新元件添加界面填写相关信息，如新元件的名字、属性、连接等和导入相应的视图图片，尤其是一定要注意添加连接，然后单击"保存"按钮，便能创建新的元件。但是在开发过程中，建议设计者尽量在已有的库元件基础上进行修改来创建用户需要的新元件，这样可以减少设计工作量，提高开发效率。

2. 从已有元件添加新元件

关于如何基于已有的元件添加新元件，下面举两个简单的示例。

(1) 针对 ICs、电阻、引脚等标准元件。例如，现在设计者需要一个 2.2kΩ 的电阻，可是在 Core Parts 元件库中只有 220Ω 的标准电阻，这时，创建新电阻的最简单方法就是先将 Core Parts 元件库中 220Ω 的通用电阻添加到面包板上，然后单击选定该电阻，直接在右边的指示栏中将电阻值修改为 2.2kΩ，如图 4-25 所示。

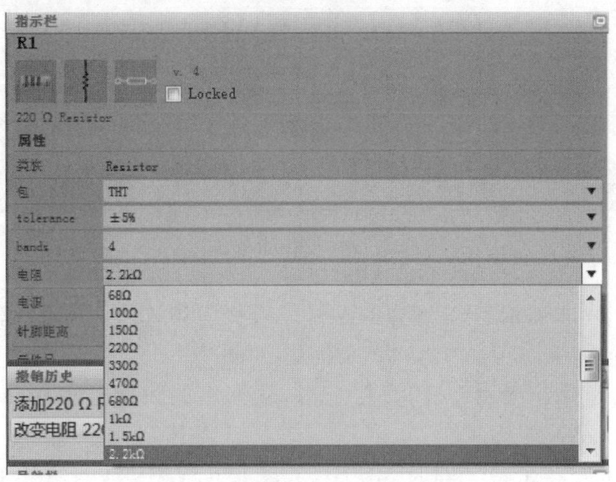

图 4-25　修改元件属性

除此之外，选定元件后，也可以选择“元件”→“编辑”选项，如图 4-26 所示。

图 4-26 新元件添加界面(2)

进入元件编辑界面，如图 4-27 所示。

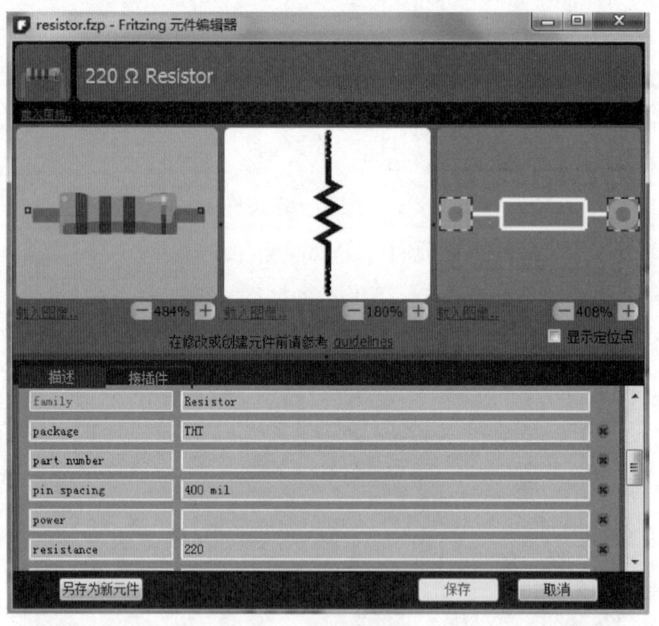

图 4-27 元件编辑界面(1)

将 resistance 相应的数值改为 2200Ω，单击“另存为新元件”按钮，设计者即在自己的元件库中成功创建了一个电阻值为 2200Ω 的电阻，如图 4-28 所示。

此外，设计者还能在选定元件后，直接右击，从弹出的快捷菜单中选择“编辑”选项进入元件编辑界面，如图 4-29 所示。

其他基于标准元件添加新元件的方法，具有类似的操作，或改变引脚数，或修改接口数目等，在此不再赘述。

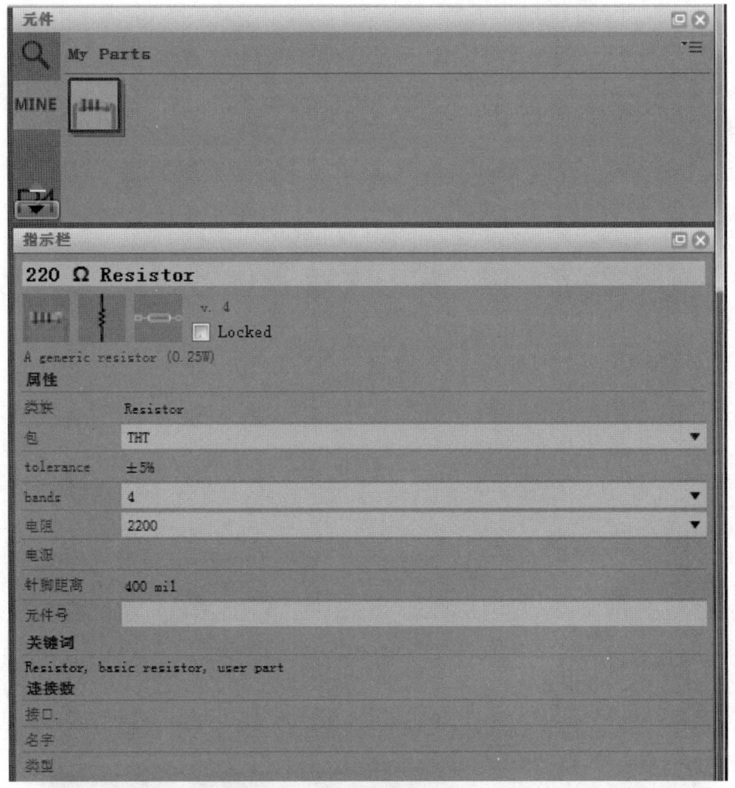

图 4-28 元件编辑界面(2)

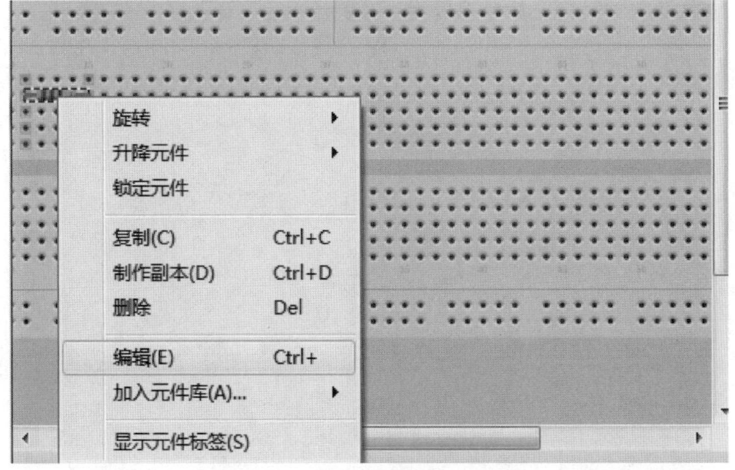

图 4-29 新元件添加界面(3)

(2) 相对复杂的元件。完成了基本元件的介绍后，下面介绍一个相对复杂的示例。在这个示例中，要添加一个自定义元件 SparkFun T5403 气压仪，它的 PCB 如图 4-30 所示。

首先，在元件库里寻找该元件，在搜索框中输入 T5403，如图 4-31 所示。

若发现没有该元件，则可以在该元件所在的库文件中寻找是否有类似的元件(根据名字容易得知，SparkFun T5403 是 SparkFun 系列的元件)，如图 4-32 所示。

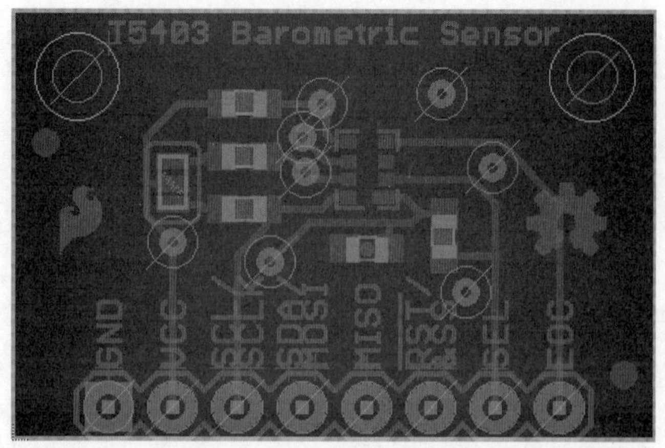

图 4-30　SparkFun T5403 PCB

图 4-31　SparkFun T5403 搜寻图

图 4-32　SparkFun 系列元件

若发现还是没有与自定义元件相类似的，则可以选择从标准的集成电路 ICs 开始，选择 Core Parts 元件库，找到 ICs 栏，将 IC 元件添加到面包板中，分别如图 4-33 和图 4-34 所示。

选定 IC 元件，在指示栏中查看该元件的属性。将元件的名字命名为 T5403 Barometer Breakout，并将引脚数修改成所需要的数量。在本例中，需要的引脚数为 8，如图 4-35 所示。

修改之后，面包板上的元件如图 4-36 所示。

图 4-33　Core ICs

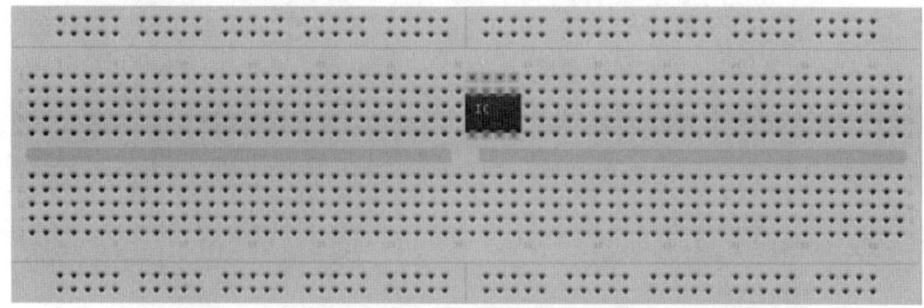

图 4-34　添加 ICs 到面包板

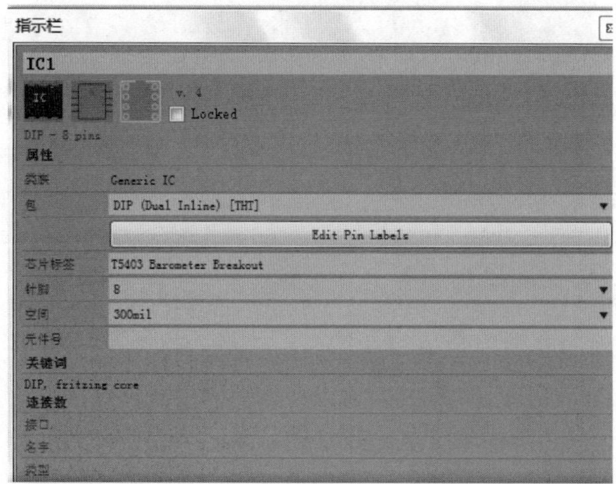

(a) 指示栏

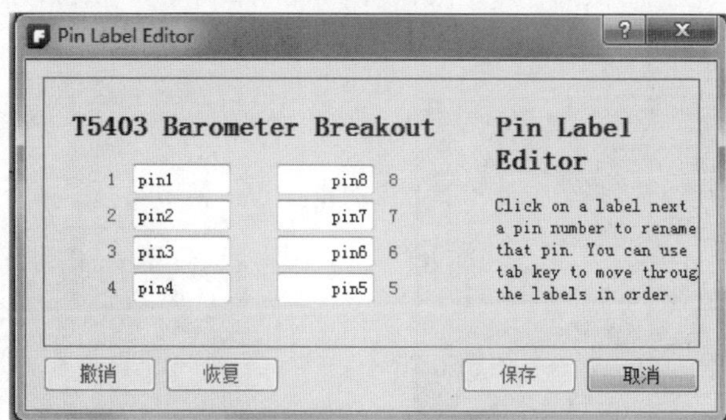

(b) Pin Label Editor对话框

图 4-35　参数修改

右击面包板视图中的 IC 元件，从弹出的快捷菜单中选择"编辑"命令，会出现如图 4-37 所示的编辑窗口。设计者需要根据自定义元件的特性修改图中的 6 部分，分别是元件图标、面包板视图、原理图视图、PCB 视图、描述和接插件。由于这部分的修改大都是细节性问题，在此不再加以赘述，请设计者自行参考下面的链接进行深入学习：https://learn.sparkfun.com/tutorials/make-your-own-fritzing-parts。

图 4-36　T5403 Barometer Breakout

图 4-37　T5403 Barometer Breakout 编辑窗口

4.2.3　添加新元件库

设计者不仅可以创建自定义的新元件，也可以根据自己的需求创建自定义的元件库，并对元件库进行管理。在设计电路结构前，可以将所需的电路元件列一份清单，并将所需要的元件都添加到自定义库中，提高后续电路设计的效率。用户添加新元件库时，只需选择元件栏中的 New Bin 选项便会出现如图 4-38 所示的界面。

给这个自定义的元件库命名为 Arduino Project，单击 OK 按钮，新的元件库便创建成功，如图 4-39 所示。

图 4-38　添加新元件库

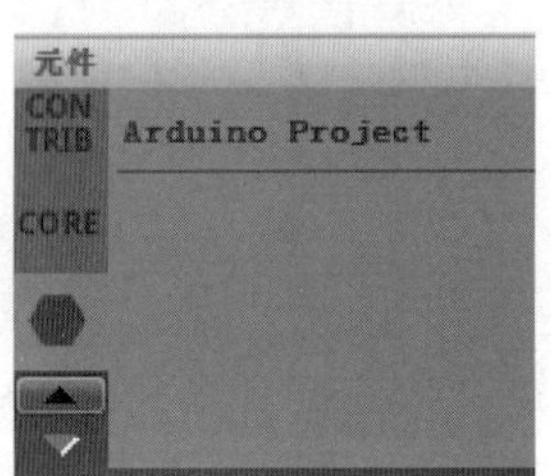

图 4-39　成功添加新元件库

4.2.4 添加或删除元件

下面主要介绍如何将元件库中的元件添加到面包板视图中，当需要添加某个元件时，可以先在元件库相应的子库中寻找所需要的元件，然后在目标元件的图标上单击选定元件，拖动到面包板上目的位置，松开左键即可将元件插入面包板。需要特别注意的是，在放置元件时，一定要确保元件的引脚已经成功插入面包板，如果插入成功，则元件引脚所在的连线会显示绿色，如果插入不成功，元件的引脚则会显示红色，如图 4-40 所示（其中左边表示添加成功，右边则表示添加失败）。

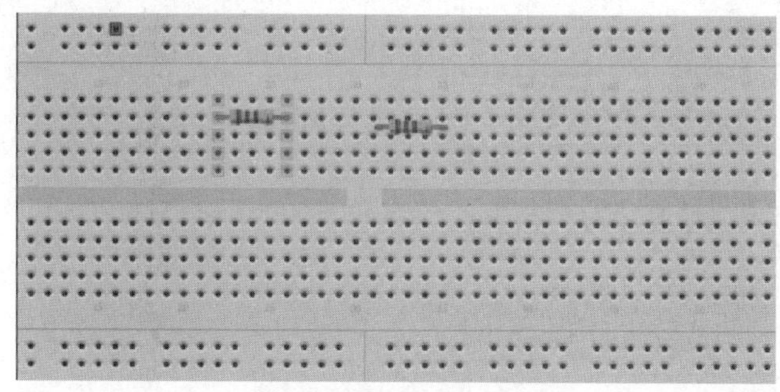

图 4-40 引脚状态图

如果在放置元件的过程中操作有误，则直接单击选定目标元件，然后再按 Delete 键即可将元件从视图上删除。

4.2.5 添加元件间连线

添加元件间的连线是用 Fritzing 绘制电路图必不可少的过程，在此将对添加元件间连线的方法给出详细的介绍。连线的时候单击想要连接的引脚后拖动到要连接的目的引脚后松开即可。这里需要注意的是，只有当连接线段的两端都显示绿色时，才代表导线连接成功，若连线的两端显示红色，则表示连接出现问题，如图 4-41 所示（左边代表连线成功，右边代表连线失败）。

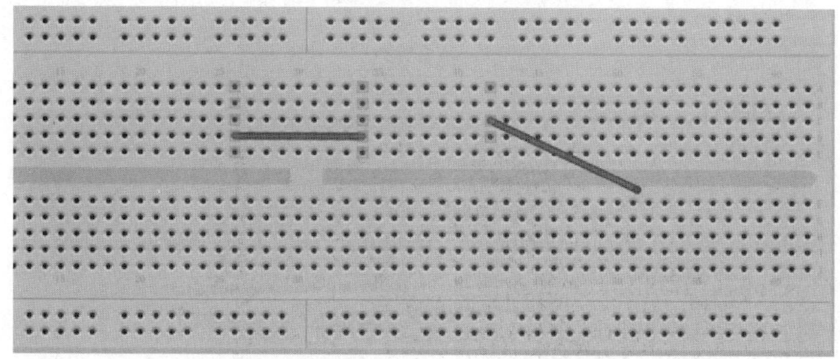

图 4-41 连线状态图

此外，为了使电路更清晰明了，设计者还能根据自己的需求在导线上设置拐点，使导线根据设计者的喜好而改变角度和方向。具体方法如下：光标处即为拐点处，设计者能自由拖动光标移动拐点的位置。此外设计者也可以先选定导线，然后将鼠标光标放置在想设置的拐点处，并右击，从弹出的快捷菜单中选择“添加拐点”命令即可，如图4-42所示。

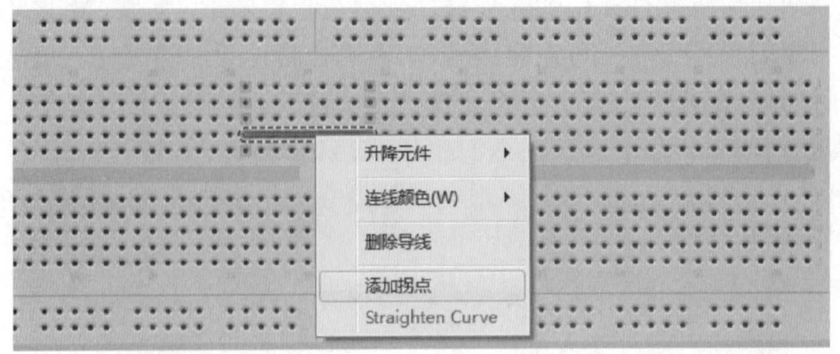

图4-42 拐点添加图

除此之外，在连线的过程中，设计者还可以更改导线的颜色，导线不同的颜色将帮助设计者更好地掌握电路的绘制。具体的修改方法为：选定要更改颜色的导线，然后右击，选择更改颜色，如图4-43所示。

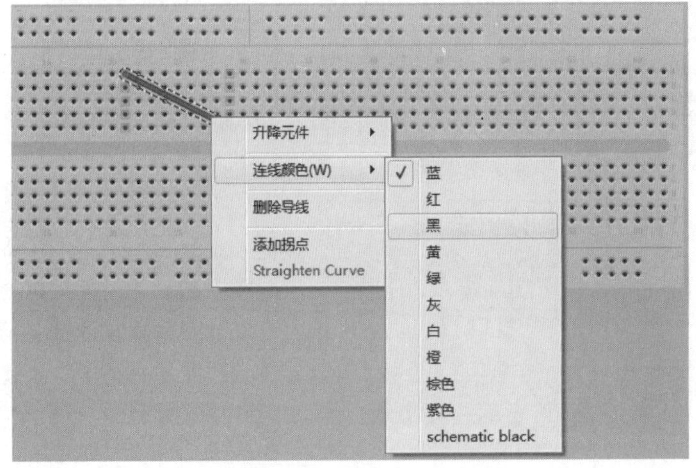

图4-43 导线颜色修改图

4.3 Arduino电路设计

本节将用一个具体示例来系统地介绍如何利用Fritzing软件绘制一个完整的Arduino电路图，即用Arduino开发板控制LED的亮灭。Arduino Blink示例整体效果如图4-44所示。

下面介绍Arduino Blink示例的电路图详细设计步骤。首先打开软件并新建一个项目，具体操作为：单击软件的运行图标，在软件的主界面选择“文件”→“新建”选项命令，如图4-45所示。

完成项目新建后，先保存该项目，选择“文件”→“另存为”命令，出现如图4-46所示的界面，在该对话框中输入保存的文件名和保存类型，然后单击“保存”按钮，即可完成对新建项目的保存。

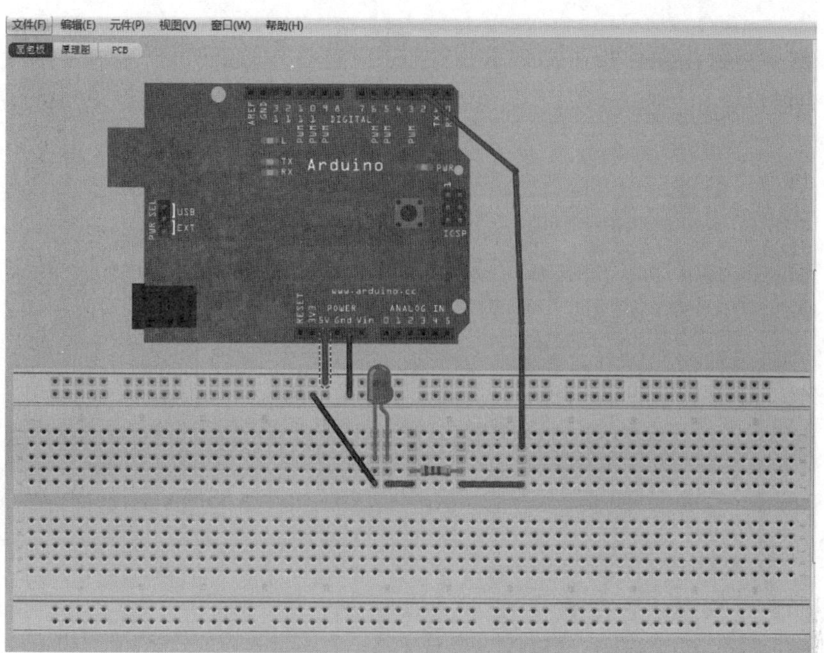

图 4-44　Arduino Blink 示例整体效果图

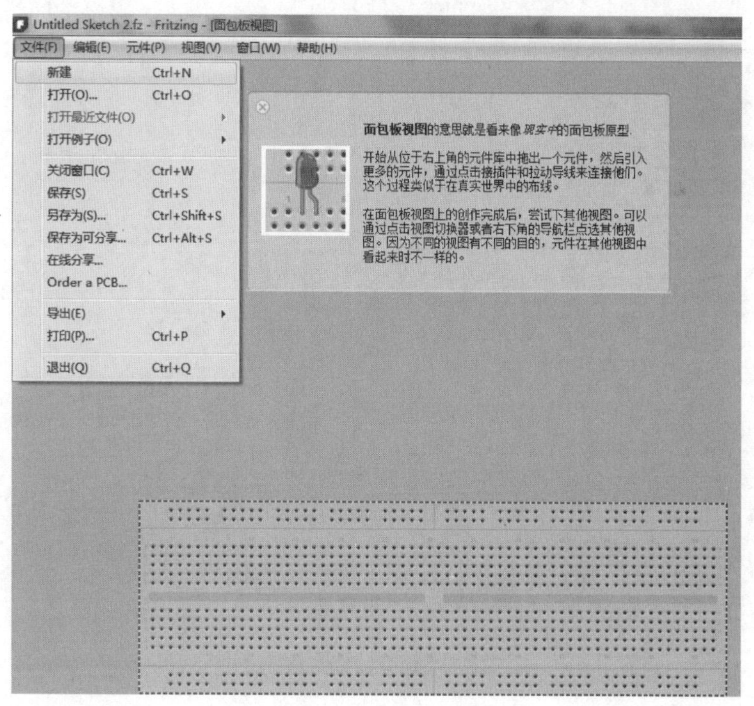

图 4-45　新建项目

一般来说，在绘制电路前，设计者应该先对开发环境进行设置。这里的开发环境主要指设计者选择使用的面包板型号和类型，原理图视图和 PCB 视图类型。本教程以面包板视图为重点，并在 Core Parts 元件库中选好开发所用的面包板类型和尺寸，如图 4-47 所示。

图 4-46　保存项目

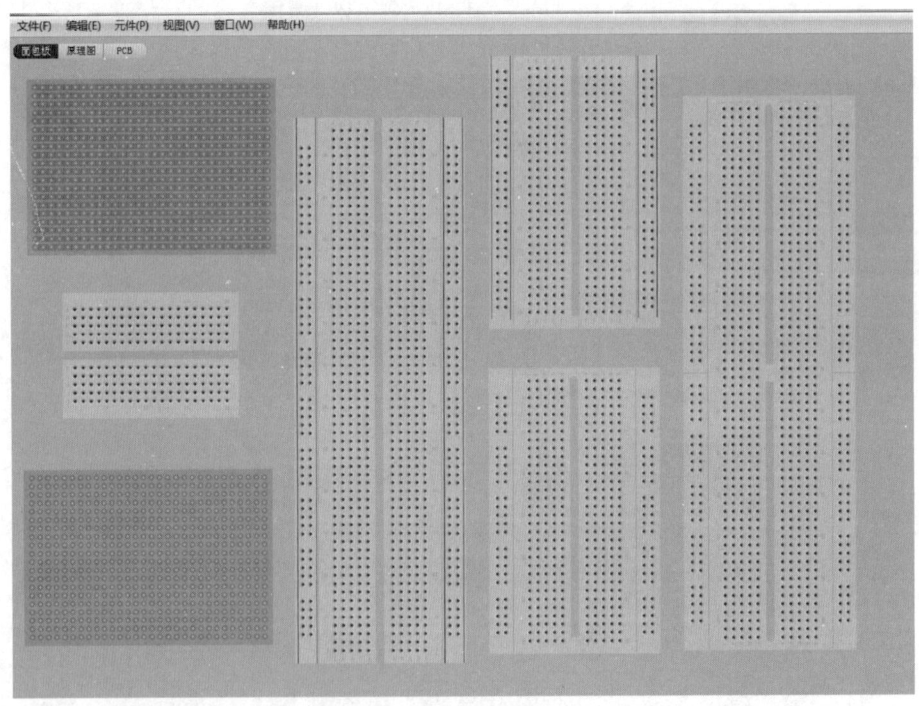

图 4-47　面包板类型和尺寸

由于本示例中所需的元件数比较少，此处省去建立自定义元件库的步骤，而是直接先将所有的元件都放置在面包板上，如图 4-48 所示。在本例中，需要 1 块 Arduino 开发板、1 个 LED 和 1 个 220Ω 的电阻。

连线后得到最终的效果如图 4-49 所示。

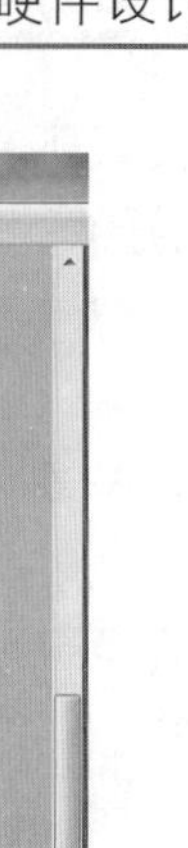

图 4-48 元件的放置

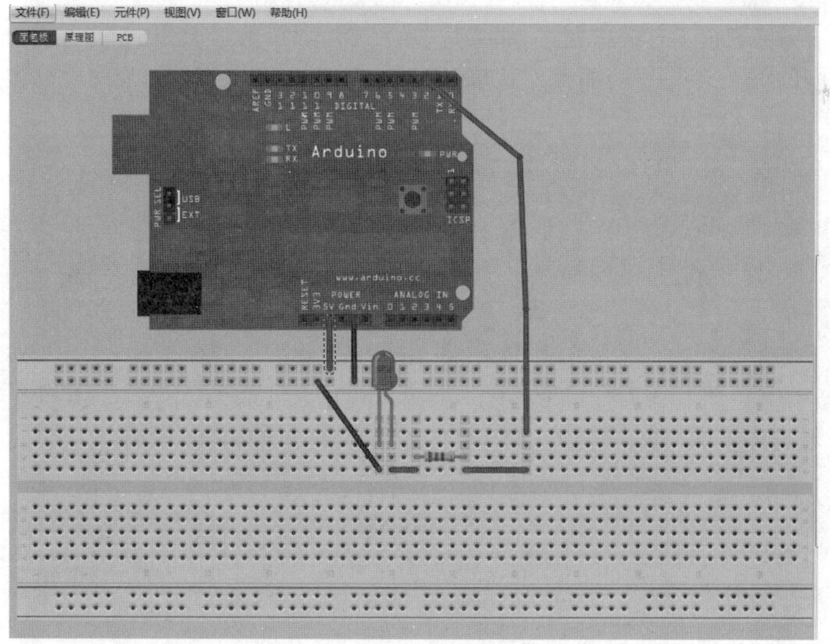

图 4-49 连线图

将编辑视图切换到原理图，会看到如图 4-50 所示的效果。

此时布线没有完成，开发者可以单击编辑视图下方的“自动布线”按钮，但要注意自动布线后，是否所有的元件都完成了布线，对没有完成的，开发者要进行手动布线，即手动连接端口间的连线。最终得到如图 4-51 所示的效果图。

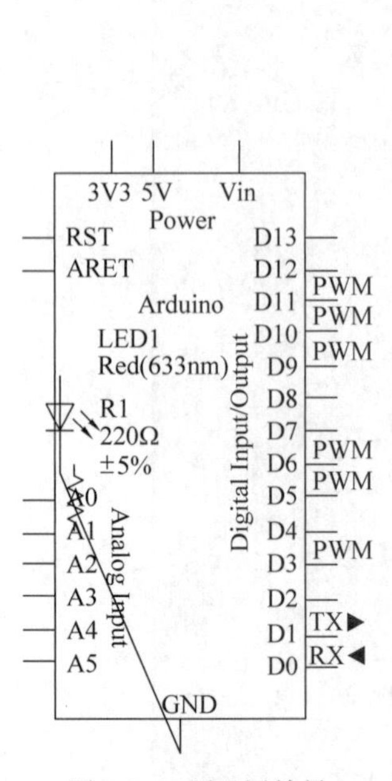

图 4-50　原理图效果

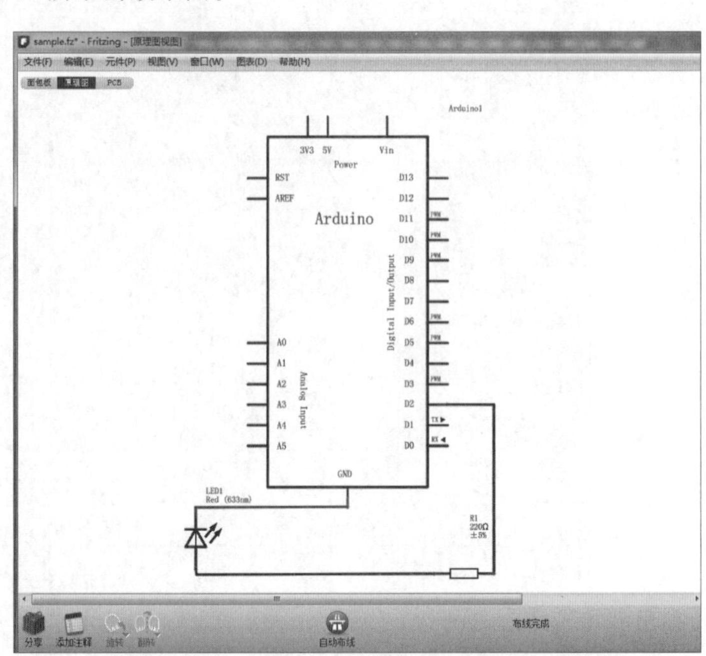

图 4-51　原理图自动布线图

同理，可以将编辑视图切换到 PCB 视图，观察 PCB 视图下的电路，此时也要注意编辑视图窗口下方是否提示布线未完成，如果是，开发者可以单击下面的“自动布线”按钮进行布线处理，也可以自己手动进行布线。这里，将直接给出最终的效果图，如图 4-52 所示。

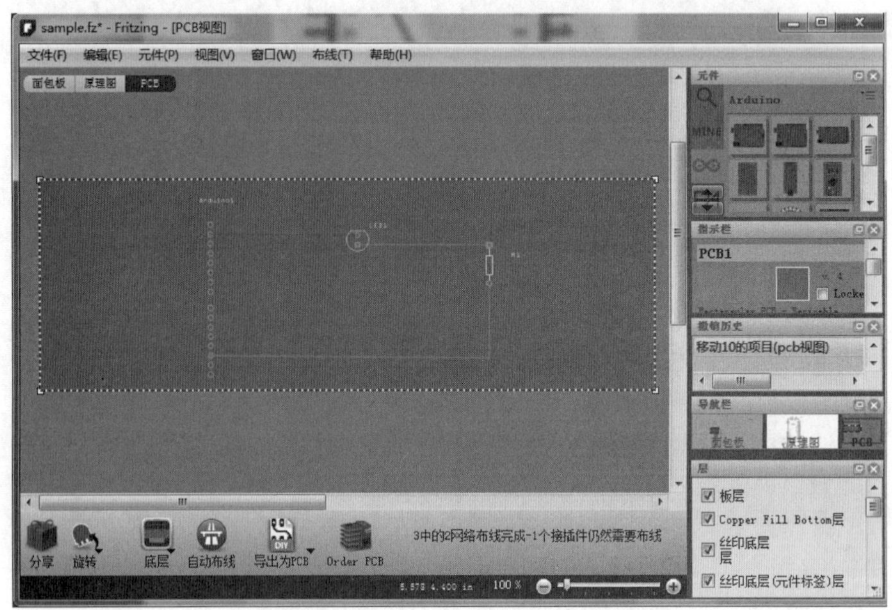

图 4-52　PCB 视图效果图

完成所有操作后，就可以修改电路中各元件的属性，不需要修改任何值，在此略过这部分。完成所有步骤后，设计者就能根据需求导出所需要的文档或文件。在本例中，将以导出一个 PDF 格式的面包板视图为例对该流程进行说明。首先确保将编辑视图切换到面包板视图，然后选择“文件”→“导出”→“作为图像”→PDF 命令，如图 4-53 所示。输出的最终 PDF 格式文档如图 4-54 所示。

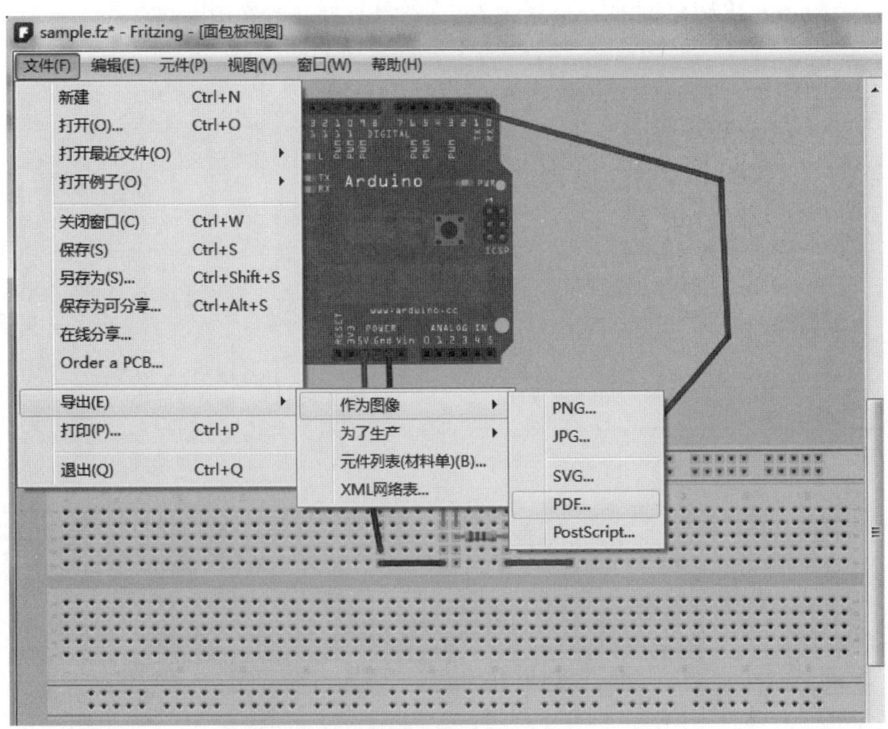

图 4-53　PDF 文档生成步骤

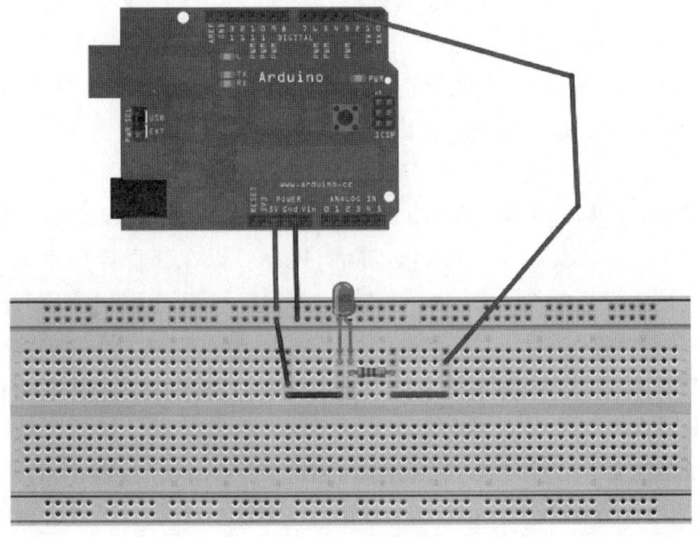

图 4-54　面包板 PDF 文档

4.4 Arduino开发平台样例与编程

Fritzing软件不但能很好地支持Arduino开发板的电路设计，而且还提供了对Arduino开发板样例电路的支持，如图4-55所示。用户可以选择"文件"→"打开例子"命令，然后选择相应的Arduino开发板，如此层层推进，最终选择想打开的样例电路。

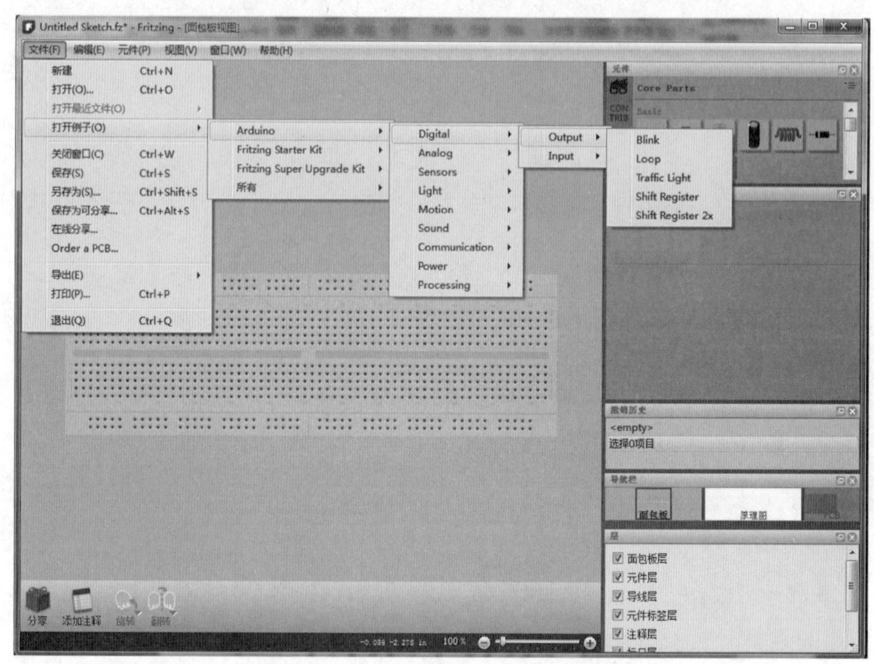

图4-55 Fritzing对Arduino开发板样例支持

这里以Arduino开发板数字化中的交通灯为例进行说明，选择"文件"→"打开例子"→Arduino→Digital→Output→Traffic Light，就能在Fritzing软件的编辑视图中得到如图4-56所示的Arduino交通灯样例。需要注意的是，不管在哪种视图进行操作，打开样例都会将编辑视图切换到面包板视图，如果想要获得相应的原理图视图或PCB视图，则可以在打开的样例中从面包板视图切换到目标视图。

除了对Arduino样例的支持外，Fritzing还将电路设计和编程脚本放置在一起。对于每个设计电路，Fritzing都提供了一个编程界面，用户可以在编程界面中编写将要下载到微控制器的脚本。具体操作如图4-57所示，选择"窗口"→"打开编程窗口"命令，即可进入编程界面，如图4-58所示。

从图4-58中可以发现，虽然每个设计电路只有一个编程界面，但设计者可以在一个编程界面创造许多编程窗口来编写不同版本的脚本，从而选择最合适的脚本。单击"新建"按钮即可创建新编程窗口。除此之外，从编程界面中也可以看出，目前Fritzing主要支持针对Arduino开发板和PICAXE的两种脚本编程语言，如图4-59所示。设计者在选定脚本编程语言后，就只能编写该语言的脚本，并将脚本保存成相应类型的后缀格式。同理，选定编程语言后，设计者也只能打开同种类型的脚本。

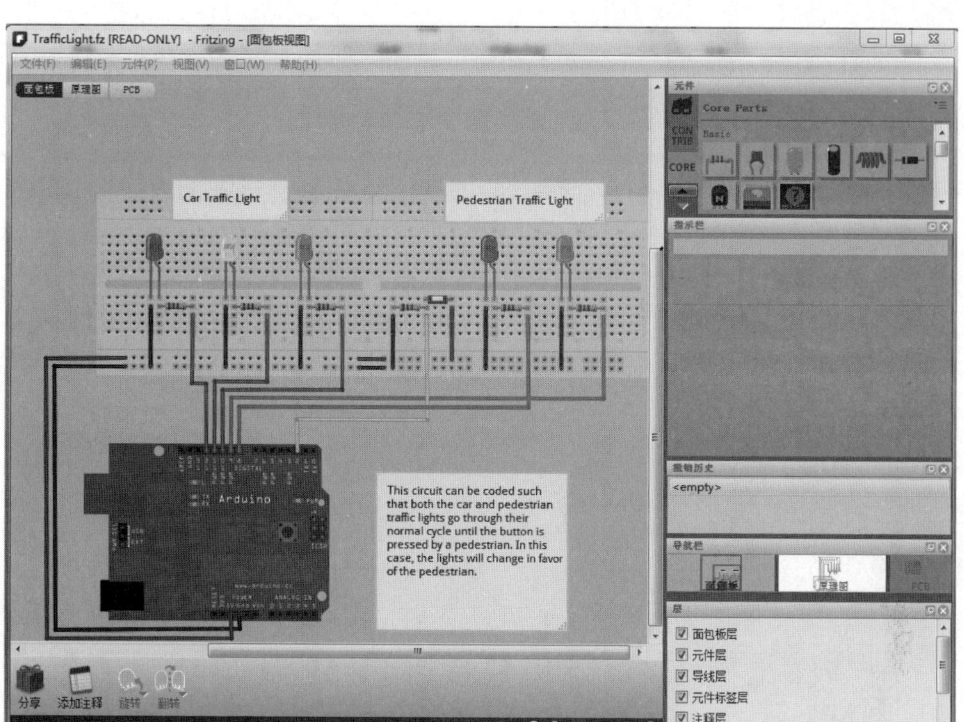

图 4-56　Arduino 交通灯样例

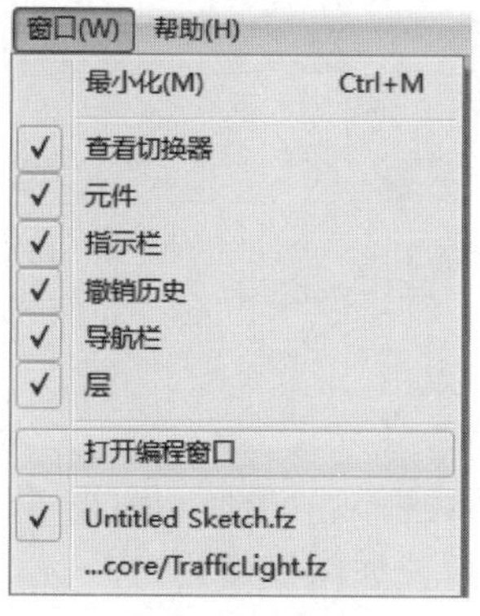

图 4-57　编程界面进入步骤

选定脚本编程语言后，设计者还应该选择串行端口。从 Fritzing 界面可以看出，该软件一共有两个默认端口，分别是 COM1 和 LPT1，如图 4-60 所示。当设计者将相应的微控制器连接到 USB 端口时，软件里会增加一个新的设备端口，然后设计者可以根据自己的需求选择相应的端口。

值得注意的是，虽然 Fritzing 提供了脚本编写器，但是它并没有内置编译器，所以设计者必须自行安装额外的编程软件将编写的脚本转换成可执行文件。但是，Fritzing 提供了和编程软件交互的方法，设计者可以通过单击图 4-58 中所示的“程序”按钮获取相应的可执行文件信息，所有这些内容都将显示在下面的控制端。

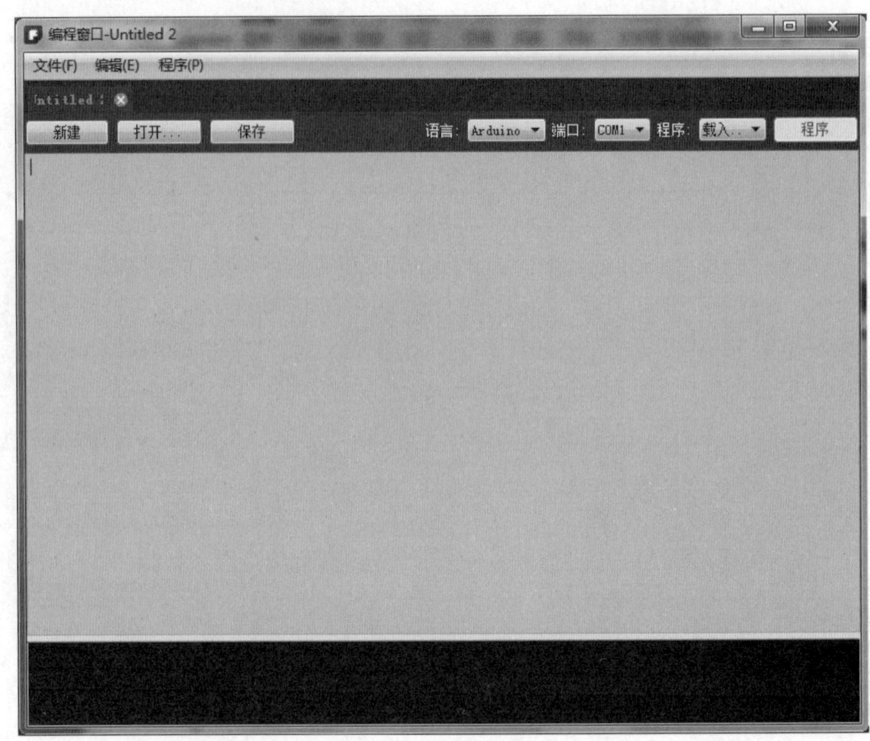

图 4-58 编程界面

图 4-59 编程语言支持

图 4-60 支持端口

本章习题

1. 设计者可以在 Fritzing 项目视图中选择几种视图进行开发？
2. 如果在设计中缺少元件，应该如何操作？
3. 如何添加新元件到 Fritzing 元件库？
4. 如何查看 Fritzing 元件库已有元件？
5. 如何正确添加 Fritzing 元件间连线？
6. 请完成用两个按键分别控制两个 LED 点亮电路的 Fritzing 设计，元件分别为 Arduino UNO 开发板、LED、按键开关、导线等，并写出相应的控制运行程序。

第5章 Arduino开发基础

CHAPTER 5

本章以 Arduino IDE 中的开发案例为基础，对其中的典型案例进行详细介绍，为 Arduino 程序深度开发打下坚实的基础。在 Arduino IDE 中会找到内部示例，这些简单的程序包含了所有基础 Arduino 编程方法和功能实现。在工具条菜单上单击并打开它们。这部分是从初级阶段走向高级阶段的重要基础，能保证大多数人快速上手，然后进行有趣的实验，并开拓新的想法。

5.1 Arduino入门开发示例

5.1
微课视频

本节主要讲述 Arduino 开发的最基本示例，包括电路连接，程序说明等，示例包括 Blink、AnalogReadSerial、DigitalReadSerial、Fade 和 ReadAnalogVoltage。

5.1.1 Blink

该示例显示 Arduino 开发板作为物理输出最简单的方法，打开及关闭板载 LED。在大多数开发板上，这个板载 LED 在数字引脚 13 上，但是，Arduino Gemma 开发板在数字引脚 1 上，MKR1000 开发板在数字引脚 6 上。当然，也可以通过 220Ω 电阻，使用外接 LED。LED 的长引脚通过电阻连接到数字引脚 13 上，短引脚连接到 GND，电路如图 5-1 所示，代码如下：

```
/* LED打开1秒钟，然后关闭1秒钟，以此重复 */
//当按下电路板 reset 键或者给开发板供电后 setup()程序会运行一次
void setup() {
  pinMode(13, OUTPUT);                    //初始化数字引脚13作为一个输出
}
void loop() {                             //循环一次又一次地运行
  digitalWrite(13, HIGH);                 //打开LED(HIGH为高电平)
  delay(1000);                            //等1s
  digitalWrite(13, LOW);                  //设置电压为LOW关闭LED
  delay(1000);                            //等1s
}
```

5.1.2 AnalogReadSerial

本示例展示了如何使用电位器读取来自物理世界的模拟输入。电位器是一种简单的机

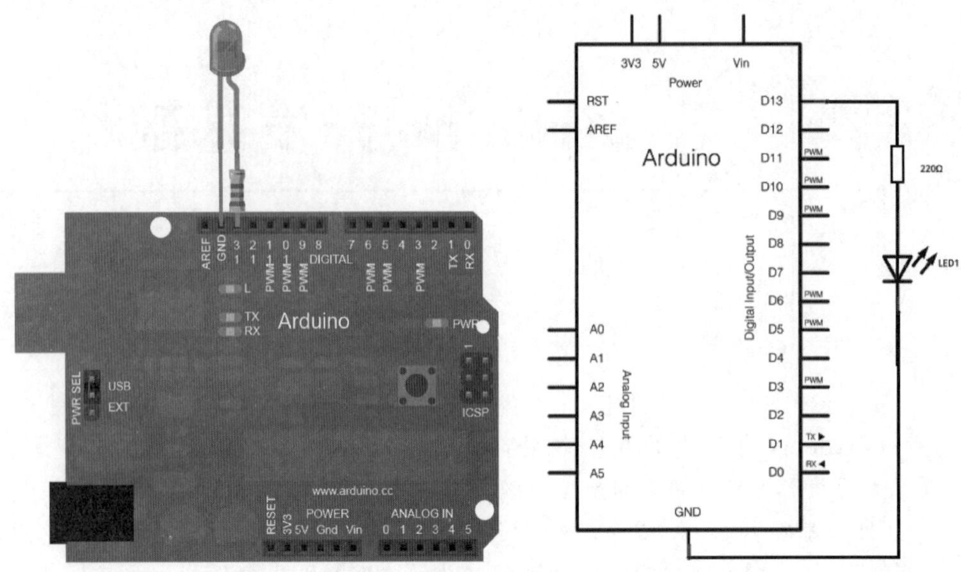

图 5-1　Blink 示例电路图

械装置，当轴转动时，它提供不同量的电阻。电压通过电位器，并在开发板上模拟输入，可以测量作为一个模拟值的电位器产生的电阻量。在 Arduino 开发板和计算机上运行串口通信后，监测电位器状态。硬件需求为 Arduino 开发板和 10kΩ 电位器，电路如图 5-2 所示。

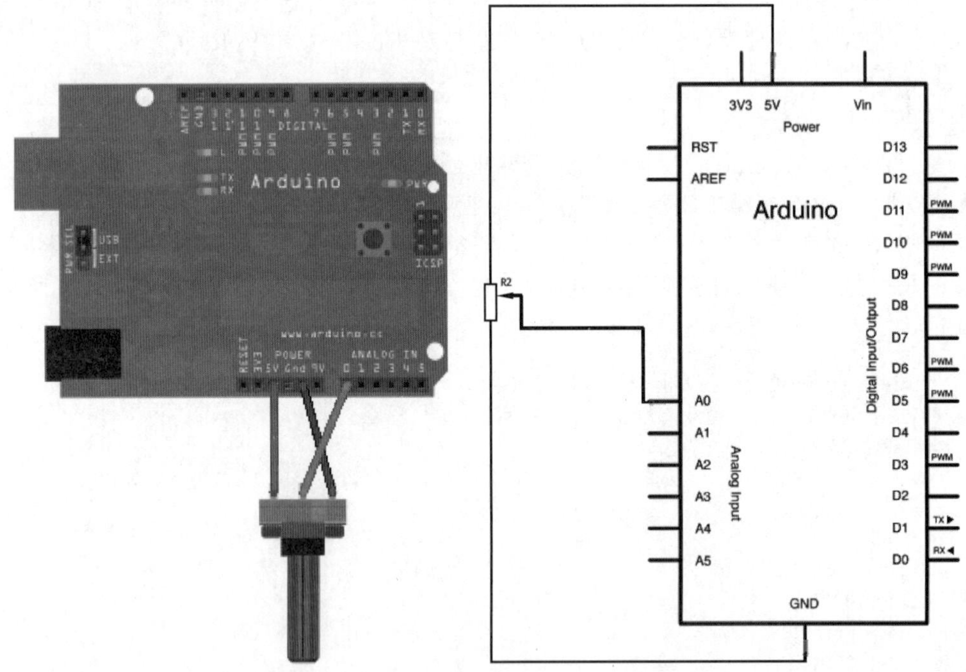

图 5-2　AnalogReadSerial 电路连接图

通过转动电位器的轴，改变了电位器两侧的电阻量，它连接到电位器的中心点上。这会改变中心引脚的电压。当中心和一侧连接到 5V 之间的电阻接近于零(另一侧的电阻接近

10kΩ)，在中心引脚的电压接近 5V。当电阻做相反的滑动，在中心引脚电压接近 0V，或接地。这个电压是模拟电压，读数作为输入。

Arduino 开发板内部的电路称为模拟到数字转换器或 ADC，所读取的电压转换为 0～1023 的数。当电位器在一个方向上一直旋转到底，有 0V 输入引脚，输入值为 0。当在相反的方向时，有 5V 电压输入引脚，输入值为 1023。在两者之间，analogread()返回一个数字为 0～1023，正比于所加电压。代码如下：

```
/＊读取模拟引脚 A0 上的输入，打印结果至串行监视器。将电位器的中心引脚连在模拟引脚 A0 上，
其余引脚分别连接至 Arduino 开发板 + 5V 与 GND 引脚＊/
//当按下 reset 后 setup 程序会立刻运行
void setup() {
  Serial.begin(9600);                          //以 9600 波特的速度初始化串行通信
}
void loop() {                                  //循环一次又一次地运行
  //读取模拟引脚 A0 上的输入
  int sensorValue = analogRead(A0);
  //输出读取的值
  Serial.println(sensorValue);
  delay(1);                                    //读取之间设置的延迟是为了稳定
}
```

5.1.3　DigitalReadSerial

本示例展示了如何通过 Arduino 开发板和计算机的 USB 接口之间建立串口通信和监控开关状态。硬件要求：Arduino 开发板、瞬时开关、按钮或拨动开关、10kΩ 电阻、连接线、面包板。电路如图 5-3 所示。

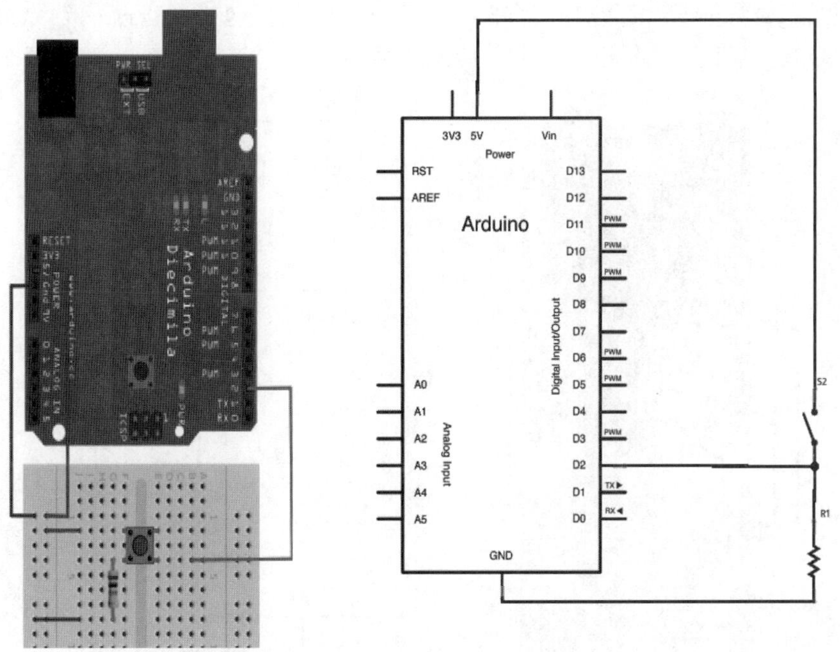

图 5-3　DigitalReadSerial 电路连接图

将三根导线连接到开发板上。一般使用红色和黑色，连接在面包板一侧的两行提供5V的电源和接地。第三根线从数字引脚2到按钮开关的一个连接点，按钮开关的这个连接点的另一侧通过下拉电阻（这里10kΩ）接地。该按钮的另一连接点接到5V电源。

按钮或开关连接在电路中的两个点。当按钮被打（松）开，两连接点之间没有连接，所以引脚连接到地（通过下拉电阻）读为低电平或0。当按钮关闭（按下），使它的两连接点之间的连接，连接到5V的引脚，使该引脚读为高电平或1。

当打开在Arduino软件（IDE）串口监视，如果开关打开，会看到一串0，如果开关闭合则为一串1。代码如下：

```
/* 在数字引脚 2 读取数字输入,把结果打印至串行监视器 */
int pushButton = 2;                              //数字引脚 2 上定义一个按钮
void setup() {
  Serial.begin(9600);                            //9600 波特的速度初始化串行通信
  pinMode(pushButton, INPUT);                    //使按钮处于输入模式
}

void loop() {
  int buttonState = digitalRead(pushButton); //读取输入
  Serial.println(buttonState);                   //输出按钮状态
  delay(1);                                      //读取之间设置的延迟是为了稳定
}
```

5.1.4 Fade

这个示例演示了使用analogwrite()功能对LED渐变的关闭。采用脉冲宽度调制（PWM），把一个数字引脚快速关闭，转变为开关之间的比例，创造了一个渐变效果。

硬件包括Arduino开发板、LED、220Ω电阻、连接线、面包板。通过一个220Ω电阻连接的阳极（较长）到开发板数字输出引脚9。连接阴极（较短）直接接地，电路如图5-4所示。

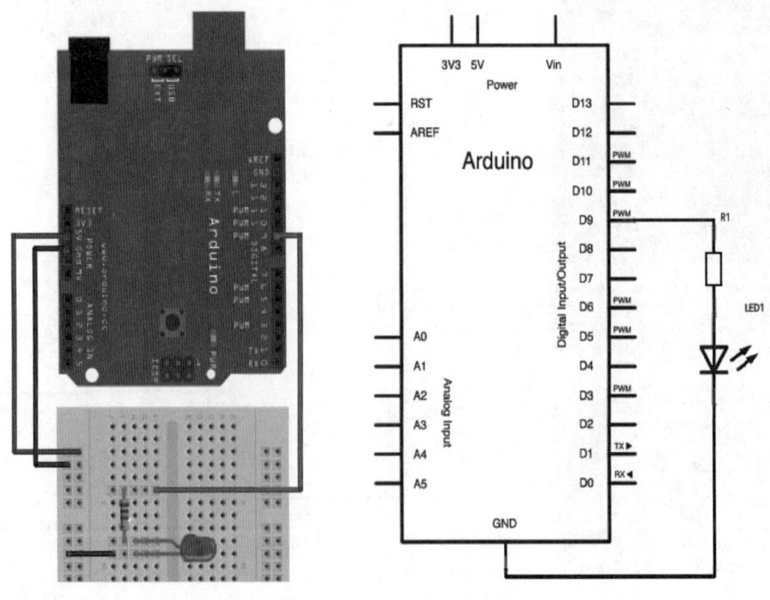

图5-4 Fade电路连接图

使用 analogWrite()函数在数字引脚 9 上对 LED 进行渐变，代码如下：

```
int led = 9;                                  //LED 所连着的引脚
int brightness = 0;                           //LED 的亮度
int fadeAmount = 5;                           //LED 渐变的刻度
//当按下 reset 后 setup 程序会运行一次：
void setup() {
  pinMode(led, OUTPUT);                       //声明数字引脚 9 为输出模式
}
void loop() {
  analogWrite(led, brightness);               //设置数字引脚 9 的亮度
  brightness = brightness + fadeAmount;       //通过循环改变下次的亮度
if (brightness == 0 || brightness == 255) {   //在渐变完成时颠倒渐变的方向
    fadeAmount = - fadeAmount;
  }
  delay(30);                                  //等待 30ms，才能看到渐暗效果
}
```

5.1.5 ReadAnalogVoltage

这个示例展示了如何读取模拟引脚 A0 输入数值，analogread()读取的值转换成电压值，并通过 Arduino 串口监控软件(IDE)打印出来。硬件需求为 Arduino 开发板和 10kΩ 的电位器，将电位器的中心引脚连在开发板的模拟引脚 A0 上，其余两个引脚连在＋5V 和 GND 上，电路如图 5-5 所示。

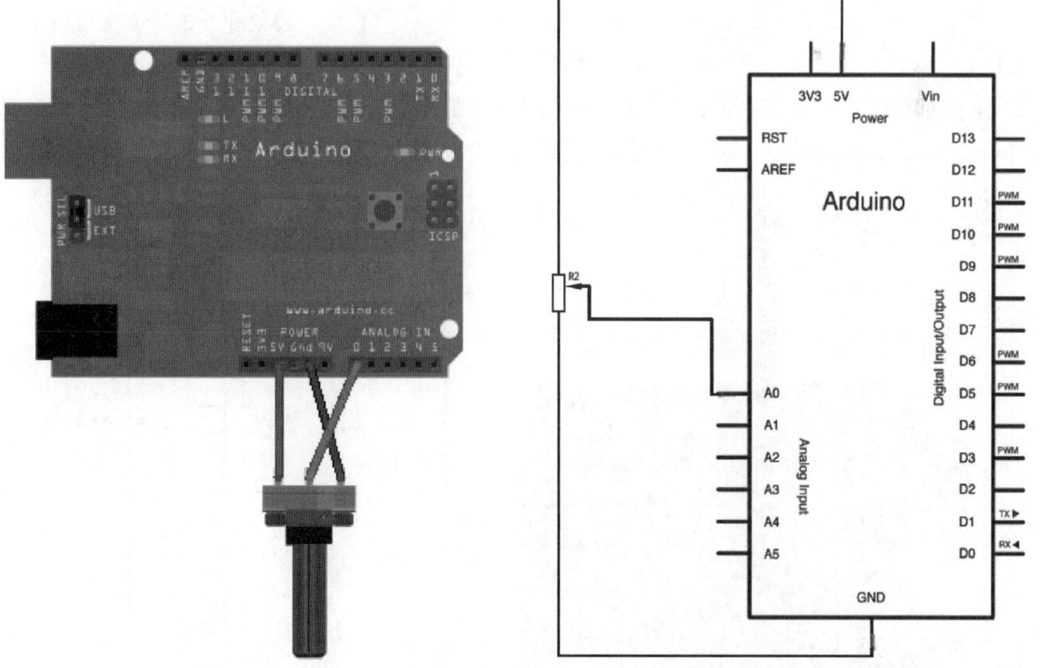

图 5-5　ReadAnalogVoltage 电路连接图

代码如下：

```
/* 在模拟引脚 A0 上读取模拟输入,将其转换为电压,并将结果打印到串行监视器 */
//当按下 reset 后 setup 程序会运行一次
void setup() {
  Serial.begin(9600);                              //以 9600 波特率初始化串行通信
}
void loop() {
  int sensorValue = analogRead(A0);                //读取模拟引脚 A0 的输入
  float voltage = sensorValue * (5.0 / 1023.0);    //将模拟读数(0~1023)转换为电压(0~5V)
  Serial.println(voltage);                         //打印出读取的值
}
```

5.2
微课视频

5.2 数字信号处理开发示例

本节主要对 Arduino 数字信号的处理案例进行讲解，主要包括 BlinkWithoutDelay、Button、Debounce、DigitalInputPullup、StateChangeDetection、toneKeyboard、toneMelody、toneMultiple 和 tonePitchFollower。

5.2.1 BlinkWithoutDelay

在系统功能实现中，有时 Arduino 系统需要同时做两件事。例如，想闪烁 LED 的同时读取按钮按下的信息。在这种情况下，不能使用 delay()，因为 Arduino 程序在 delay()执行时是暂停的。如果按钮在 Arduino 是 delay()执行时候按下，程序将错过按键信息。

此程序展示了如何在不使用 delay()的情况下进行 LED 闪烁。打开 LED，然后记录时间。每次经过 loop()，它将检查所需的闪烁时间是否已经过去。如果是，打开或关闭 LED，记录新的时间。以这种方式，LED 连续闪烁，而程序执行不会滞后于任何单一的指令。

电路如图 5-6 所示，通过 220Ω 电阻，使用外接 LED。LED 的长引脚通过电阻连接到数字引脚 13，短引脚连接到 GND，当然也可以使用板载的 LED。

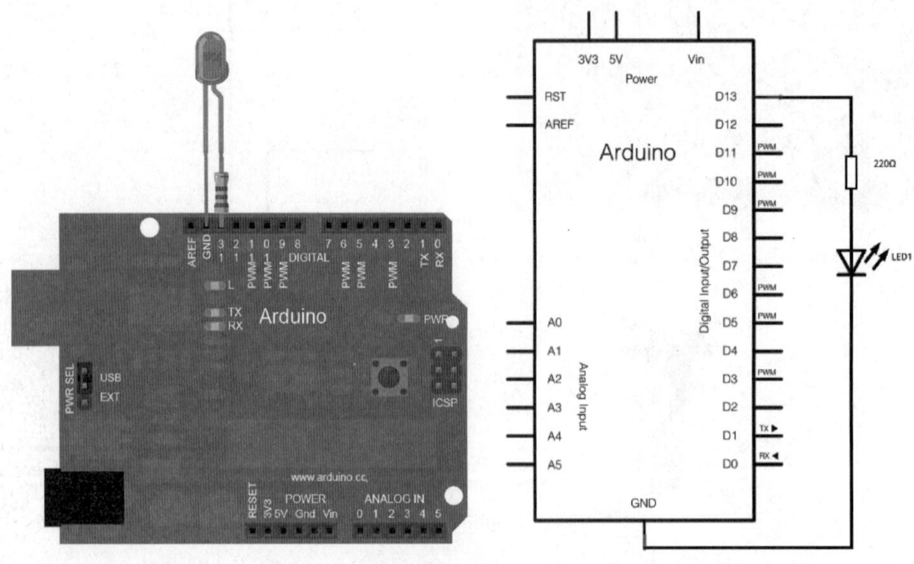

图 5-6 BlinkWithoutDelay 电路连接图

```
/* 打开和关闭连接到一个数字引脚的发光二极管(LED),不使用 delay()函数.这意味着其他代码可
以同时运行,而不会被 LED 代码打断 */
const int ledPin = 13;                      //LED 引脚
int ledState = LOW;                         //ledState 用于设置 LED
//一般情况下,应该对持有时间的变量使用"unsigned long"类型
unsigned long previousMillis = 0;           //会存储最新的 LED 的时间值
const long interval = 1000;                 //闪烁的时间间隔(ms)
void setup() {
  pinMode(ledPin, OUTPUT);                  //设置数字引脚为输出模式
}

void loop()
{
//检查 LED 是否有闪烁,如果有,说明当前时间和上次时间之间的间隔大于设置间隔
  unsigned long currentMillis = millis();
  if(currentMillis - previousMillis  >= interval) {
    previousMillis = currentMillis;         //保存最后一次闪烁 LED 的时间
    if (ledState == LOW)                    //如果 LED 是关闭的,那么打开它,反之亦然
      ledState = HIGH;
    else
      ledState = LOW;
    digitalWrite(ledPin, ledState);         //用变量的 ledState 来设置 LED
  }
}
```

5.2.2 Button

按钮或开关连接电路中两个点,这个示例中按下按钮打开内置数字引脚 13 的 LED。硬件包括 Arduino 开发板、瞬时按钮或开关。10kΩ 电阻、连接线、面包板。电路如图 5-7 所示。

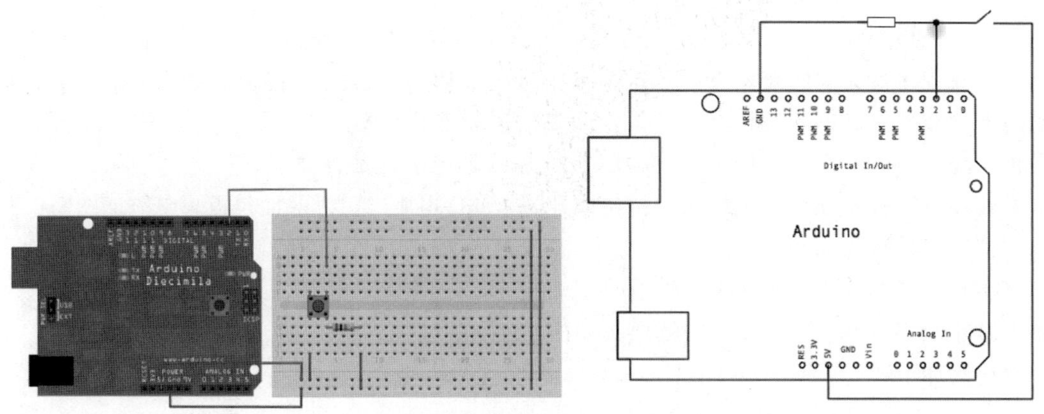

图 5-7 Button 电路连接图

将三根导线连接到开发板上。电源线一般用红色和黑色,连接在面包板一侧的两行提供 5V 的电源和接地。第三根线从数字引脚 2 到按钮的一个连接点,该连接点通过下拉电阻(这里 10kΩ)接 GND,该按钮的另一连接点连接到 5V 电源。

当按钮被打(松)开，有按钮的两个连接点之间没有连接，所以引脚连接到 GND(通过下拉电阻)，此时读取一个低电平。当按钮关闭(按下)，使它的两连接点之间连接到 5V 的引脚，读出一个高电平。

当然，也可以将电路相反接入，接一个上拉电阻，使输入的高电平，要按下按钮时，为低电平。如果是这样，程序的行为将被反转，当按下按钮时，LED 通常会关闭。

如果断开数字 I/O 引脚的一切连接，LED 可能随机闪烁。因为输入是"悬空的"、随机的、或高或低的，这就是为什么在电路中需要上拉或下拉电阻。

代码如下：

```
/* 打开和关闭一个连接到数字引脚 13 的 LED,当按下一个按钮时连接到数字引脚 2 */

const int buttonPin = 2;                        //按钮的引脚
const int ledPin = 13;                          //LED 的引脚
int buttonState = 0;                            //读取按钮状态的变量
void setup() {
  pinMode(ledPin, OUTPUT);                      //初始化 LED 引脚作为输出
  pinMode(buttonPin, INPUT);                    //初始化按钮引脚作为输入
}

void loop() {
  buttonState = digitalRead(buttonPin);         //读取按钮值的状态
  if (buttonState == HIGH) {                    //检查按钮是否被按下,如果是,按钮状态为 HIGH
    digitalWrite(ledPin, HIGH);                 //打开 LED
  }
  else {
    digitalWrite(ledPin, LOW);                  //关闭 LED
  }
}
```

5.2.3 Debounce

由于机械和物理问题，当按下一次按键开关时，会产生多次虚假的开关转换。这在很短的时间被程序视为多次按键按下。这个示例演示了如何去除这种抖动的输入，意味着在短时间内检查两次以确保按钮是否按下。如果不进行这样的处理，按下一次按钮可能导致不可预知的结果。这个程序用 millis()函数跟踪，以确定按钮是否被按下。

硬件包括 Arduino 开发板、瞬时按钮或开关、10kΩ 电阻、连接线、面包板。电路如图 5-8 所示。将三根导线连接到开发板上。第一根线是从按钮一个连接点通过下拉电阻(这里 10kΩ)接 GND。第二根线从按钮的另外一个连接点连接 5V 电源。第三根线连接到一个数字 I/O 引脚(这里是数字引脚 2)读取按钮的状态。

代码如下：

```
/* 每次输入从 LOW 到 HIGH 变化(由于按钮按下),输出引脚就会从 LOW 到 HIGH 切换为 HIGH 到 LOW,在
切换防反跳电路(即忽略噪声)之间有一个最小的延迟 */
const int buttonPin = 2;                        //按钮的引脚
const int ledPin = 13;                          //LED 的引脚
int ledState = HIGH;                            //输出引脚的当前状态
int buttonState;                                //输入引脚的当前读取值
```

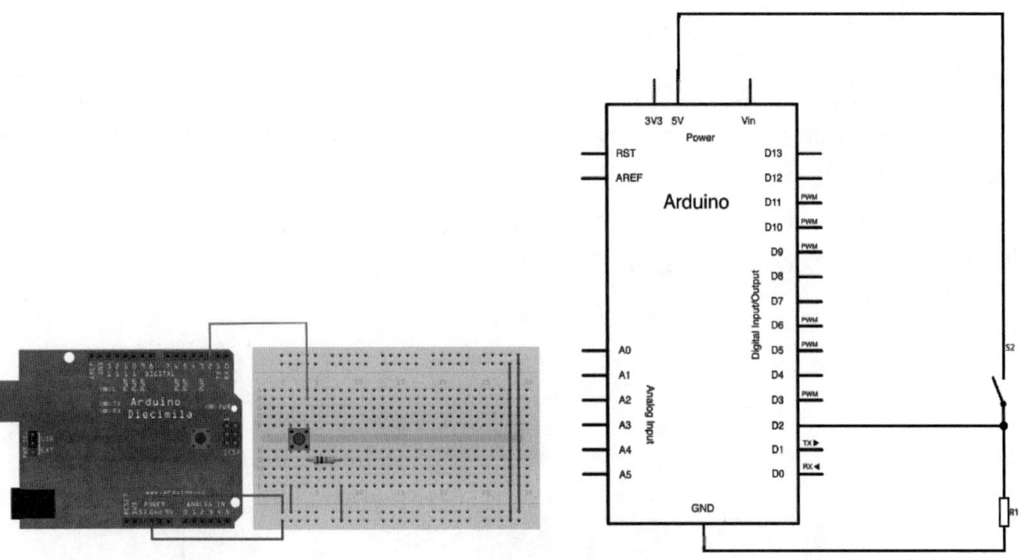

图 5-8　Debounce 电路连接图

```
int lastButtonState = LOW;                    //输入引脚的之前读取值

//下面的变量是长整型的,用毫秒度量的时间,比整型存储更大的数字
long lastDebounceTime = 0;                    //输出引脚切换的最新时间
long debounceDelay = 50;                      //防反跳时间
void setup() {
  pinMode(buttonPin, INPUT);
  pinMode(ledPin, OUTPUT);
  digitalWrite(ledPin, ledState);             //设置初始 LED 状态
}

void loop() {
  int reading = digitalRead(buttonPin);       //将转换的状态读入一个局部变量
//检查是否按下了按钮
  if (reading != lastButtonState) {           //如果开关发生变化,由于噪音或按压
    lastDebounceTime = millis();              //重置防反跳计时器
  }
  if ((millis() - lastDebounceTime) > debounceDelay) {
//无论读取的是什么,都存在比防反跳延迟更长的时间,将它作为当前实际状态
    if (reading != buttonState) {             //当按钮的状态改变了
      buttonState = reading;
      if (buttonState == HIGH) {              //只切换 LED,当新按钮状态为 HIGH
        ledState = !ledState;
      }
    }
  }

  digitalWrite(ledPin, ledState);             //设置 LED
  lastButtonState = reading;                  //保存读取值,下次循环,成为 lastButtonState
}
```

5.2.4 DigitalInputPullup

这个示例演示了 pinMode(INPUT_PULLUP)的使用，它读取数字引脚 2 上的输入并将结果打印到串行监视器。此外，当输入高电平，连接到数字引脚 13 的板载 LED 将打开；当输入低电平，LED 将关闭。

硬件要求为 Arduino 开发板、瞬时开关、按钮或拨动开关、面包板、连接线。电路连接如图 5-9 所示。两条线连接到 Arduino 开发板，一般使用黑线接 GND 和按钮的一个连接点。第二根线从数字引脚 2 连接到按钮的另外一个连接点。

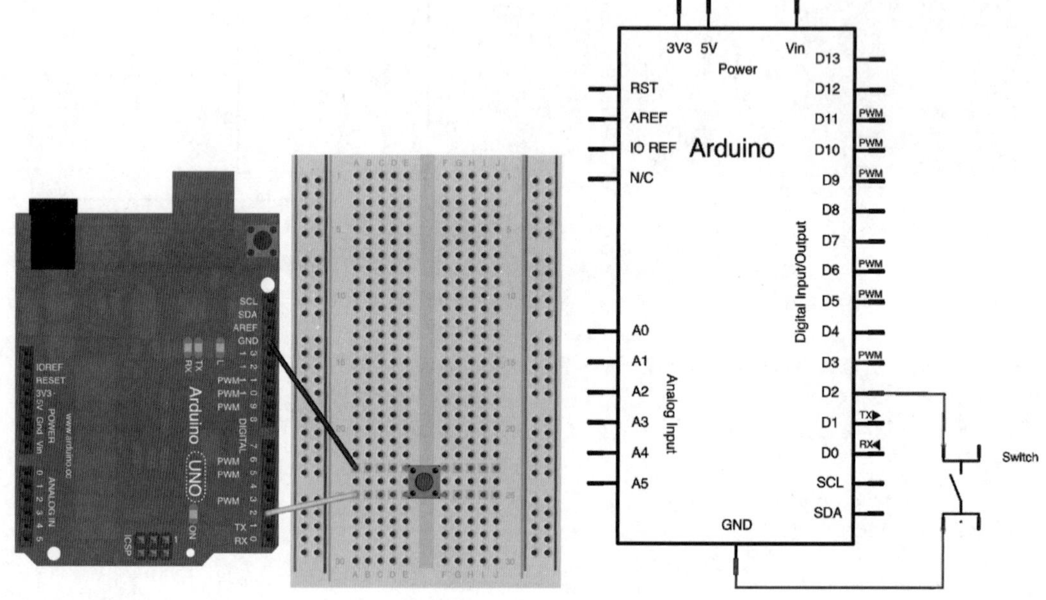

图 5-9　DigitalInputPullup 电路连接图

按钮或开关按下，将连接按钮在电路中两个点。当按钮被打(松)开，有按钮的两个连接点之间没有联系。因为内部上拉数字引脚 2 是正的，并连接到 5V，所以按钮是放开时，读取到高电平。当按钮被关闭，完成接地，Arduino 引脚读取低电平。

代码如下：

```
void setup() {
  Serial.begin(9600);                              //开始串口连接
  pinMode(2, INPUT_PULLUP);                        //配置数字引脚 2 作为输入并启用内拉式电阻
  pinMode(13, OUTPUT);
}

void loop() {
  int sensorVal = digitalRead(2);                  //将按钮值读入变量
  Serial.println(sensorVal);                       //打印按钮的值
  /* 上拉意味着按钮的逻辑是反向的.当打开时,处于 HIGH,当下压时,处于 LOW。当按钮被按下时,
打开数字引脚 13,未按下时关闭 */
  if (sensorVal == HIGH) {
    digitalWrite(13, LOW);
```

```
  }
  else {
    digitalWrite(13, HIGH);
  }
}
```

5.2.5　StateChangeDetection

本示例统计电路图中按钮在工作时被按下次数，首先需要获取按钮的更改状态，即从关闭状态到打开状态，并计算这种状态发生的次数，这就是状态变化检测或边缘检测。在本示例中，学习如何检查状态的变化，向串行监视器发送的相关信息，计数打开和关闭 LED 的状态变化。

硬件包括 Arduino 开发板、按钮或开关、10kΩ 电阻、连接线、面包板。电路如图 5-10 所示。将三根导线连接到开发板上。第一根导线是从按钮另一端连接点通过下拉电阻接 GND。第二根线从按钮的另一端连接点连接 5V 电源。第三根导线连接到一个数字 I/O 引脚读取按钮的状态。

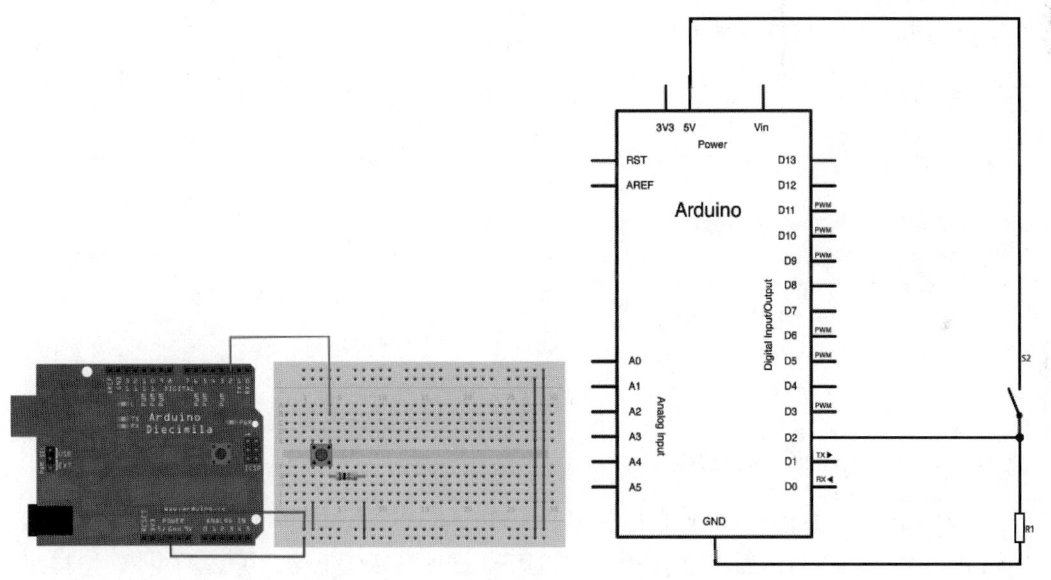

图 5-10　StateChangeDetection 电路连接图

当按钮打(松)开，按钮的两连接点之间没有连接，所以引脚通过下拉电阻连接到 GND，能够读取一个低电平。当按钮关闭(按下)，按钮的两连接点之间有连接，连接引脚电压，能够读取高电平(引脚仍然接地，但电阻抵抗电流的流动，所以最小阻力路径是+5V)。

如果断开数字 I/O 引脚的一切连接，LED 可能随机闪烁。因为输入是"悬空的"、随机的、或高或低的，这就是为什么在电路中需要上拉或下拉电阻。

代码如下：

```
/* 通常,不需要一直了解数字输入的状态,只需要知道输入何时从一个状态改变到另一个状态,按
钮何时从 OFF 变化到 ON,被称为状态改变检测或边缘检测 */
const int buttonPin = 2;                    //按钮连接的引脚
```

```
const int ledPin = 13;                      //LED 连接的引脚
int buttonPushCounter = 0;                  //按钮按压数的计数器
int buttonState = 0;                        //按钮的当前状态
int lastButtonState = 0;                    //按钮的之前状态
void setup() {
  pinMode(buttonPin, INPUT);                //初始化按钮引脚作为一个输入
  pinMode(ledPin, OUTPUT);                  //初始化 LED 作为一个输出
  Serial.begin(9600);                       //初始化串口连接
}
void loop() {
  buttonState = digitalRead(buttonPin);     //读取按钮输入引脚
  if (buttonState != lastButtonState) {     //比较 buttonState 与它之前的状态
    if (buttonState == HIGH) {              //当前状态为 HIGH,那么按钮从 OFF 变为 ON
      buttonPushCounter++;                  //当状态改变了,增加计数器
      Serial.println("ON");
      Serial.print("number of button pushes: ");
      Serial.println(buttonPushCounter);
    }
    else {                                  //当前状态为 LOW 那么按钮从 ON 变为 OFF
      Serial.println("OFF");
    }
    delay(50);                              //延迟一点,以避免干扰
  }
  lastButtonState = buttonState;            //保存当前状态作为最新状态,用于下次循环

  if (buttonPushCounter % 4 == 0) {         //每四次按钮,LED 就会打开一次
    digitalWrite(ledPin, HIGH);
  } else {
    digitalWrite(ledPin, LOW);
  }
}
```

5.2.6 toneKeyboard

本示例展示了如何通过压力传感器并使用 tone()命令产生不同的音高。硬件为 Arduino 开发板、8Ω 扬声器、3 个压力传感电阻器、3 个 10kΩ 电阻、100Ω 的电阻、连接线和面包板，如图 5-11 所示。通过一个 100Ω 电阻连接扬声器的一个引脚到 Arduino 开发板数字引脚 8，扬声器的其他引脚接 GND。三个压力传感器（或任何其他模拟传感器）与 5V 的并联连接。连接三个传感器模拟引脚 A0～A2，连接传感器和 10kΩ 电阻到 GND。

代码如下：

```
#include "pitches.h"
const int threshold = 10;                   //对产生音符传感器的最小读数
int notes[] = {                             //演奏的音符,对应于 3 个传感器
  NOTE_A4, NOTE_B4, NOTE_C3
};

void setup() {
```

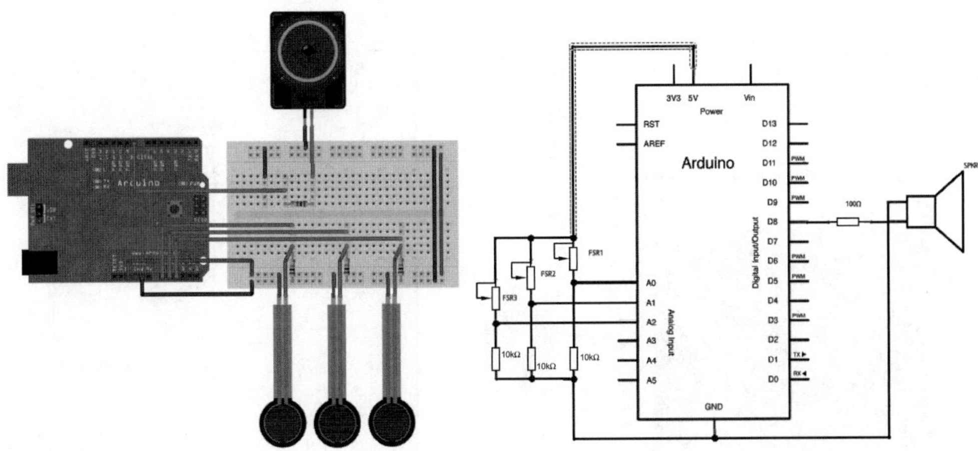

图 5-11　toneKeyboard 电路连接图

```
}

void loop() {
  for (int thisSensor = 0; thisSensor < 3; thisSensor++) {    //得到一个传感器读数
    int sensorReading = analogRead(thisSensor);
    if (sensorReading > threshold) {              //如果传感器的压力足够大
      tone(8, notes[thisSensor], 20);             //播放与这个传感器相对应的音符
    }
  }
}
```

5.2.7　toneMelody

本示例展示了如何使用 tone()命令生成的音频，可以演奏一首熟悉的旋律。硬件为 Arduino 开发板、压电蜂鸣器或扬声器、连接线，如图 5-12 所示。下面的代码使用的是一个外部库文件，包含所有音高值。例如，NOTE_ C4 是中音 C，NOTE_FS4 是高音 F 等。这个库文件通过 tone()实现。

代码如下：

```
#include "pitches.h"
int melody[] = {
  NOTE_C4, NOTE_G3, NOTE_G3, NOTE_A3, NOTE_G3, 0, NOTE_B3, NOTE_C4
};
int noteDurations[] = {                         //音符节拍: 4 = 1/4 拍, 8 = 1/8 拍,等等
  4, 8, 8, 4, 4, 4, 4, 4
};

void setup() {
  for (int thisNote = 0; thisNote < 8; thisNote++) {     //重复旋律的音符
/* 要计算音符的持续时间,用 1s 除以音符类型,例如: 1/4 音符 = 1000 / 4, 1/8 = 1000/8, 等等 */
    int noteDuration = 1000 / noteDurations[thisNote];
```

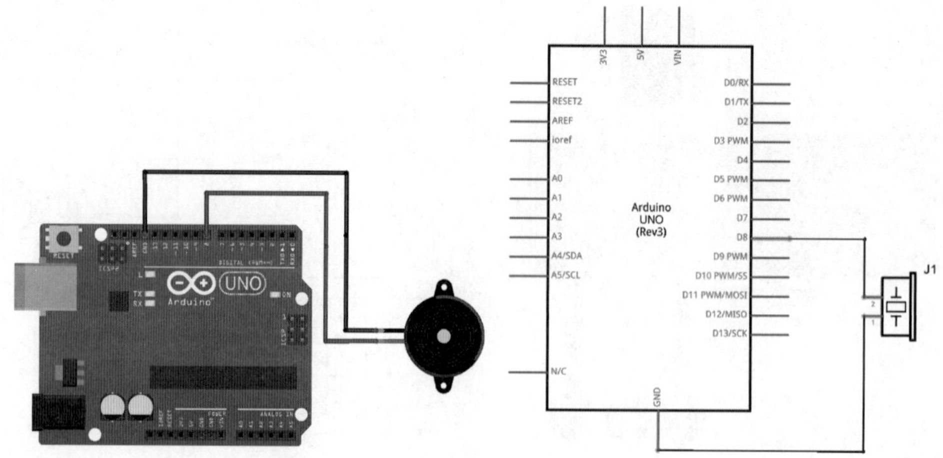

图 5-12　toneMelody 电路连接图

```
    tone(8, melody[thisNote], noteDuration);
//要区分这些音符,需要设定它们之间的最短时间,持续时间增加 30 % 能得到好的效果
    int pauseBetweenNotes = noteDuration * 1.30;
    delay(pauseBetweenNotes);
    noTone(8);                                  //停止播放旋律
  }
}
void loop() {
//无须重复旋律
}
```

5.2.8　toneMultiple

本示例展示了如何使用 tone()命令在多个输出引脚播放不同的音符。tone()命令是通过一个单片机的内部定时器工作，它设置为想要的频率，并利用定时器脉冲输出到相关引脚。因为只使用一个计时器，每次只能播放一个音符。然而，可以在不同的引脚上按顺序播放音符。要做到这一点，需要定时器关闭一个引脚，然后移动到下一个引脚。

硬件要求为 Arduino 开发板、3 个 8Ω 扬声器、3 个 100Ω 电阻、连接线、面包板，如图 5-13 所示。3 个扬声器的引脚通过电阻连接到数字引脚 6～8，另外一端接 GND。下面的程序依次播放每个扬声器的音调，关闭前一个扬声器，每个音调的持续时间是相同的。

代码如下：

```
/* 按顺序在多个引脚上播放多个音调 */
void setup() {


}


void loop() {
  noTone(8);                                   //关闭数字引脚 8 的音调函数
  tone(6, 440, 200);                           //播放数字引脚 6 的语调持续 200ms
```

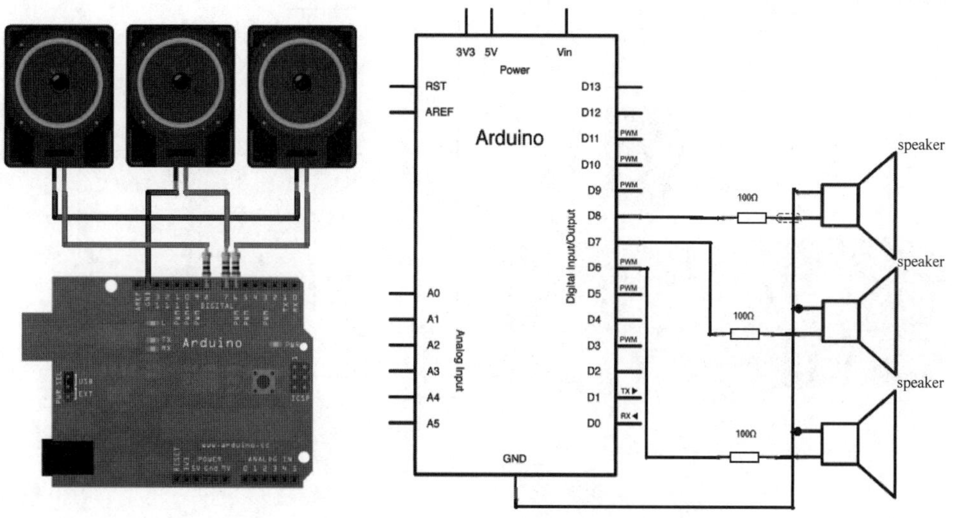

图 5-13 toneMultiple 电路连接图

```
  delay(200);
  noTone(6);                              //关闭数字引脚 6 的音调函数
  tone(7, 494, 500);                      //播放数字引脚 7 的语调持续 500ms
  delay(500);
  noTone(7);                              //关闭数字引脚 7 的音调函数
  tone(8, 523, 300);                      //播放数字引脚 8 的语调持续 300ms
  delay(300);
}
```

5.2.9 tonePitchFollower

本示例显示了如何使用 tone()命令生成如下模拟输入值的音高。利用光敏电阻，Arduino 开发板成为一个简化的光电电子琴。

硬件要求为 Arduino 开发板、8Ω 扬声器、光敏电阻、4.7kΩ 电阻、100Ω 电阻、连接线和面包板。连接扬声器的一个引脚到数字引脚 9，通过一个 100Ω 电阻连接扬声器的另外一个引脚接 GND。光敏电阻与 5V 电源，并通过 4.7kΩ 将其连接到 GND，如图 5-14 所示。

代码如下：

```
void setup() {
  Serial.begin(9600);                     //初始化串口通信
}

void loop() {
  int sensorReading = analogRead(A0);     //读取传感器
  Serial.println(sensorReading);          //打印传感器读数，这样就知道它的范围
/*将模拟输入范围(在本例中为 400～1000 的光敏传感器)映射到输出音高范围(120～1500Hz)，根
据传感器提供的范围，改变最小和最大输入数量*/
  int thisPitch = map(sensorReading, 400, 1000, 120, 1500);
  tone(9, thisPitch, 10);                 //播放
  delay(1);                               //为了稳定延迟
}
```

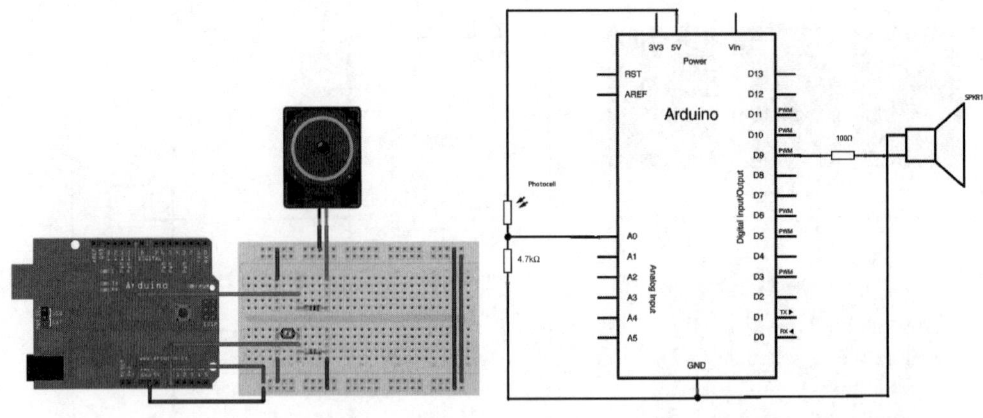

图 5-14 tonePitchFollower 电路连接图

5.3
微课视频

5.3 模拟信号处理开发示例

本节主要包括模拟信号处理的开发基础，即 AnalogInOutSerial、AnalogInput、AnalogWriteMega、Calibration、Fading 和 Smoothing。

5.3.1 AnalogInOutSerial

本示例演示如何读取模拟输入引脚，并将结果映射到 0～255 的范围，使用该结果设置脉冲宽度调制(PWM)输出引脚，使得 LED 变暗或变亮，并通过 Arduino 软件串口监测值。

硬件要求为 Arduino 开发板、电位器、红色 LED、220Ω 的电阻。电位器的中心引脚连接至模拟引脚 A0，电位器的两边引脚连接到+5V 与 GND。连接一个 220Ω 限流电阻到数字引脚 9，与一个 LED 串联。LED 较长的阳极引脚连接到输出电阻较短的阴极引脚连接到 GND，如图 5-15 所示。

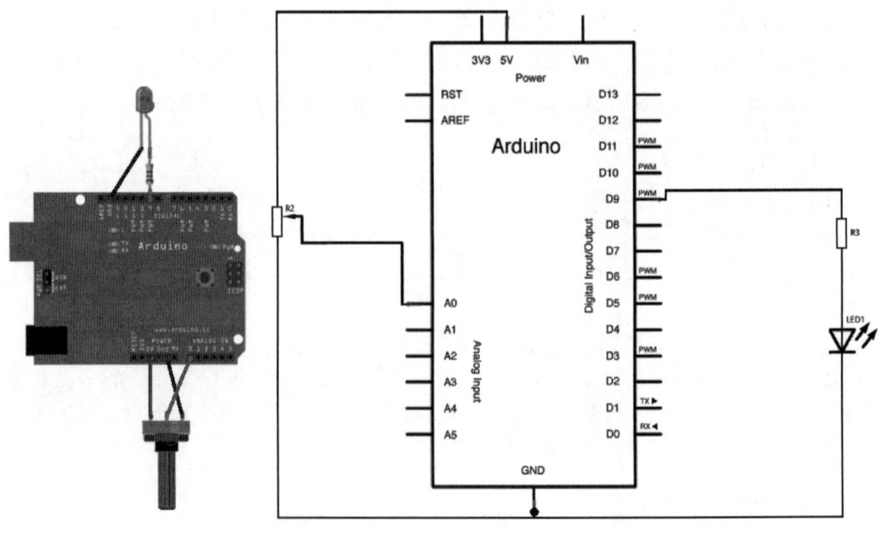

图 5-15 AnalogInOutSerial 电路连接图

```
/*读取模拟输入引脚,将结果映射到从0~255的范围,并使用结果来设置输出引脚的脉宽调制(PWM),将结果打印到串行监视器*/
const int analogInPin = A0;                          //电位器连接的模拟输入引脚
const int analogOutPin = 9;                          //电位器连接的模拟输出引脚
int sensorValue = 0;                                 //从传感器中读取的值
int outputValue = 0;                                 //输出至PWM的值(模拟输出)
void setup() {
  Serial.begin(9600);                                //以9600波特初始化串行通信
}

void loop() {
  sensorValue = analogRead(analogInPin);             //读取模拟值
  outputValue = map(sensorValue, 0, 1023, 0, 255);   //将其映射到模拟输出的范围
  analogWrite(analogOutPin, outputValue);            //改变模拟值
  Serial.print("sensor = " );                        //将结果打印到串行监视器
  Serial.print(sensorValue);
  Serial.print("\t output = ");
  Serial.println(outputValue);
  delay(2);      //在最后一次读取后,模拟数字转换器的下一个循环结束前等待2ms

}
```

5.3.2 AnalogInput

在本示例中,使用可变电阻(电位器或光敏电阻),Arduino开发板通过模拟输入的值,改变了内置LED相应的闪烁速率。电位器的模拟值被读取为电压,模拟输入的工作过程。

硬件要求为Arduino开发板、电位器或10kΩ光敏电阻和10kΩ的电阻、内置数字引脚13或220Ω电阻和红色发光二极管。使用电位器和光敏电阻的电路分别如图5-16和图5-17所示。

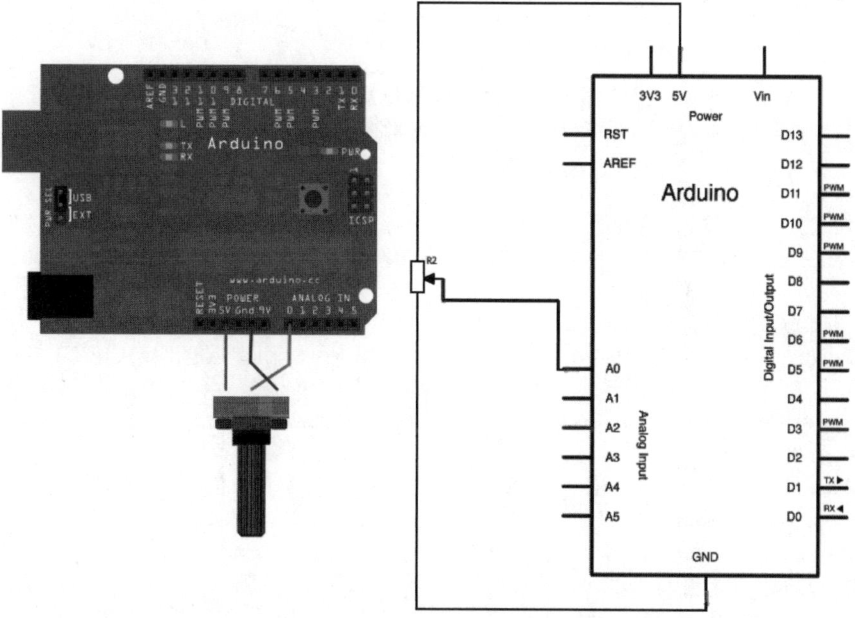

图5-16 AnalogInput-电位器连接图

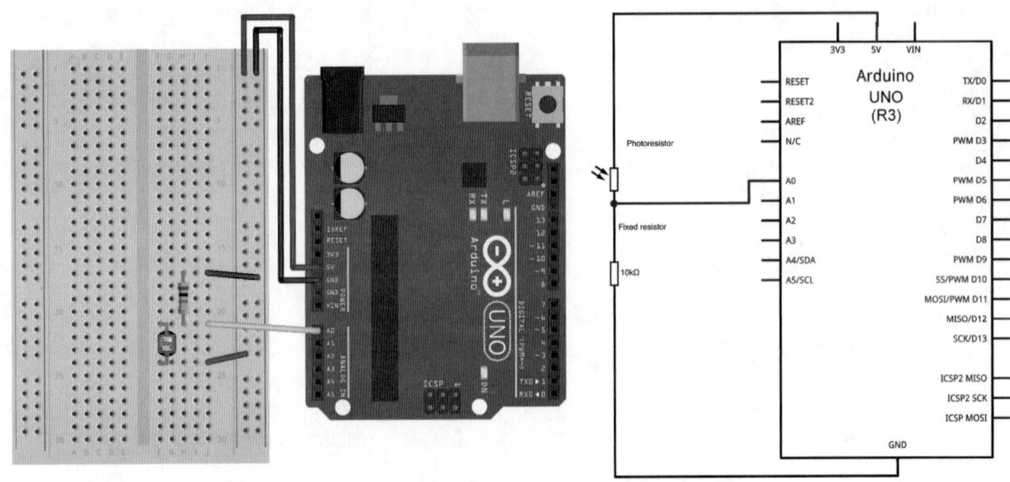

图 5-17　AnalogInput-光敏电阻连接图

电位器三根导线连接到 Arduino 开发板。第一根导线从电位器的两端引脚之一接 GND。第二根导线从 5V 到电位器的另外一个端点。第三根导线模拟输入引脚 A0 到电位器的中间引脚。对于这个示例，可以使用连接到数字引脚 13 板载 LED。如果使用额外的 LED，其较长的引脚（阳极）以数字引脚 13 与 220Ω 电阻串联，它的短引脚（阴极）接 GND。

基于光敏电阻的电路采用电阻分压器，允许高阻抗模拟输入测量电压。这些输入几乎不吸收任何电流，根据欧姆定律，连接到 5V 的电阻电压测量电压始终是 5V，得到正比例于光敏电阻的电压值，电阻分压是必要的。该电路的光敏电阻为可变电阻，测量点在固定电阻和光敏电阻的中间。测得的电压（Vout）遵循这个公式：$Vout = Vin * (R2/(R1+R2))$，Vin 是 5V，R2 是 10kΩ 欧姆电阻值，R1 为光敏电阻，如果在黑暗中电阻为 1MΩ，在白天为 10kΩ，在明亮的灯光或阳光小于 1kΩ 欧姆。

代码如下：

```
/* 通过在模拟引脚 A0 上读取模拟传感器来演示模拟输入，然后打开和关闭与数字引脚 13 连接的
LED，LED 在开关上的时间长短取决于 analogRead()的值 */

int sensorPin = A0;                          //选择电位器的输入引脚
int ledPin = 13;                             //选择 LED 的引脚
int sensorValue = 0;                         //变量存储来自传感器的值

void setup() {
  pinMode(ledPin, OUTPUT);                   //声明 LED 引脚为输出模式
}

void loop() {
  sensorValue = analogRead(sensorPin);       //从传感器读取值
  digitalWrite(ledPin, HIGH);                //打开 LED 引脚
  delay(sensorValue);                        //延时程序以 ms 为单位
  digitalWrite(ledPin, LOW);                 //关闭 LED 引脚
  delay(sensorValue);                        //延时程序以 ms 为单位
}
```

5.3.3 AnalogWriteMEGA

本示例使用 Arduino MEGA 2560 开发板，通过 12 个 LED，在 Arduino 开发板上逐个渐变，利用该开发板更多的 PWM 数字引脚、硬件要求为 Arduino MEGA 2560 开发板、USB 连接线、12 个红色发光二极管、12 个 220Ω 电阻、导线、面包板。通过 220Ω 的限流电阻连接 12 个 LED 长引脚(阳极)到数字引脚 2～13，连接短引脚(阴极)到 GND，如图 5-18 所示。

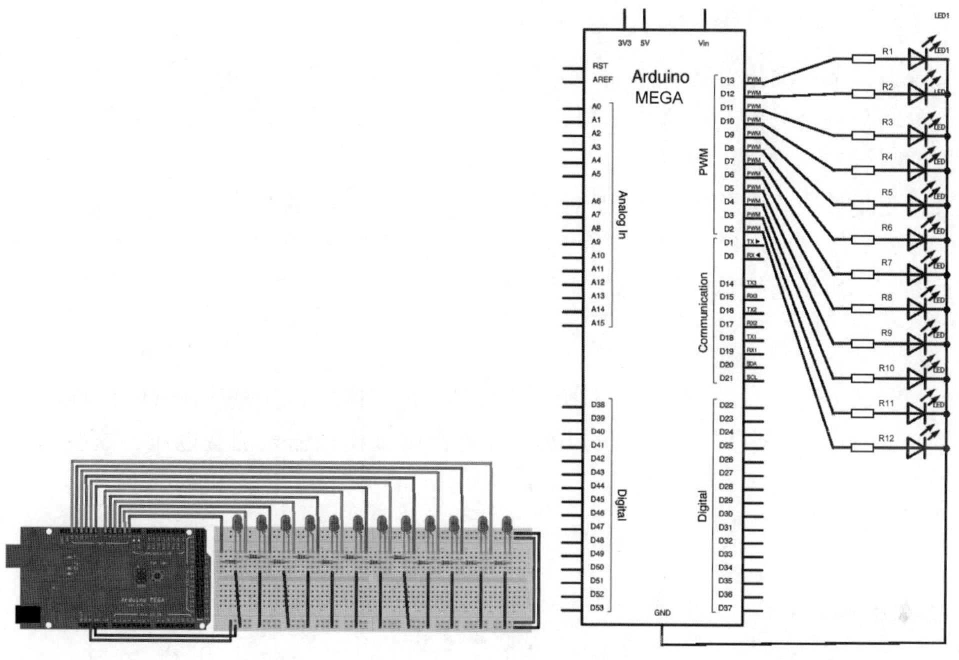

图 5-18　AnalogWriteMEGA 电路连接图

代码如下：

```
const int lowestPin = 2;
const int highestPin = 13;
void setup() {
  for (int thisPin = lowestPin; thisPin <= highestPin; thisPin++) {      //设置数字引脚 2~
                                                                          //13 为输出
    pinMode(thisPin, OUTPUT);
  }
}

void loop() {
  for (int thisPin = lowestPin; thisPin <= highestPin; thisPin++) {   //遍历引脚
    //渐变引脚上的 LED 从最暗到最亮
    for (int brightness = 0; brightness < 255; brightness++) {
      analogWrite(thisPin, brightness);
      delay(2);
    }
```

```
      //渐变引脚上的 LED 从最亮到最暗
      for (int brightness = 255; brightness >= 0; brightness -- ) {
        analogWrite(thisPin, brightness);
        delay(2);
      }
      delay(100);                              //LED 暂停
    }
  }
```

5.3.4 Calibration

本示例演示校准传感器的方法。在开发板启动过程中需要5s的传感器读数，并跟踪它得到的最高值和最低值。这些传感器读数在第一个5s的程序执行，定义了最小值和最大值，实现在循环读数的预期值范围。

硬件包括Arduino开发板、USB连接线、发光二极管、模拟传感器（光敏电阻）、10kΩ电阻、220Ω的电阻、导线、面包板。LED连接到数字引脚9与一个220Ω电阻串联，将光敏电阻连接到5V，然后连接到模拟引脚A0，通过10kΩ的电阻接GND。电路如图5-19所示。

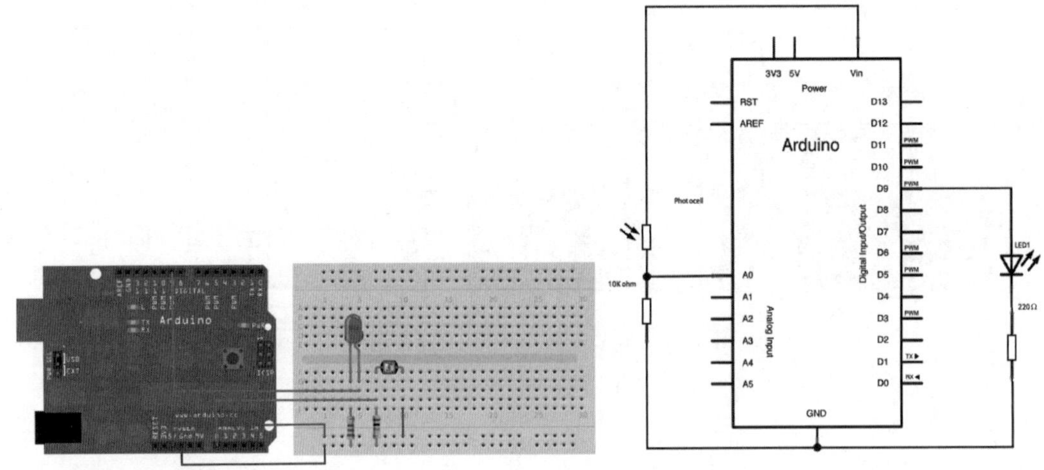

图5-19　Calibration电路连接图

```
/* 一种测量传感器输入的技术在框架执行的前 5s 内传感器读数定义了与传感器引脚相连期望值的
最小值和最大值
传感器的最小初始值和最大初始值可能看起来是滞后的。一开始，设定了最高的阈值，并监听所有比
这值低的数据，把它保存为新的最小值。同样地，设置最低的阈值，并且监听所有更高的值，作为新的
最大值 */
const int sensorPin = A0;                    //传感器连接的引脚
const int ledPin = 9;                        //LED 连接的引脚
int sensorValue = 0;                         //传感器值
int sensorMin = 1023;                        //最小传感器值
int sensorMax = 0;                           //最大传感器值
void setup() {
  //打开 LED，标志着校准周期的开始
  pinMode(13, OUTPUT);
```

```
  digitalWrite(13, HIGH);
  while (millis() < 5000) {                    //在第一个 5s 内校准
    sensorValue = analogRead(sensorPin);
    if (sensorValue > sensorMax) {             //记录最大传感器值
      sensorMax = sensorValue;
    }
    if (sensorValue < sensorMin) {             //记录最小传感器值
      sensorMin = sensorValue;
    }
  }
  digitalWrite(13, LOW);                       //标志校正周期的结束
}

void loop() {
  sensorValue = analogRead(sensorPin);        //读取传感器
  sensorValue = map(sensorValue, sensorMin, sensorMax, 0, 255);     //对传感器读数校准
  sensorValue = constrain(sensorValue, 0, 255);      //如果传感器值不在校准范围内
  analogWrite(ledPin, sensorValue);                  //用校准值来渐变 LED
}
```

5.3.5　Fading

本示例演示了使用模拟输出脉冲宽度调制(PWM)逐渐改变 LED 的亮度。PWM 是从数字值输出得到类似模拟值的功能,数字开关的速度很快,通过 PWM 转变为不同比率的开启和关闭时间。

硬件为 Arduino 开发板、USB 连接线发光二极管 LED、220Ω 的电阻、导线和面包板。LED 长引脚通过电阻接到数字引脚 9,短引脚接 GND,电路如图 5-20 所示。

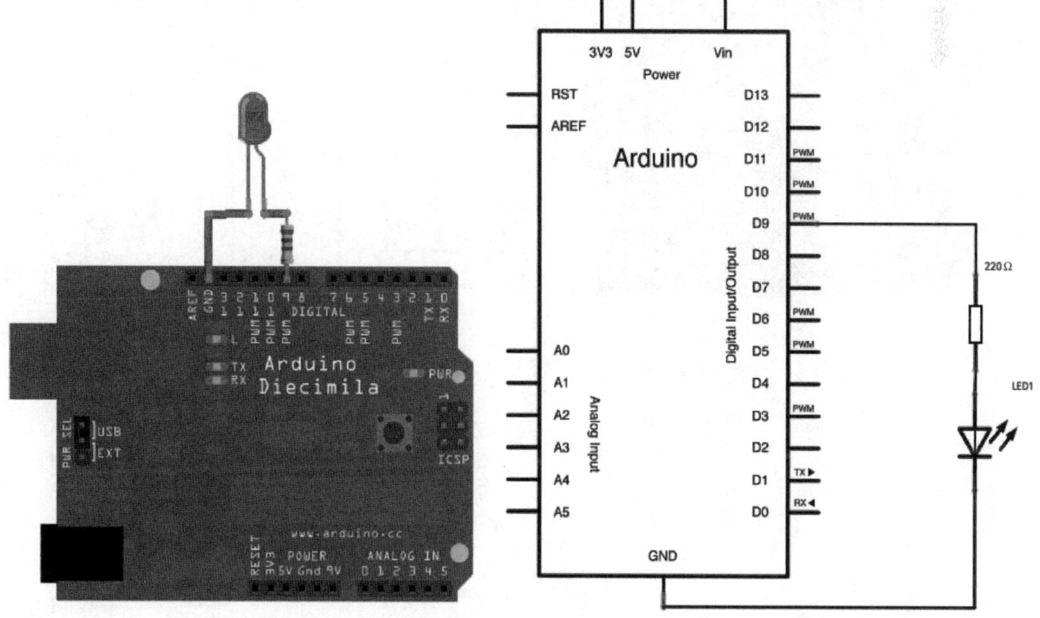

图 5-20　Fading 电路连接图

代码如下：

```
/* 本示例展示了如何使用 analogWrite()函数来渐变 LED */
int ledPin = 9;                               //LED 连接至数字引脚 9
void setup() {
}

void loop() {
  //从 min 到 max 以 5 为步长进行渐变
  for (int fadeValue = 0 ; fadeValue <= 255; fadeValue += 5) {    //设置值为 0~255
    analogWrite(ledPin, fadeValue);
    delay(30);                                //等待 30ms,看到渐暗效果
  }
  //从 max 到 min 以 5 为步长进行渐变
  for (int fadeValue = 255 ; fadeValue >= 0; fadeValue -= 5) {    //设置值为 0~255
    analogWrite(ledPin, fadeValue);
    delay(30);                                //等待 30ms,看到渐暗效果
  }
}
```

5.3.6 Smoothing

本示例从模拟输入重复读取数据，计算运行平均值并将其输出到计算机上。这个示例是从不稳定的传感器，得到有用的平滑值，并演示使用数组存储数据。

硬件包括 Arduino 开发板、10kΩ 电位器。电位器中心引脚连接模拟引脚 A0、其他两引脚分别连接＋5V 电源和 GND。电路如图 5-21 所示。

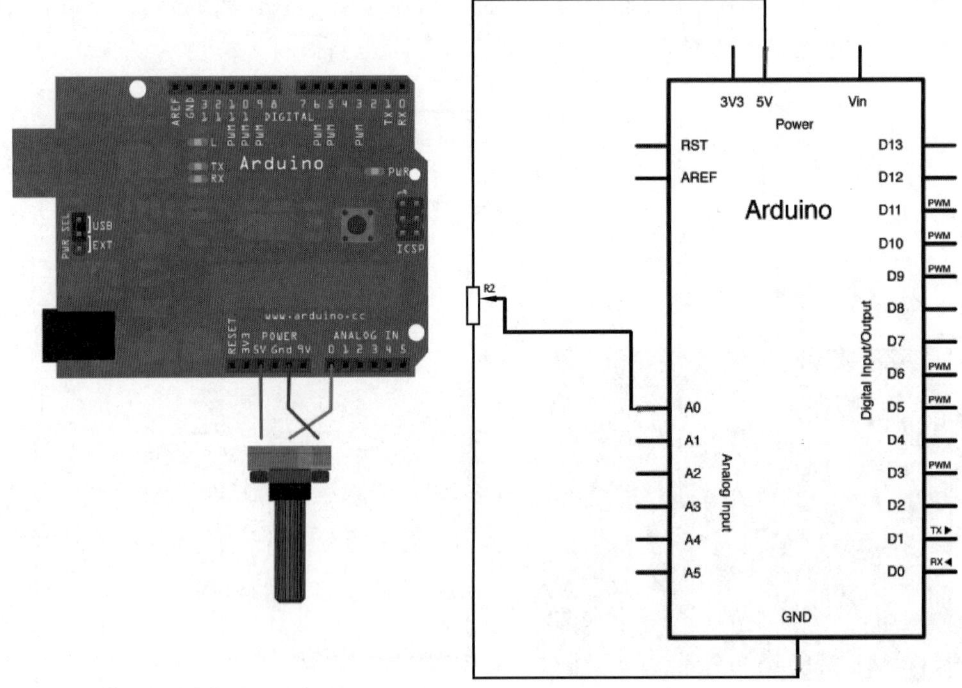

图 5-21　Smoothing 电路连接图

程序代码可以顺序地将模拟传感器的10个读数存储为数组，生成所有传感器值的总和并除以总数，产生平均值，用于平滑外围数据。因为这个平均每次发生一个新的值添加到数组进行，而不是等待10个新值，程序没有考虑计算平均值带来的滞后时间。

程序通过改变numreadings为较大的值，改变数组使用的大小，将更进一步平滑收集的数据。

代码如下：

```
/* 从模拟输入中反复读取，计算运行平均值并将其打印到串口监视器中。在数组中保存10个读数，
并持续计算平均定义要跟踪的样本数量。数值越高，读数就越平滑，但输出对输入的响应越慢，使用
常量而不是普通变量，可以使用这个值来确定数组的大小 */
const int numReadings = 10;
int readings[numReadings];                    //模拟输入的读取值
int readIndex = 0;                            //当前读取值的序号
int total = 0;                                //运行总数
int average = 0;                              //平均值
int inputPin = A0;                            //模拟输入引脚

void setup()
{
  Serial.begin(9600);                         //初始化串口通信
  //初始化所有读数为0
  for (int thisReading = 0; thisReading < numReadings; thisReading++)
    readings[thisReading] = 0;
}

void loop() {
  total = total - readings[readIndex];        //减去上次读数
  readings[readIndex] = analogRead(inputPin);    //从传感器中读取
  total = total + readings[readIndex];        //添加读数至总数
  readIndex = readIndex + 1;                  //进入数组的下一个位置
  if (readIndex >= numReadings)               //如果在数组的结尾
    readIndex = 0;                            //从头开始
  average = total / numReadings;              //计算平均值
  Serial.println(average);                    //作为ASCII数字传递给计算机
  delay(1);                                   //之间的延迟是为了稳定
}
```

本章习题

1. 请使用一个按键及Arduino板载LED演示实现Arduino开发板的中断功能，用Fritzing画出电路图，并写出相关代码。

2. 如何使用Arduino开发板实现测量当前室内的光强？请用Fritzing画出电路，写出相关的程序，并在串口观察数据。

3. 请使用超声波传感器完成测距，要求在串口输出距离信息，以英寸和厘米表示，用Fritzing画出电路图，并写出相关的代码。

4. 请设计一个电路及程序，用来检测敲击声音，当声音超过一定的值，发生报警。读取

一个压电元件来检测敲击声。读取模拟引脚 A0,并将结果与设置的阈值进行比较。如果结果大于阈值,则写数据到串口,并切换到点亮 Arduino 开发板载数字引脚 13 的 LED。

5. 请使用 6 个 LED,完成顺序点亮关闭,要求此过程不断循环,每个灯持续时间为 200ms,使用数字引脚 2～7,用 Fritzing 画出电路图,给出相关代码,并实现相关功能。

6. 如何使用电位器控制板载 LED 的亮灭？请用 Fritzing 设计一个电路,并写出运行代码。

第6章 Arduino 库文件

CHAPTER 6

Arduino 开源硬件系列除了主要开发板之外，还有与之配合使用的各种扩展板，增加额外的功能，对应的库文件是对扩展功能的软件支持。本章主要对 Arduino 系统开发过程常用的库文件进行介绍。

6.1 概述

6.1 微课视频

本节内容包括 Arduino 库文件的导入和 Arduino 开发板的添加方法。

6.1.1 Arduino 库文件导入

Arduino 环境可以通过使用库文件进行扩展，就像大多数编程平台一样，库文件提供额外的功能。例如使用扩展的硬件或操作数据。Arduino IDE 中安装了许多库文件，也可以下载或创建自己的库文件。如果使用库，可以执行“Sketch→ Import Library”命令，从中选择即可。下面介绍库文件的导入方法。

1. 在 Arduino IDE 1.8x 上导入库

如果正在使用 Arduino IDE 1.8.x，需要导入库文件，请按照如下步骤操作：

(1) 下载库文件并打开 Arduino IDE 1.8.x。

(2) 选择 Sketch→Include Library→Add .ZIP Library 命令，如图 6-1 所示。

(3) 选择库的 zip 文件，然后单击 open 按钮，如图 6-2 所示。

(4) 在控制台上等待确认信息，如图 6-3 所示。

2. 使用库管理器导入库

如果正在使用 Arduino IDE 1.8.x，并且需要导入库，可以使用库管理器。按照如下步骤操作：

(1) 启动 Arduino IDE 1.8.x。

(2) 选择 Manage Libraries→Sketch→Include Library 命令，如图 6-4 所示。

(3) 搜索需要使用的库文件，如图 6-5 所示。

(4) 可以滚动下拉菜单选择或在页面的顶部字段中输入名称、检查版本，然后单击 Install 按钮，如图 6-6 所示。

(5) 等待安装完成，如图 6-7 所示。

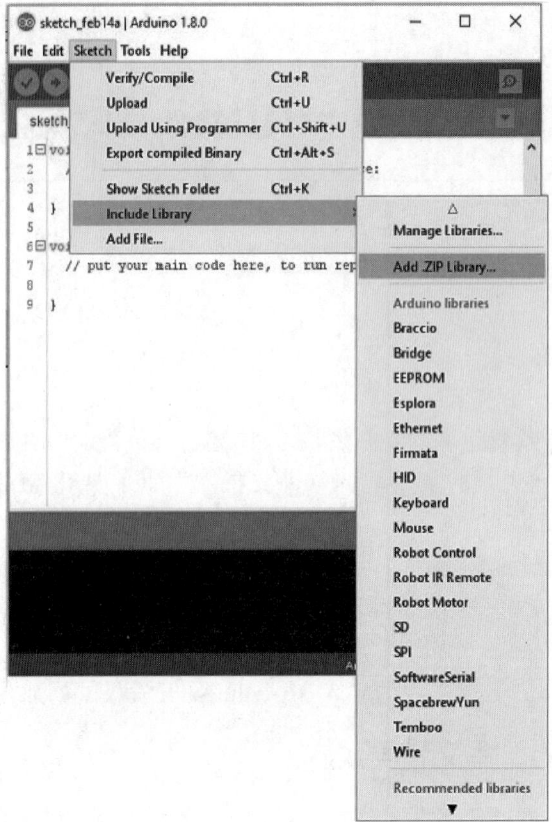

图 6-1　打开库文件导入界面

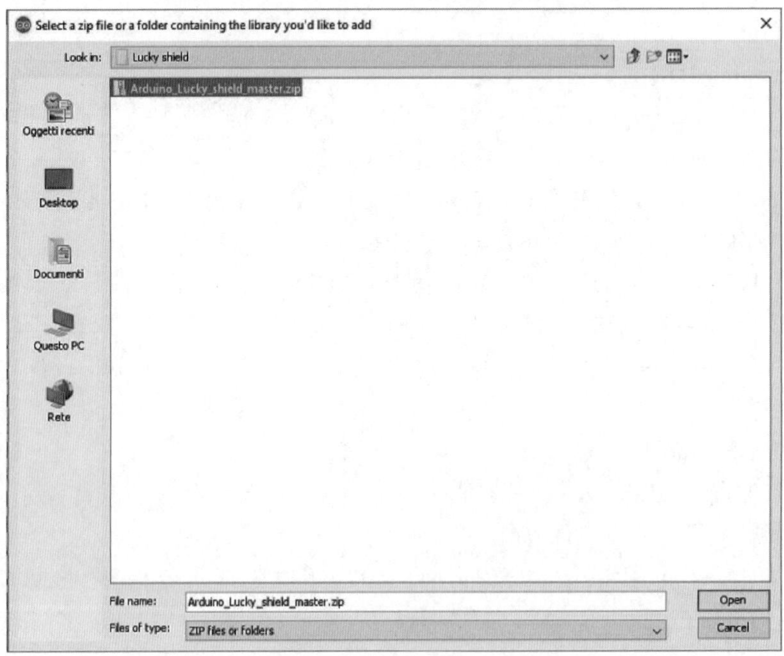

图 6-2　打开库文件

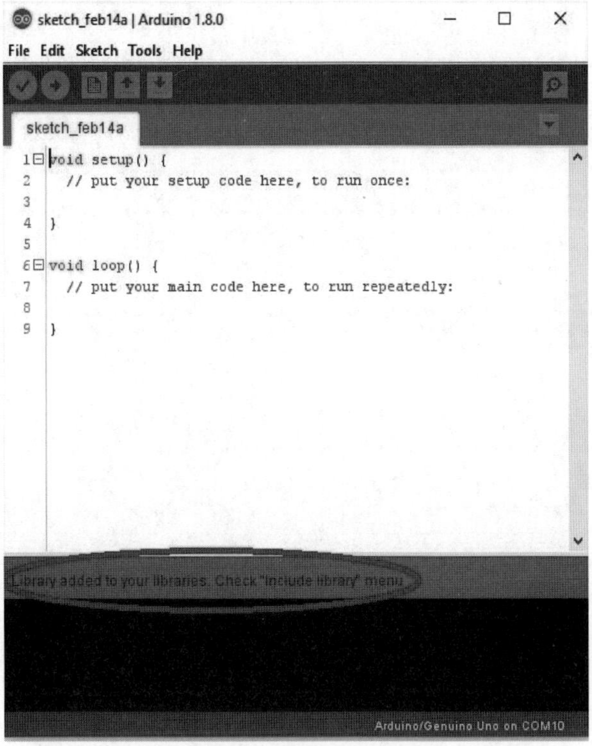

sketch_feb14a | Arduino 1.8.0
File Edit Sketch Tools Help
sketch_feb14a
void setup() {
// put your setup code here, to run once:
}
void loop() {
// put your main code here, to run repeatedly:
}
Library added to your libraries. Check "Include library" menu
Arduino/Genuino Uno on COM10

图 6-3 等待控制台消息

sketch_jan23a | Arduino 1.8.0
File Edit Sketch Tools Help
Verify/Compile Ctrl+R
Upload Ctrl+U
Upload Using Programmer Ctrl+Shift+U
Export compiled Binary Ctrl+Alt+S
Show Sketch Folder Ctrl+K
Include Library
Add File...
// put your main code here, to run rep
Manage Libraries...
Add .ZIP Library...
Arduino libraries
Bridge
EEPROM
Esplora
Ethernet
Firmata
HID
Keyboard
Mouse
Robot Control
Robot IR Remote
Robot Motor
SD
SPI
SoftwareSerial
SpacebrewYun
Temboo
Wire
Recommended libraries
Adafruit Circuit Playground

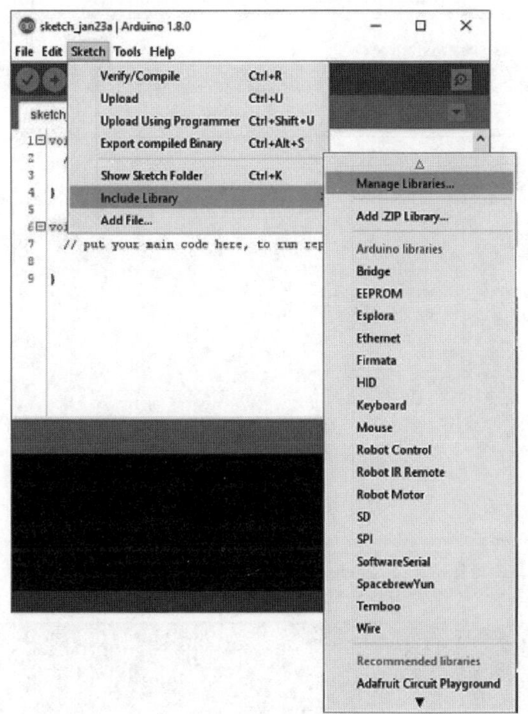

图 6-4 使用库文件管理器界面

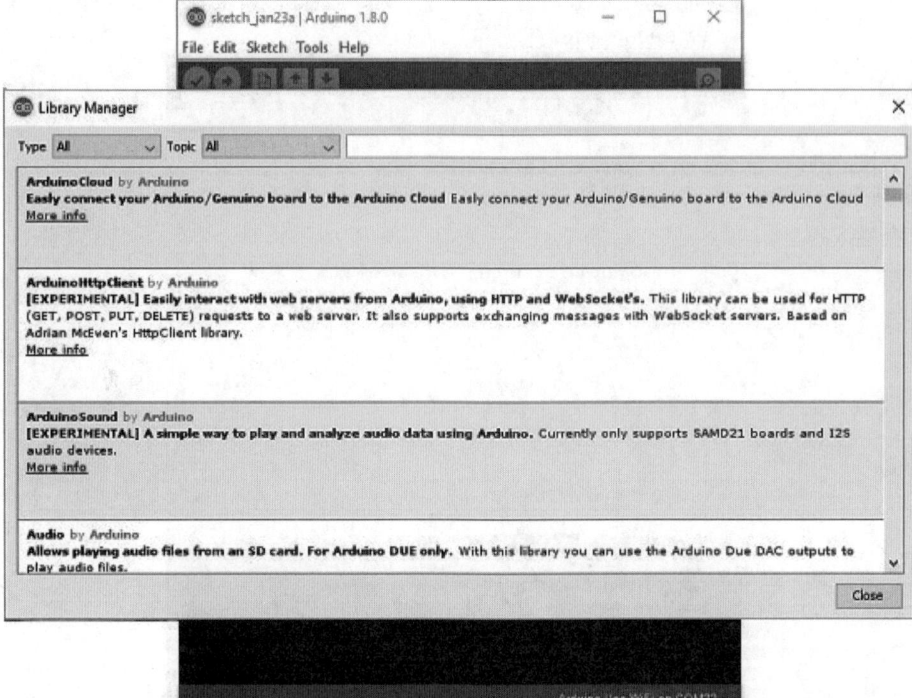

图 6-5　搜索库文件

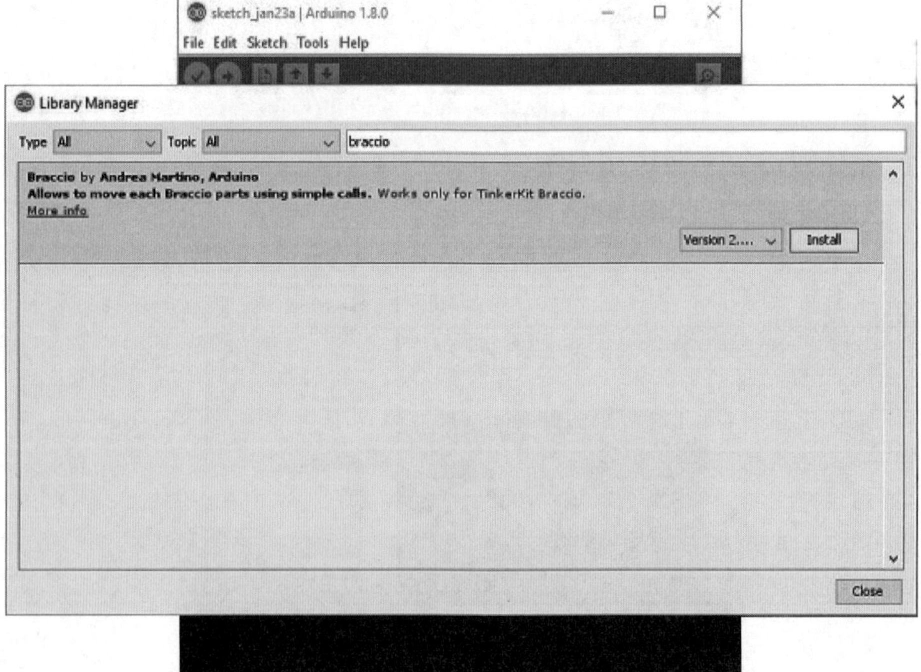

图 6-6　查找库文件及版本

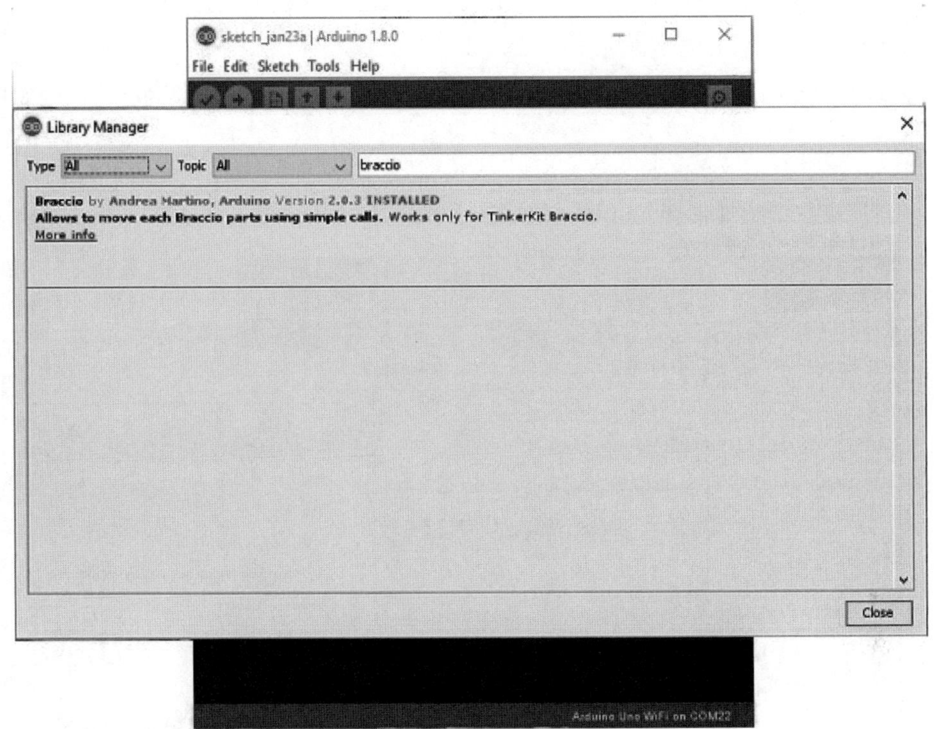

图 6-7 库文件安装完成

安装完成后，可以在程序中使用该库文件，如果新库文件未出现，则重新启动 Arduino IDE。

导入库文件一般有三种方式：①选择管理库，搜索预使用的库文件，然后安装即可，默认的安装目录为"此电脑→文档→Arduino→libraries"；②添加.zip 库，将获取的压缩文件导入，默认的导入目录为"此电脑→文档→Arduino→libraries"；③手动添加库文件，将.zip 格式的库文件解压到"此电脑→文档→Arduino→libraries"即可。导入成功后，库文件的名称会显示在列表中。

导入库文件之后，与 C 语言和 C++的头文件使用类似，需要#include 语句，将库文件加入 Arduino 的 IDE 编辑环境中，例如，#include "Arduino.h"语句。

在 Arduino 软件开发中主要库文件的类别及功能如下：①数学库主要用于数学计算；②EEPROM 库文件用于向 EEPROM 中读写数据；③Ethernet 库文件用于以太网的通信；④LiquidCrystal 库文件用于液晶屏幕的显示操作；⑤Firmata 库文件实现 Arduino 与 PC 串口之间的编程协议；⑥SD 库文件用于读写 SD 卡；⑦Servo 库文件用于舵机的控制；⑧Stepper 库文件用于步进电机控制；⑨WiFi 库文件用于 WiFi 的控制和使用等。诸如此类的库文件非常多，还包括一些第三方开发的库文件，都可以使用。

6.1.2 Arduino 开发板管理

在 Arduino IDE 中，支持不同的开发板，需要从开发板管理器导入文件或者平台。如果使用 Arduino IDE 1.8.x，并且要导入一个开发板文件或平台，那么需要使用开发板管理器，使用步骤如下：

（1）启动 Arduino IDE 1.8.x。

（2）选择 Tools→Board："Arduino/Genuino Uno"→Boards Manager 命令，如图 6-8 所示。

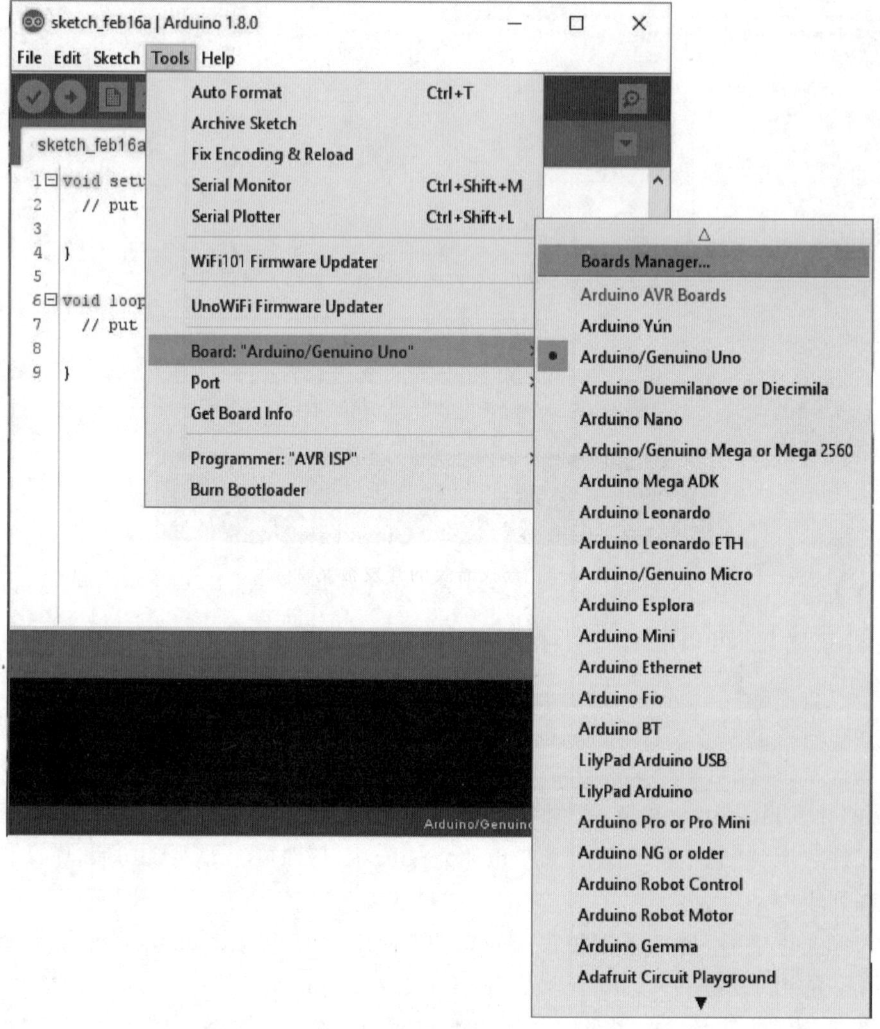

图 6-8 开发板文件导入界面

（3）查找所需开发板或平台，可以滚动下拉菜单选择或在页面的顶部字段中输入名称，如图 6-9 所示。

（4）检查当前版本并安装，如图 6-10 所示。

（5）等待安装结束，如图 6-11 所示。

（6）通过 Tools→Board："Arduino/Genuino Uno"命令检查是否安装成功，如图 6-12 所示。如果开发板未出现在列表中，需要重启 Arduino IDE。

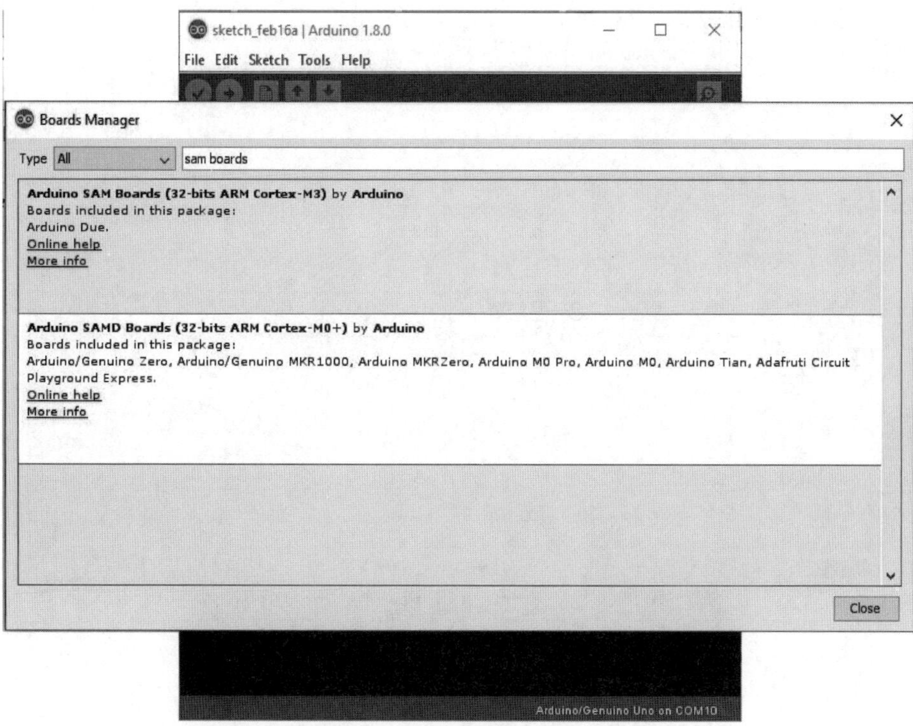

图 6-9　查找需要的开发板文件

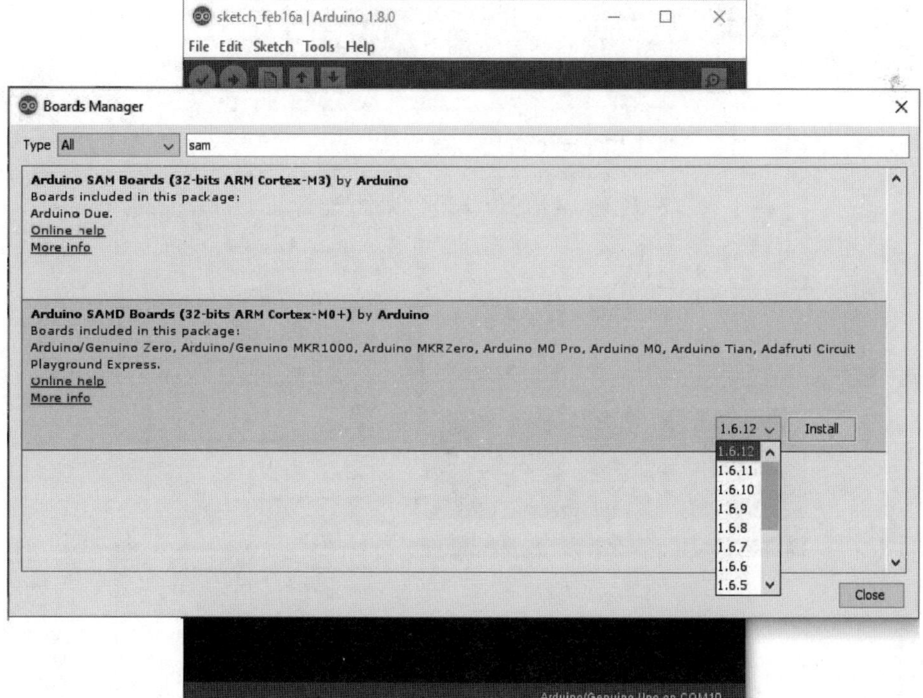

图 6-10　检查版本并安装

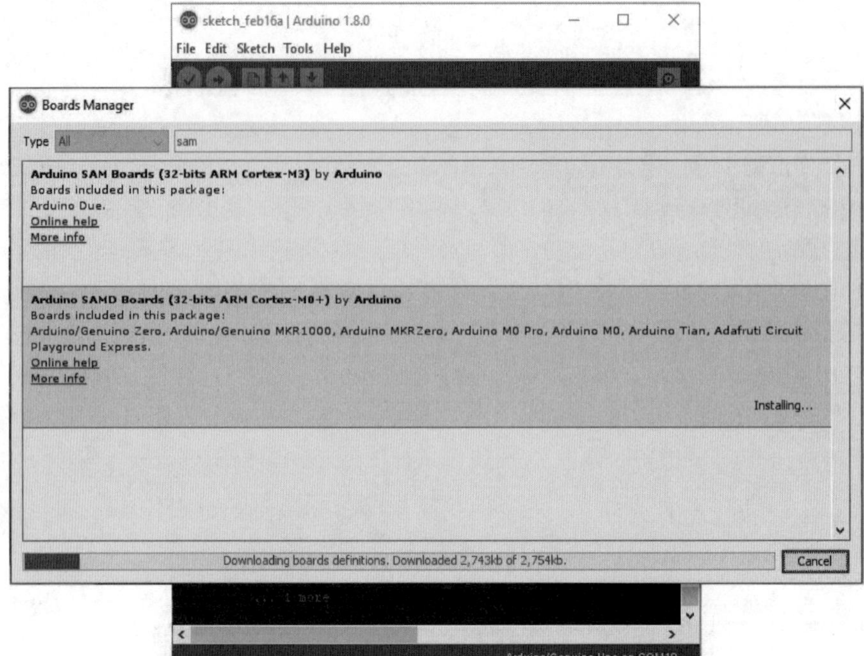

图 6-11 安装过程

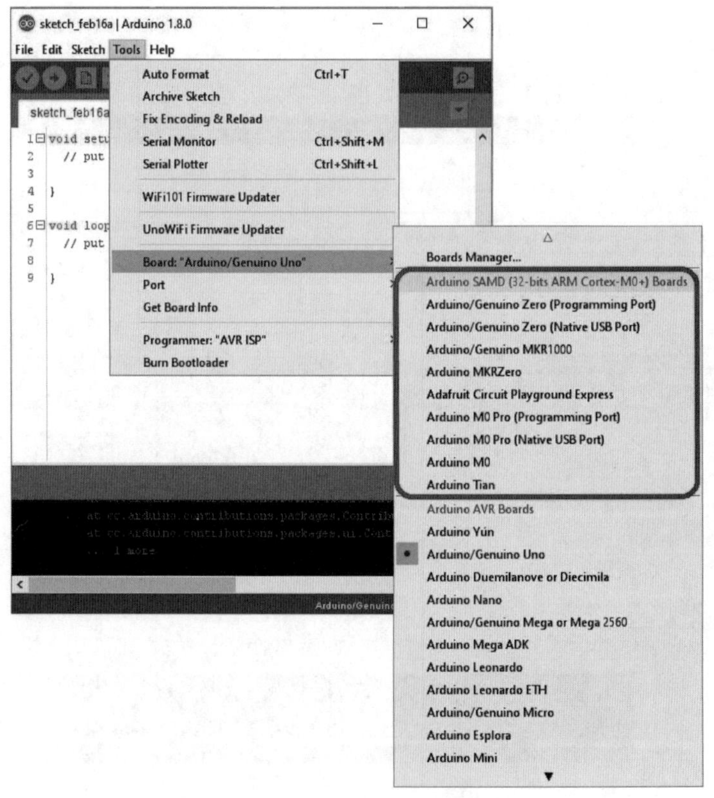

图 6-12 开发板安装成功检查

6.2　EEPROM 库文件

6.2
微课视频

在 Arduino 开发板上，微控制器具有 EEPROM，即使在关闭电源时，该存储器也可以存储信息。使用 EEPROM.h 库文件，可以读写以字节为单位的数据。各种 Arduino 开发板上的微控制器具有不同数量的 EEPROM，ATmega328p 为 1024 字节、ATmega168 和 ATmega8 为 512 字节、ATmega1280 和 ATmega2560 为 4096 字节。

1. EEPROM.write()

EEPROM.write()函数写一字节到 EEPROM，语法格式为 EEPROM.write(address, value)，其中参数 address 为写入的地址，从 0(整型)开始，value 为要写入的值，为 0～255(单位为字节)，无返回值。EEPROM 写入需要 3.3ms 才能完成，EEPROM 存储器的指定寿命为 100000 次写入/擦除，因此，需要注意写入的频率。示例代码如下：

```
#include <EEPROM.h>
void setup()
{
  for (int i = 0; i < 255; i++)
    EEPROM.write(i, i);
}
void loop()
{ }
```

2. EEPROM.update()

该函数在指定的地址中存储一字节。EEPROM 字节数据在 0～4095 的地址线性寻址，只有在与同一地址已保存的值不同时才写入该值。语法格式为 EEPROM.update (address, value)，其中参数 address 为整型，指定 0～4095 的地址值，value 为要写入的值，为 0～255(单位为字节)，无返回值。EEPROM 写入需要 3.3 ms 才能完成。EEPROM 存储器具有 100000 个写入/擦除周期的指定寿命，因此，如果写入的数据不更改，则使用此功能而不是 write()，可以节省写入次数，示例代码如下：

```
#include <EEPROM.h>
void setup()
{
  for (int i = 0; i < 255; i++) {
    //相当于 EEPROM.write(i,i)
    EEPROM.update(i, i);
  }
  for (int i = 0; i < 255; i++) {                //仅在第一次循环将在单元格 3 中写入值 12
    EEPROM.update(3, 12);
  }
}
void loop()
{
}
```

3. EEPROM. read()

该函数从指定的地址读取一字节。语法格式为 EEPROM. read(address)，其中参数是 address，为整型，介于 0～4095 的地址值，返回存储在该位置的值。例如：

```
#include "EEPROM.h"
char val;
void setup() {
  if (EEPROM.read(1) != 'Z') {              //如果在地址 1 处没有存储'Z'
    EEPROM.write(1, 'Z');                   //存储'Z'
  }
  val = EEPROM.read(1);                     //读取 EEPROM 中地址 1 处的数值
  pinMode(13, OUTPUT);
}
void loop() {
  if ( val == 'Z' )                         //如果变量 val 为'Z'值,则打开板载 LED
  {
    digitalWrite(13, HIGH);
  }
  delay(100);
}
```

4. EEPROM. put()

该函数将任何数据类型或对象写入 EEPROM。语法格式为 EEPROM. put(address, data)，其中参数 address 为要写入的位置地址，从 0(整型)开始；data 为要写入的数据，可以是一个原始类型(如 float)或一个自定义结构。返回对传入数据的引用。此函数使用 EEPROM. update()执行写入操作，因此如果不改变该值，则不会重写。例如：

```
#include <EEPROM.h>
struct MyObject{
  float field1;
  byte field2;
  char name[10];
};
void setup(){
  Serial.begin(9600);
  while (!Serial) {
    ; //等待串口连接
  }
  float f = 123.456f;                       //存入 EEPROM.
  int eeAddress = 0;                        //存入开始位置
  EEPROM.put( eeAddress, f );               //存入浮点数
  Serial.println("Written float data type!");
  MyObject customVar = {                    //存储结构体数据
    3.14f,
    65,
    "Working!"
  };
  eeAddress += sizeof(float);               //地址移到浮点数之后的字节处
  EEPROM.put( eeAddress, customVar );
```

```
  Serial.println( "Written custom data type!")
  Serial.println( "View the example sketch eeprom_get to see how you can retrieve the values!" );
}
void loop(){ /* 程序语句 */ }
```

5. EEPROM.get()

该函数从 EEPROM 读取任何数据类型或对象。语法格式为 EEPROM.get(address, data),其中参数 address 为要读取的开始位置,从 0(整型)开始; Data 为要读取的变量,可以是原始类型(例如 int)或自定义结构,返回对传入数据的引用。例如:

```
#include <EEPROM.h>
struct MyObject{
  float field1;
  byte field2;
  char name[10];
};
void setup(){
  float f = 0.00f;                          //EEPROM 的变量存储值
  int eeAddress = 0;                        //EEPROM 开始读取地址
  Serial.begin( 9600 );
  while (!Serial) {
    ; //等待串口连接
  }
  Serial.print( "Read float from EEPROM: " );
  EEPROM.get( eeAddress, f );               //获取 EEPROM 的值,地址为 eeAddress
  Serial.println( f, 3 );                   //如果数据无效,则打印'ovf, nan'
  eeAddress = sizeof(float);                //地址移到浮点数之后
  MyObject customVar;                       //存储在 EEPROM 中的对象
  EEPROM.get( eeAddress, customVar );       //读取对象的值并打印
  Serial.println( "Read custom object from EEPROM: " );
  Serial.println( customVar.field1 );
  Serial.println( customVar.field2 );
  Serial.println( customVar.name );
}
void loop(){ /* 任何程序语句 */ }
```

6. EEPROM[]

通过这个操作符,可以像数组一样使用标识符"EEPROM"。EEPROM 单元可以用这种方法读写。语法格式为 EEPROM[address],参数 address 为读/写的位置,从 0 开始(整型);返回一个引用 EEPROM 单元。例如:

```
#include <EEPROM.h>
void setup(){
  unsigned char value;
  value = EEPROM[ 2 ];                      //读取一个 EEPROM 单元的值
  EEPROM[ 1 ] = value;                      //向 EEPROM 单元写数据
  if( value == EEPROM[ 0 ] ){               //比较值是否相等
    //程序语句
  }
```

```
}
void loop(){ /* 程序语句 */ }
```

6.3 显示屏库文件

本节对 LCD 和 OLED 两种库文件进行介绍。

6.3.1
微课视频

6.3.1 LCD 库文件

LiquidCrystal. h 库文件用于控制液晶显示器(Liquid Crystal Display, LCD)，支持大多数的 Hitachi HD44780(或兼容)芯片组。通过创建一个 LiquidCrystal 类型的变量，使用 4 或 8 条数据线控制显示。如果是前者，则不连接 d0～d3 的引脚号。rw 引脚连接到 GND，而不是连接到 Arduino 开发板上的引脚；此情况省略函数中的参数。语法格式为：

```
LiquidCrystal(rs, enable, d4, d5, d6, d7);
LiquidCrystal(rs, rw, enable, d4, d5, d6, d7);
LiquidCrystal(rs, enable, d0, d1, d2, d3, d4, d5, d6, d7);
LiquidCrystal(rs, rw, enable, d0, d1, d2, d3, d4, d5, d6, d7);
```

参数为：

- rs：连接到 LCD 上寄存器选择的 Arduino 引脚编号。
- rw：连接到 LCD 上读写的 Arduino 引脚编号(可选)。
- enable：连接到 LCD 上启用的 Arduino 引脚编号。
- d0、d1、d2、d3、d4、d5、d6、d7：连接到 LCD 上相应的 Arduino 开发板上的引脚。
- d0、d1、d2 和 d3 是可选的，如果省略，LCD 将仅使用 4 条数据线 d4、d5、d6、d7 进行控制。例如：

```
#include <LiquidCrystal.h>
LiquidCrystal lcd(12, 11, 5, 4, 3, 2);          //声明 LiquidCrystal 类型的变量 LCD
void setup() {
 lcd.begin(16,1);
 lcd.print("hello, world!");
}
void loop() {}
```

1. LiquidCrystal. begin()

该函数初始化接口到 LCD，并指定显示的尺寸(宽度和高度)。该函数要在其他 LCD 库文件命令之前调用。语法格式为 LiquidCrystal. begin(cols, rows)，其中 cols 为显示屏的数目，rows 为显示屏的行数，该函数没有返回值。

2. LiquidCrystal. clear()

该函数清除液晶屏幕并将光标定位在左上角，语法格式为 LiquidCrystal. clear()，没有参数和返回值。

3. LiquidCrystal. home()

该函数将光标定位在 LCD 的左上角，也就是说，使用该位置将后续文本输出到显示屏。如果清除显示内容，应该使用 clear()函数。该函数的语法格式为 LiquidCrystal. home()，没有参数和返回值。

4. LiquidCrystal. cursor()/LiquidCrystal. noCursor()

LiquidCrystal. cursor()函数显示 LCD 光标，在下一个字符写入的位置上出现一个下画线。语法格式为 LiquidCrystal. cursor()，没有参数和返回值。LiquidCrystal. noCursor()函数隐藏 LCD 光标，语法格式为 LiquidCrystal. nocursor()，没有参数和返回值。

5. LiquidCrystal. print()

该函数将文本打印到显示屏。语法格式为 LiquidCrystal. print(data)或者 LiquidCrystal. print(data, BASE)，参数 data 为打印的数据，类型可以为 char、byte、int、long 和 string；BASE 为基数，是可选的，BIN 表示基数为 2，DEC 表示基数为 10，OCT 表示基数为 8，HEX 表示基数为 16，返回写入的字节数。例如：

```
#include <LiquidCrystal.h>
LiquidCrystal lcd(12, 11, 5, 4, 3, 2);
void setup()
{
  lcd.print("hello, world!");
}
void loop() {}
```

6. LiquidCrystal. write()

该函数写一个字符到 LCD。语法格式为 LiquidCrystal. write(data)，参数 data 为要写入显示器的字符，返回写入的字节数。例如：

```
#include <LiquidCrystal.h>
LiquidCrystal lcd(12, 11, 5, 4, 3, 2);
void setup() {
Serial.begin(9600);
}
void loop() {
if (Serial.available())
lcd.write(Serial.read());
}
```

7. LiquidCrystal. setCursor()

该函数定位 LCD 的光标，也就是说，设置显示后续文本写入 LCD 的位置。语法格式为 LiquidCrystal. setCursor(col, row)，参数 col 为定位光标的列(0 为第一列)，row 为定位光标的行(0 为第一行)，没有返回值。

8. LiquidCrystal. scrollDisplayLeft()/scrollDisplayRight()

该函数将显示内容(文本和光标)向左/右滚动一个空格。语法格式为 LiquidCrystal. scrollDisplayleft()或者 LiquidCrystal. scrollDisplayRight()，没有参数和返回值。

9. LiquidCrystal. autoscroll()/ noAutoscroll()

该函数用于打开/关闭 LCD 的自动滚动，使每个字符输出到显示器，将前一个字符推送一个空格。如果当前文本方向是从左到右(默认)，则显示屏向左滚动；如果当前文本方向是从右到左，则显示屏向右滚动。这具有将每个新字符输出到 LCD 上相同位置的效果。语法格式为 LiquidCrystal. autoscroll()，没有参数和返回值，例如：

```
#include <LiquidCrystal.h>
LiquidCrystal lcd(12, 11, 5, 4, 3, 2);               //初始化引脚
char term[] = {'A','r','d','u','i','n','o'};       //创建字符数组
void setup() {
lcd.begin(16, 2);                                   //设置 LCD 的行数和列数
}
void loop() {
 lcd.setCursor(0, 0);                               //设置光标到(0,0)位置
 for (int i = 0; i < 7; i++){                      //显示 Arduino
  lcd.print(term[i]);
  delay(500);
 }
lcd.setCursor(16, 1);                               //设置光标到(16,1)位置
lcd.autoscroll();                                   //设置自动滚动
for (int i = 0; i < 7; i++){                       //显示 Arduino
  lcd.print(term[i]);
  delay(500);
 }
 lcd.noAutoscroll();                                //关闭自动滚动
 lcd.clear();                                       //清屏
}
```

10. LiquidCrystal. blink()/LiquidCrystal. noblink()

LiquidCrystal. blink()/LiquidCrystal. noblink()用于显示/关闭闪烁的 LCD 光标，如果与 cursor()函数相结合，其结果将取决于特定的显示。语法格式为 LiquidCrystal. Blink()/LiquidCrystal. noBlink()，没有参数和返回值。

11. LiquidCrystal. display()/LiquidCrystal. nodisplay()

LiquidCrystal. display()/LiquidCrystal. nodisplay()用于打开/关闭 LCD，将恢复显示在屏幕上的文本和光标。语法格式为 LiquidCrystal. Display()和 LiquidCrystal. nodisplay()，没有参数和返回值。

12. LiquidCrystal. leftToRight()/LiquidCrystal. RightToleft()

LiquidCrystal. leftToRight()/LiquidCrystal. RightToleft()用于将写入 LCD 文本的方向设置为从左向右/从右向左，默认为从左向右。也就是写入显示器的后续字符将从左向右/从右向左，但不影响以前的输出文本。语法格式为 LiquidCrystal. leftToRight()/LiquidCrystal. RightToleft()，没有参数和返回值。

13. LiquidCrystal. createChar()

该函数创建一个自定义的字符用于显示器上。5×8 像素最多支持八字符(编号 0～7)。每个自定义字符的外观由八字节数组指定，每行一个数组。每字节的后五位决定该行中的像素。也就是说，用 8×8 的点阵编码写汉字，前面空 3 个空格都是 0，后面有黑点的就是 1，空的是 0。要在屏幕上显示自定义字符，使用 LiquidCrystal. write()，语法格式为 LiquidCrystal. createChar(num, data)，参数 num 为创建字符的编号，data 为字符像素数据，为字节数组。例如：

```
#include <LiquidCrystal.h>
LiquidCrystal lcd(12, 11, 5, 4, 3, 2);
```

```
byte smiley[8] = {
  0b00000,
  0b10001,
  0b00000,
  0b00000,
  0b10001,
  0b01110,
  0b00000,
};
void setup() {
  lcd.createChar(0, smiley);
  lcd.begin(16, 2);
  lcd.write(byte(0));
}
void loop() {}
```

6.3.2 OLED 库文件

6.3.2
微课视频

目前市场上具有 I2C 引脚的 OLED 显示屏由 SSD1306 驱动，需要使用库文件 Adafruit_GFX. h、Adafruit_SSD1306. h，Adafruti_SSD1306 是 SSD1306 OLED 的专用显示库文件，Adafruit_GFX 库文件是 LCD 和 OLED 的通用父类，是一个父类的图形库文件，Adafruit_GFX 要与屏幕的专用显示库文件一同使用，子类库文件依赖父类库文件。可以通过 Arduino IDE 中的“工具→管理库”命令搜索并安装，两个库文件中包括了程序的使用方法，简单总结如下。

1. 初始化构造器(声明 OLED)

Adafruit_ssd1306 初始化构造器相当于类型定义，实际程序中用该类型进行实例化，即定义该类型的变量，语法格式为 Adafruit_SSD1306(uint8_t w, uint8_t h, TwoWire *twi=&Wire, int8_t rst_pin=-1, uint32_t clkDuring=400000UL, uint32_t clkAfter=100000UL)。

其中，w 为屏幕宽度像素，为整型；h 为屏幕高度像素，为整型；twi 为 I2C 总线实例，默认为 &Wire；rst_pin 为复位引脚，为整型，没有则填-1；clkDuring 为 SSD1306 库调用期间的传输速率，为整型，默认为 400000(400kHz)；clkAfter 为 SSD1306 库非调用期间的传输速率，为整型，为了兼容 I2C 总线上其他设备，默认为 100000(100kHz)。例如，下面的程序定义了 Adafruit_SSD1306 类型的 display 变量。

```
#include <SPI.h>
#include <Wire.h>
#include <Adafruit_GFX.h>
#include <Adafruit_SSD1306.h>
//屏幕分辨率
#define SCREEN_WIDTH 128                    //OLED 像素宽度
#define SCREEN_HEIGHT 64                    //OLED 像素高度
#define OLED_RESET 4                        //重置引脚
Adafruit_SSD1306 display(SCREEN_WIDTH, SCREEN_HEIGHT, &Wire, OLED_RESET);
```

2. begin()

初始化 Adafruit_SSD1306 类型的设备，语法格式为 boolean Adafruit_SSD1306::begin (uint8_t switchvcc＝SSD1306_SWITCHCAPVCC，uint8_t i2caddr＝0，boolean reset＝true，boolean periphBegin＝true)。

其中，switchvcc 为 OLED 的电压；i2caddr 为 OLED 的通信地址。示例代码如下：

```
display.begin(SSD1306_SWITCHCAPVCC, 0x3C);
```

3. clearDisplay()

该函数清除单片机缓存，使缓存中内容不会显示在屏幕上，需配合显示函数进行清屏。语法格式为：void Adafruit_SSD1306::clearDisplay(void)，没有参数和返回值。示例代码如下：

```
display.clearDisplay();
```

4. display()

该函数把需要显示的内容推送到显示屏上，语法格式为：void Adafruit_SSD1306::display(void)，示例代码如下：

```
display.display();
```

5. drawPixel()

该函数绘制像素点，语法格式为：void Adafruit_SSD1306::drawPixel(int16_t x, int16_t y, uint16_t color)。其中，参数 x 为横坐标，为整数；y 为纵坐标；color 为绘制颜色，可以为 SSD1306_BLACK、SSD1306_WHITE 和 SSD1306_INVERT。示例代码如下：

```
display.clearDisplay();
display.drawPixel(64, 32, WHITE);
display.display();
delay(2000);
```

6. drawFastHLine()

该函数绘制水平线，语法格式为：void Adafruit_SSD1306::drawFastHLine(int16_t x, int16_t y, int16_t w, uint16_t color)。其中，参数 x 为起始横坐标，为整型，取值范围为 0～width-1；y 为起始纵坐标，为整型，取值范围为 0～height-1；w 为水平线长度，为整型，单位为像素；color 为水平线颜色，可以取 SSD1306_BLACK、SSD1306_WHITE 和 SSD1306_INVERT。示例代码如下：

```
display.clearDisplay();
display.drawFastHLine(0,10,50,SSD1306_WHITE);
display.display();
delay(2000);
```

7. drawFastVLine()

该函数绘制竖直线，语法格式为：void Adafruit_SSD1306::drawFastVLine(int16_t x, int16_t y, int16_t h, uint16_t color)。其中，参数 x 为起始横坐标，为整型，取值范围为 0～width-1；y 为起始纵坐标 y，为整型，取值范围为 0～height-1；h 为竖直线长度，为整型，单位为像素；color 为竖直线颜色，可以为 SSD1306_BLACK、SSD1306_WHITE 和 SSD1306_INVERT。示例代码如下：

```
display.clearDisplay();
display.drawFastVLine(0,10,50,SSD1306_WHITE);
display.display();
delay(2000);
```

8. drawLine()

该函数绘制线，语法格式为：void Adafruit_GFX::drawLine(int16_t x0, int16_t y0, int16_t x1, int16_t y1, uint16_t color)。其中，参数 x0 为起始横坐标，为整型；y0 为起始坐标，为整型；x1 为终点横坐标；y1 为终点纵坐标；color 为线颜色，可以为 SSD1306_BLACK、SSD1306_WHITE 和 SSD1306_INVERT。示例代码如下：

```
display.clearDisplay();
display.drawLine(10,10,100,60,SSD1306_WHITE);
display.display();
delay(2000);
```

9. drawRect()

该函数绘制空心矩形，语法格式为：void Adafruit_GFX::drawRect(int16_t x, int16_t y, int16_t w, int16_t h, uint16_t color)。其中，参数 x 为左上角横坐标，为整型；y 为左上角纵坐标，为整型；w 为矩形宽度，为整型；h 为矩形高度，为整型；color 为矩形颜色，可以为 SSD1306_BLACK、SSD1306_WHITE 和 SSD1306_INVERT。示例代码如下：

```
display.clearDisplay();
display.drawRect(0,0,128,64,SSD1306_WHITE);
display.display();
delay(20);
```

10. fillRect()

该函数绘制实心矩形，语法格式为 void Adafruit_GFX::fillRect(int16_t x, int16_t y, int16_t w, int16_t h, uint16_t color)。其中，参数 x 为左上角横坐标，为整型；y 为左上角纵坐标，为整型；w 为矩形宽度，为整型；h 为矩形高度，为整型；color 为矩形颜色，可以为 SSD1306_BLACK、SSD1306_WHITE 和 SSD1306_INVERT。示例代码如下：

```
display.clearDisplay();
display.fillRect(20,10,88,44,SSD1306_WHITE);
display.display();
delay(2000);
```

11. fillScreen()

该函数点亮全屏，语法格式为 void Adafruit_GFX::fillScreen(uint16_t color)。其中，参数 color 为颜色，可以为 SSD1306_BLACK、SSD1306_WHITE 和 SSD1306_INVERT。示例代码如下：

```
display.clearDisplay();
display.fillScreen(SSD1306_WHITE);
display.display();
delay(2000);
```

12. drawCircle()

该函数绘制空心圆，语法格式为 void Adafruit_GFX::drawCircle(int16_t x0, int16_t y0, int16_t r, uint16_t color)。其中，参数 x0 为圆心横坐标，为整型；y0 为圆心纵坐标，为整型；r 为半径，为整型；color 为颜色，可以为 SSD1306_BLACK、SSD1306_WHITE 和 SSD1306_INVERT。示例代码如下：

```
display.clearDisplay();
display.drawCircle(64,32,32,SSD1306_WHITE);
display.display();
delay(2000);
```

13. fillCircle()

该函数绘制实心圆，语法格式为 void Adafruit_GFX::fillCircle(int16_t x0, int16_t y0, int16_t r, uint16_t color)。其中，参数 x0 为圆心横坐标，为整型；y0 为圆心纵坐标，为整型；r 为半径，为整型；color 为颜色，可为 SSD1306_BLACK、SSD1306_WHITE 和 SSD1306_INVERT。示例代码如下：

```
display.clearDisplay();
display.fillCircle(64,32,31,SSD1306_WHITE);
display.display();
delay(2000);
```

14. drawTriangle()

该函数绘制空心三角形，语法格式为 void Adafruit_GFX::drawTriangle(int16_t x0、int16_t y0、int16_t x1、int16_t y1、int16_t x2、int16_t y2、uint16_t color)。其中，参数 x0、x1 和 x2 分别为三个顶点横坐标，为整型；y0、y1 和 y2 分别为三个顶点纵坐标，为整型；color 为颜色，可以为 SSD1306_BLACK、SSD1306_WHITE 和 SSD1306_INVERT。示例代码如下：

```
display.clearDisplay();
display.drawTriangle(63,0, 0,63, 127,63, SSD1306_WHITE);
display.display();
delay(2000);
```

15. fillTriangle()

该函数绘制实心三角形，语法格式为 void Adafruit_GFX::fillTriangle(int16_t x0、int16_t y0、int16_t x1、int16_t y1、int16_t x2、int16_t y2、uint16_t color)。其中，参数 x0、x1 和 x2 分别为三个顶点横坐标，为整型；y0、y1 和 y2 分别为三个顶点纵坐标，为整型；color 为颜色，可以为 SSD1306_BLACK、SSD1306_WHITE 和 SSD1306_INVERT。示例代码如下：

```
display.clearDisplay();
display.fillTriangle(63,0, 0,63, 127,63, SSD1306_WHITE);
display.display();
delay(2000);
```

16. drawRoundRect()

该函数绘制空心圆角矩形，语法格式为 void Adafruit_GFX::drawRoundRect(int16_t x、 int16_t y、int16_t w、int16_t h、int16_t r、uint16_t color)。其中，参数 x 为左上角横坐标，为整型；y 为左上角纵坐标，为整型；w 为矩形宽度，为整型；h 为矩形高度，为整型；color 为矩形颜色，可以为 SSD1306_BLACK、SSD1306_WHITE 和 SSD1306_INVERT。示例代码如下：

```
display.clearDisplay();
display.drawRoundRect(10,5,107, 43,3, SSD1306_WHITE);
display.display();
delay(2000);
```

17. fillRoundRect()

该函数绘制实心圆角矩形，语法格式为 void Adafruit_GFX::fillRoundRect(int16_t x, int16_t y、int16_t w、int16_t h、int16_t r、uint16_t color)。其中，参数 x 为左上角横坐标，为整型；y 为左上角纵坐标，为整型；w 为矩形宽度，为整型；h 为矩形高度，为整型；color 为矩形颜色，可以为 SSD1306_BLACK、SSD1306_WHITE 和 SSD1306_INVERT。示例代码如下：

```
display.clearDisplay();
display.fillRoundRect(10,5,107,53,3, SSD1306_WHITE);
display.display();
delay(2000);
```

18. drawBitmap()

该函数绘制 Bitmap 图像，语法格式为 drawBitmap(int16_t x、int16_t y、const uint8_t bitmap[]、int16_t w、int16_t h、uint16_t color)、drawBitmap(int16_t x、int16_t y、uint8_t * bitmap、int16_t w、int16_t h、uint16_t color)和 drawBitmap(int16_t x、int16_t y、uint8_t * bitmap、int16_t w，int16_t h、uint16_t color、uint16_t bg)。其中，参数 x 为左上角横坐标，为整型；y 为左上角纵坐标，为整型；w 为矩形宽度，为整型；h 为矩形高度，为整型；bitmap 为图形数据、数组或者指针；bg 为背景颜色(部分显示器支持)，为整型；color 为矩形颜色，可以为 SSD1306_BLACK、SSD1306_WHITE 和 SSD1306_INVERT，显示的 Bimap 图像需要预先定义。示例代码如下：

```
display.clearDisplay();
display.drawBitmap(0,0,BimptPhoto_128x64,128,64,SSD1306_WHITE);
display.display();
delay(2000);
```

19. setTextSize()

该函数设置字体大小，单参数语法格式为 void Adafruit_GFX::setTextSize(uint8_t s)，或者双参数语法格式为 void Adafruit_GFX::setTextSize(uint8_t s_x, uint8_t s_y)。其中，参数 s 为字体大小的倍数，s_x 为字体大小横向倍数，s_y 为字体大小纵向倍数，1 为 6×8 像素，2 为 12×16 像素。示例代码如下：

```
display.clearDisplay();
display.setTextSize(1);                    //选择字号
display.setTextColor(WHITE);               //字体颜色
display.setTextSize(1,2);
display.setCursor(0,20);
```

```
display.print("setTextSize: 6x16");
delay(2000);
```

20. setFont()

该函数设置字体，语法格式为 void Adafruit_GFX::setFont(const GFXfont *f)。其中，参数 f 为使用 display.print()时的字体，不使用此函数系统默认字体大小为 6×8 像素。

21. setCursor()

该函数设置光标位置，语法格式为 void setCursor(int16_t x, int16_t y)。其中，参数 x 为光标顶点横坐标，y 为光标顶点纵坐标。示例代码如下：

```
display.clearDisplay();
display.setTextSize(1);                    //选择字号
display.setTextColor(WHITE);               //字体颜色
display.setCursor(0,0);
display.print("setCursor(0,0)");
display.setCursor(0,8);
display.print("setCursor(0,8)");
display.display();
delay(2000);
```

22. setTextWrap()

该函数设置是否自动换行，语法格式为 void setTextWrap(boolean w) { wrap = w; }。其中，参数 w 为 true 或者 false。

23. width()

该函数获取屏幕宽度，语法格式为 int16_t width(void)，无参数，返回整数。示例代码如下：

```
display.width();
```

24. height()

该函数获取屏幕高度，语法格式为 int16_t height(void)，无参数，返回整数，示例代码如下：

```
display.height();
```

25. getRotation()

该函数获取屏幕旋转角度，语法格式为 uint8_t getRotation(void)，无参数，返回整数，示例代码如下：

```
display.getRotation();
```

26. getCursorX()

该函数获取光标横坐标，语法格式为 int16_t getCursorX(void)，无参数，返回整数，示例代码如下：

```
display.getCursorX();
```

27. getCursorY()

该函数获取光标纵坐标，语法格式为 int16_t getCursorY(void)，无参数，返回整数，示例代码如下：

```
display.getCursorY();
```

28. startscrollright()

该函数用于向右滚动，语法格式为 void Adafruit_SSD1306::startscrollright(uint8_t start, uint8_t stop)。其中，参数 start 为起始点，为整型；stop 为停止点，为整型。示例代码如下：

```
display.clearDisplay();
display.setTextSize(1);                          //选择字号
display.setTextColor(WHITE);                     //字体颜色
display.setCursor(8,32);
display.setTextWrap(false);
display.print("ABC");
display.startscrollright(31,40);
display.display();
delay(5000);
```

29. startscrollleft()

该函数用于向左滚动，语法格式为 void Adafruit_SSD1306::startscrollleft(uint8_t start, uint8_t stop)。其中，参数 start 为起始点，为整型；stop 为停止点，为整型。示例代码如下：

```
display.clearDisplay();
display.setTextSize(1);                          //选择字号
display.setTextColor(WHITE);                     //字体颜色
display.setCursor(110,32);
display.setTextWrap(false);
display.print("abcdefghiJKLMNOPQRSTUVWXYZ");
display.startscrollleft(31,40);
display.display();
delay(5000);
```

30. stopscroll()

该函数用于停止滚动，语法格式为 void Adafruit_SSD1306::stopscroll(void)。

6.4 舵机库文件

6.4
微课视频

Servo.h 库文件允许 Arduino 开发板控制舵机。舵机集成了可精确控制的齿轮和转轴。标准舵机允许转轴以各种角度定位，通常范围为 0～180°。连续旋转舵机允许转轴的旋转设定为各种速度。库文件适用于 AVR SAM 和 SAMD 架构。舵机有三根电线：电源、接地和信号。电源线通常为红色，应连接到 Arduino 开发板上的 5V 引脚。接地线通常为黑色或棕色，应连接到 Arduino 开发板上的接地引脚。信号引脚通常为黄色、橙色或白色，应连接到 Arduino 开发板上的数字引脚。

1. Servo.attach()

该函数将 Servo 变量连接到引脚。注意在 Arduino 早期版本中，库文件仅使用数字引脚 9 和数字引脚 10。语法格式为 servo. attach(pin)和 servo. attach(pin，min，max)。其中，参数 servo 为舵机类型的变量；pin 为舵机所连接的引脚编号；min(可选)为与舵机上的最小(0°)角度相对应的脉冲宽度(微秒)，默认为 544；max(可选)为与舵机上最大(180°)角度对应的脉冲宽度(微秒)，默认为 2400。示例如下：

```
#include <Servo.h>
Servo myservo;
void setup() {
 myservo.attach(9);
}
void loop() {}
```

2. Servo. detach()

该函数从其引脚分离舵机变量。如果所有舵机变量都分离，则数字引脚 9 和数字引脚 10 可通过 analogWrite()的 PWM 输出，语法格式为 servo. detach()。

3. Servo. attached()

该函数检查舵机变量是否连接到引脚。语法格式为 servo. attached()，如果连接到引脚，则为真；否则为假。

4. Servo. writeMicroseconds()

该函数以微秒(μs)值写入舵机，从而相应地控制转轴。在标准舵机机构上，将设定转轴的角度。在标准舵机上，参数值 1000 为完全逆时针方向，2000 为完全顺时针方向。

请注意，产品不一定非常严格遵守该标准，以便舵机经常响应在 700～2300 的值。随意改变这些端点，直到舵机不再继续增加其范围。然而，驱动舵机超过其端点是高电流状态，应该尽量避免。连续旋转的舵机，与写入功能类似的方式响应此函数。语法格式为 servo. writeMicroseconds(μs)，参数 μs 是以微秒为单位的整数。例如：

```
#include <Servo.h>
Servo myservo;
void setup() {
 myservo.attach(9);
 myservo.writeMicroseconds(1500);          //设置舵机到中间点
}
void loop() {}
```

5. Servo. write()

该函数向舵机写入一个值，从而相应地控制转轴。在标准舵机上，设置转轴的角度(以度为单位)，将转轴移动到该方向。在连续旋转中，这将设置舵机的速度(0°为在一个方向全速，180°为另一个方向全速，90°左右为不移动)。语法格式为 servo. write(angle)，参数 angle 为写入舵机的值，范围为 0～180°。示例如下：

```
#include <Servo.h>
Servo myservo;
void setup() {
 myservo.attach(9);
 myservo.write(90);                        //设置到中间点
}
void loop() {}
```

6. Servo. read()

该函数读取舵机的当前角度(传递给最后一次调用 Servo. write()的值)。语法格式为 servo. read(),返回舵机角度为 0～180°。

6.5 SPI 库文件

6.5
微课视频

串行外设接口(Serial Peripheral Interface,SPI)是微控制器在短距离内快速与一个或多个外围设备通信的同步串行数据协议,它也可以用于两个微控制器之间的通信。

使用 SPI 连接,总是有一个控制外设的主机(通常是微控制器)。所有设备共有三条线:MISO(Master In Slave Out,主输入从输出),用于向主机发送数据的从线信号;MOSI (Master Out Slave In,主输出从输入),用于向外设发送数据的主线信号;SCK(Serial Clock,串行时钟)用于同步主机产生数据传输的时钟脉冲。

每个设备专用线 SS(Slave Select,从机选择),用于主机启用和禁用特定设备上的引脚。当设备的从机选择引脚 SS 为低电平时,它与主机通信;为高电平时,它忽略主机。允许拥有多个 SPI 设备共享相同的 MISO、MOSI 和 SCK 信号。

为新的 SPI 设备编写代码时需要注意以下几点:①数据是在最高有效位(Most Significant Bit,MSB)还是最低有效位(Least Significant Bit,LSB)移入?这由 SPI. setBitOrder()函数控制。②数据时钟在高电平还是低电平空闲?采样在时钟脉冲的上升沿还是下降沿?这些模式由 SPI. setDataMode()函数控制。③SPI 运行的速度是多少?由 SPI. setClockDivider()函数控制。SPI 标准是宽松的,每个设备实现方式有些不同,在编写代码时必须特别注意元器件的参数。

一般来说,有四种传输模式。这些模式控制数据在时钟信号(或 clock phase,时钟相位)的上升沿或下降沿进出数据,以及在高电平或低电平时钟极性(clock polarity)时,时钟是否空闲。根据极性和相位结合,SPI 的四种工作模式如表 6-1 所示。

表 6-1 SPI 的工作模式

模 式	时钟极性	时钟相位	输 出 沿	数据获取
SPI_MODE0	0	0	下降	上升
SPI_MODE1	0	1	上升	下降
SPI_MODE2	1	0	上升	下降
SPI_MODE3	1	1	下降	上升

在库文件 SPI. h 中,如果确定了 SPI 的参数,则 SPI. beginTransaction()开始使用 SPI 端口,SPI 端口将用确定的参数进行配置。例如:

SPI. beginTransaction(SPISettings(14000000, MSBFIRST, SPI_MODE0));

如果其他库文件使用 SPI 中断,将被阻止访问 SPI,直到调用 SPI. endTransaction()。SPI 设置在会话开始时应用,SPI. endTransaction()不会改变 SPI 设置。除非其他库文件再次调用 SPI. beginTransaction(),否则 SPI 保持设置。注意:有其他库文件使用 SPI 时,为获得更好的兼容性,应该尽可能地减少开始和结束使用 SPI 之间的时间。

对于大多数 SPI 设备,在 SPI. beginTransaction()初始化后,将从机选择引脚 SS 写入低电平，调用 SPI. transfer()传输任意次数的数据，然后将从机选择引脚 SS 写入高电平，最后调用 SPI. endtransaction()。库文件主要函数如下。

1．SPI. begin()

该函数初始化 SPI 总线设置 SCK、MOSI 和 SS 为输出，SCK 和 MOSI 设置为低电平，SS 设置为高电平。语法格式为 SPI. begin()，没有参数和返回值。

2．SPI. end()

该函数禁用 SPI 总线(保持引脚模式不变)。语法格式为 SPI. end()，没有参数和返回值。

3．SPISettings()

SPISettings()函数用于 SPI 设备配置端口。语法格式为 SPISettings(speedMaximum，dataOrder，dataMode)，参数 speedMaximum 为最大通信速度，对于 SPI 芯片，其速率达到 20MHz，设置该参数为 20000000；参数 dataOrder 为 MSBFIRST 或者 LSBFIRST；参数 dataMode 为 SPI_MODE0、SPI_MODE1、SPI_MODE2 或者 SPI_MODE3。所有 3 个参数组合到一个 SPISettings 对象，传递给 SPI. beginTransaction()，此函数不返回任何值。

当所有的参数都是常数，SPISettings 设置的参数直接用于 SPI. beginTransaction()。例如 SPI. beginTransaction(SPISettings(14000000、MSBFIRST、SPI_MODE0))。对于常量，这种语法格式会产生更小更快的代码。如果参数设置为变量，可以创建 SPISettings 对象包含 3 个参数的设置，把对象的名字传递给 SPI. beginTransaction()。当设置参数不是常数，创建一个 SPISettings 对象可能会更有效，特别是以最大速度计算或配置一个变量，而不是一个常数，可以将变量直接写入程序。

4．SPI. beginTransaction()

SPI. beginTransaction()函数使用定义的 SPISettings 初始化 SPI 总线。语法格式为 SPI. beginTransaction(mySettings)，参数 mySettings 为依据 SPISettings 选择的设置，没有返回值。

5．SPI. endTransaction()

该函数停止使用 SPI 总线。通常在解除芯片选择后调用，允许其他库文件使用 SPI 总线。

6．SPI. setBitOrder()

串行外设接口总线或 SPI 总线是由 Motorola 命名的同步串行数据链路标准，工作在全双工模式。设备在主机启动数据帧的主/从模式下进行通信。允许使用多个从机(芯片选择)，每个设备使用一个引脚。setBitOrder()方法用于设置 SPI 通信的位顺序。在新项目中使用 SPISettings 和 SPI. beginTransaction()配置参数。该函数设置位进入和移出 SPI 总线的顺序，语法格式为 SPI. setBitOrder(order)，参数 order 为 LSBFIRST 或者 MSBFIRST，没有返回值。

7．SPI. setClockDivider()

该函数设置 SPI 相对于系统时钟的分频器，在基于 AVR 的开发板上可用的分频器为 2、4、8、16、32、64 或 128，默认设置为 SPI_CLOCK_DIV4，它将 SPI 时钟设置为系统时钟频率的四分之一(如果开发板为 16MHz，分频器的频率为 4Mhz)。

对于 Arduino Due 系统时钟可以除以 1～255 的值。默认值为 21，将时钟设置为 4MHz，与其他 Arduino 开发板一样。如果在调用 setClockDivider()中指定了 Arduino Due

的从机选择引脚 SS,则时钟设置仅适用于连接到指定引脚 SS 的设备。语法格式为 SPI. setClockDivider(divider)或者 SPI. setClockDivider(slaveSelectPin, divider)。参数 divider 对于 AVR 开发板为 SPI_CLOCK_DIV2、SPI_CLOCK_DIV4、SPI_CLOCK_DIV8、SPI_CLOCK_DIV16、SPI_CLOCK_DIV32、SPI_CLOCK_DIV64 和 SPI_CLOCK_DIV128。slaveSelectPin 为从机引脚 SS(仅用于 Arduino DUE);参数 divider 为 1～255(仅用于 Arduino DUE)。

8. SPI. setDataMode()

串行外设接口总线或 SPI 总线是由摩托罗拉公司命名的同步串行数据链路标准,工作在全双工模式。设备在主机启动数据帧的主/从模式下通信。允许使用各个从机(芯片选择)线路使用多个从机,每个设备使用一个引脚。setDataMode()函数设置 SPI 通信模式和数据模式,即设置时钟极性和时钟相位。时钟极性表示时钟信号在空闲时是高电平还是低电平;时钟相位决定数据是在 SCK 的上升沿还是下降沿采样。包含四种数据模式,采样时,应先准备好数据,再进行采样。

语法格式为 SPI. setDataMode(mode)或 SPI. setDataMode(slaveSelectPin, mode)。参数 mode 可用值为:SPI_MODE0(上升沿采样,下降沿置位,SCK 闲置时为 0);SPI_MODE1(上升沿置位,下降沿采样,SCK 闲置时为 0);SPI_MODE2(下降沿采样,上升沿置位,SCK 闲置时为 1);SPI_MODE3(下降沿置位,上升沿采样,SCK 闲置时为 1)。参数 slaveSelectPin 为从机选择引脚 SS(仅限 Arduino DUE)。

9. SPI. transfer()

串行外设接口总线或 SPI 总线是同步串行数据链路标准,工作在全双工模式,在主机启动数据帧的主/从模式下进行通信。允许通过线路选择使用多个从机,每个设备使用一个引脚。SPI. transfer()函数传输数据是基于同时发送和接收的。在缓冲区转移数据的情况下,接收到的数据被存储在缓冲区中,旧数据被替换为接收到的数据。语法格式为 SPI. transfer(val)、SPI. transfer16(val16)、SPI. transfer(buffer, size)、SPI. transfer(slaveSelectPin, val)和 SPI. transfer(slaveSelectPin, val, transferMode)。参数 val 为通过总线发送的字节变量;val16 为通过总线发送的双字节变量;slaveSelectPin 为从机选择引脚 SS(Arduino DUE);transferMode 为可选参数(Arduino DUE),包括两种选项 SPI_CONTINUE 和 SPI_LAST,SPI_CONTINUE 为保持引脚 SS 为低电平,允许后续字节传输;SPI_LAST 如果未指定引脚 SS,则在默认情况下,引脚 SS 在传输一字节后返回高电平。该函数的返回值为从总线读取的字节,即接收的数据。

10. SPI. usingInterrupt()

如果程序在中断期间执行 SPI 事务,调用 SPI. usingInterrupt()函数,将 SPI 中断号或名称注册到 SPI 库文件。允许 SPI. beginTransaction()防止冲突,SPI. beginTransaction()将禁用 SPI. usingInterrupt(),并在 SPI. endTransaction()后重新启用。语法格式为 SPI. usingInterrupt(interruptNumber),参数 interruptNumber 为所关联的中断号。

6.6 步进电机库文件

6.6
微课视频

步进电机通过输入一个电脉冲,使电机转动一个角度并前进一步。它输出的角位移与输入的脉冲数成正比,转速与脉冲频率成正比。改变绕组通电的顺序,电机会反转。所以可用控制脉冲数量、频率及电动机各项绕组的通电顺序控制步进电机的转动。在 Arduino IDE 中需要使用 Stepper. h 库文件。

1. Stepper()

该函数用于创建 Stepper 类的新实例，该实例控制连接到 Arduino 开发板上的特定步进电机引脚。该函数在 setup()和 loop()之前使用。参数的数量取决于如何连接电机，可以使用 Arduino 开发板的两个或四个引脚。语法格式为 Stepper(steps、pin1、pin2)，或者 Stepper(steps、pin1、pin2、pin3、pin4)。参数 steps 为电机一圈的步数。如果电机给出步进电机的每步度数，将该数字分成 360°，以获得步数(例如，360/3. 6＝100 步)。参数 pin1、pin2：连接到步进电机的两个引脚；如果连接到四个引脚，参数 pin3、pin4 为选配连接到电机的最后两个引脚。返回值为步进电机类的新实例。示例如下：

```
Stepper myStepper = Stepper(100, 5, 6);
```

2. Stepper. step()

Stepper. step(steps)以最后一次调用的速度将电机转动特定的步数。此功能是阻塞的，它将等待直到电机完成转动，然后将控制权传递到程序的下一行。参数 steps 为整型数据，转动电机的步数，正数向一个方向转动，负数向另外一个方向转动。

3. Stepper. setSpeed()

Stepper. setSpeed(rpms)以每分钟转数设定电机转速，此函数不会使电机转动，只设置调用 Stepper. step()的速度。参数 rpms 为电机每分钟转动的速度，为正整数。

6.7
微课视频

6.7 Wire 库文件

Wire. h 库文件使用 I2C/TWI 进行通信，在 Arduino 开发板上，通过 SDA(数据线)和 SCL(时钟线)引脚与设备连接，两个引脚在各 Arduino 开发板上的位置有所不同，具体参数见第 1 章的开发板引脚说明。该库文件中可以使用的库函数如下。

1. Wire. begin()

该函数启动 I2C/TWI 通信并作为主机或从机加入 I2C 总线，通常只调用一次。语法格式为 Wire. begin(address)。其中，参数 address 为 7 位从机地址(可选)，如果未指定，则作为主机加入总线。

2. Wire. requestFrom()

该函数由主机在从机上请求字节，然后使用 available()和 read()函数检索。语法格式为 Wire. requestFrom(address、quantity)、Wire. requestFrom(address、quantity、stop)。其中，参数 address 为请求字节设备的 7 位地址；quantity 为请求的字节数；stop 为布尔值，True 将在请求后发送停止消息，释放总线，False 将在请求后不断发送重新启动，保持连接处于活动状态；byte 为返回值，即从机返回的字节数。

3. Wire. beginTransmission()

该函数使用给定地址开始向 I2C 设备传输数据，然后使用 write()函数对传输的字节进行排队，并通过调用 endTransmission()完成传输。语法格式为 Wire. beginTransmission (address)。其中，参数 address 为要发送到设备的 7 位地址，无返回值。

4. Wire. endTransmission()

该函数用于结束由 beginTransmission()开始到从机的传输，并传输由 write()排队的字节。语法格式为 Wire. endTransmission()、Wire. endTransmission(stop)。其中，参数 stop 为布尔值，True 将发送停止消息，在传输后释放总线；False 将发送重新启动，保持连接处于活动状态。返回值为字节，表示传输的状态：0 为成功；1 为数据太长，无法放入发送缓冲区；2 为在发送地址时收到 NACK；3 为在发送数据时收到 NACK；4 为其他错误。

5. Wire. write()

该函数用于从机写入数据，以响应来自主设备的请求，或将字节排队以便从主机传输到从机（在调用 beginTransmission()和 endTransmission()之间）。语法格式为 Wire. write(value)、Wire. write(string)、Wire. write(data，length)。其中，参数 value 作为单字节发送的值；string 作为一系列字节发送的字符串；data 为以字节形式发送的数据数组；length 为要传输的字节数。返回值是写入的字节数，为可选的。

6. Wire. available()

该函数返回可用于使用 read()函数检索的字节数，调用 requestFrom()之后在主机上调用该函数，或者在 onReceive()处理程序内的从机上调用。available()继承自 Stream 实用程序类。语法格式为 Wire. available()，没有参数，返回可供读取的字节数。

7. Wire. read()

该函数用于读取在调用 requestFrom()后从机传输到主机或主机传输到从机的字节。read()继承自 Stream 实用程序类。语法格式：Wire. read()，没有参数，返回接收到下一字节。

8. Wire. setClock()

该函数修改 I2C 通信的时钟频率，I2C 从机没有最低工作时钟频率，但通常以 100kHz 为基准。语法格式为 Wire. setClock(clockFrequency)。其中，参数 clockFrequency 为所需通信的时钟值（以赫兹为单位），可接受的值为 100000（标准模式）和 400000（快速模式），一些处理器还支持 10000（低速模式）、1000000（快速模式）和 3400000（高速模式）。请参阅特定的处理器文档以确保支持所需的模式，它没有返回值。

9. Wire. onReceive()

Wire. onReceive()是注册一个当从机接收来自主机的传输时要调用的函数。语法格式为 Wire. onReceive(handler)。其中，参数 handler 为从机接收数据时要调用的函数，采用单个整型参数（从主机读取的字节数）并且不返回任何内容，例如 void myHandler(int numBytes)，没有返回值。

10. Wire. onRequest()

Wire. onRequest()是注册一个当主机在从机请求数据时要调用的函数，语法格式为 Wire. onRequest(handler)。其中，参数 handler 为要调用的函数，不带参数，不返回任何内容，例如 void myHandler()，没有返回值。

6.8 SoftwareSerial 库文件

6.8
微课视频

Arduino 硬件内置支持数字引脚 0 和 1（也通过 USB 连接到计算机）进行串行通信。本地串行通信通过内置于芯片中的 UART (Universal Asynchronous Receiver/Transmitter，通用异步收发传输器）硬件进行。这个硬件允许 Atmega 系列芯片即使在处理其他任务时也可以接收串行通信，只要在 64 字节的串行缓冲器中有空间即可。对于需要多个串口通信的场景则不能满足需求，因此，需要将其他引脚使用软件定义 SoftwareSerial（软件串行端口），具有串口通信功能。下面介绍该库文件中函数的使用方法。

1．SoftwareSerial 构造器

在库文件中 SoftwareSerial 相当一个类，通过 SoftwareSerial（rxPin，txPin）的调用，将创建一个新的 SoftwareSerial 对象，该对象的名称为自定义。需要调用 SoftwareSerial.begin（rxPin，txPin）启用通信。参数 rxPin 为接收串行数据的引脚；参数 txPin 为传输串行数据的引脚。例如：

```
#define rxPin 2                                    //数字引脚 2
#define txPin 3                                    //数字引脚 3
SoftwareSerial mySerial = SoftwareSerial(rxPin, txPin);    //建立一个新的串口
```

SoftwareSerial 库文件允许在 Arduino 的其他数字引脚上进行串行通信，使用软件复制串行通信的功能（因此名为“软件串行端口”）。可以有多个软件串行端口，典型的波特率为 2400、4800、9600、14400、19200、38400、57600 和 115200。

库文件具有以下限制：如果使用多个软件串口，一次只能有一个串口接收数据。并不是所有的 Arduino MEGA 和 MEGA 2560 的引脚都支持改变中断，只有以下引脚可以用于 RX：10、11、12、13、14、15、51、52、53、A8（62）、A9（63）、A10（64）、A11（65）、A12（66）、A13（67）、A14（68）和 A15（69）。并不是所有的 Arduino Leonardo 和 Micro 引脚都支持改变中断，只有以下引脚可以用于 RX：8、9、10、11、14（MISO）、15（SCK）和 16（MOSI）。例如，下面是软件串行多串口测试，从硬件串口发送数据到软件串口接收；从软件串口发送数据到硬件串口接收。RX 是数字引脚 10（连接到其他设备的 TX），TX 是数字引脚 11（连接到其他设备的 RX）。可以通过两个 Arduino 开发板互联实现，两块 Arduino UNO 开发板的数字引脚 10 和 11 交叉连接，两块开发板的 GND 连接在一起。示例代码如下：

```
#include <SoftwareSerial.h>
SoftwareSerial mySerial(10, 11);                   //RX, TX
void setup() {
Serial.begin(9600);                                //等待串口连接
//while (!Serial) {}                               //调试
Serial.println("Goodnight moon!");
mySerial.begin(9600);                              //设置 SoftwareSerial 端口的数据速率
mySerial.println("Hello, world?");
}
void loop() {
if (mySerial.available())
Serial.write(mySerial.read());                     //硬件串口打印软件串口发送的数据
if (Serial.available())
mySerial.write(Serial.read());                     //软件串口打印硬件串口发送的数据
}
```

2．SoftwareSerial.begin()

该函数设置串行通信的速度（波特率）。支持的波特率为 300、600、1200、2400、4800、

9600、14400、19200、38400、57600 和 115200。构建 SoftwareSerial 的对象为 mySerial，语法格式为 mySerial. begin(speed)。其中，参数 speed 为波特率(长整型)。

3. SoftwareSerial. write()

该函数将数据作为原始字节打印到软件串口的发送引脚，语法格式与 Serial. write()串口函数相同，参数也与 Serial. write()相同，返回写入的字节数。

4. SoftwareSerial. read()

该函数返回在软件串口的 RX 引脚上接收到的字符，注意一次只有一个 SoftwareSerial 实例可以接收输入数据(使用 listen()函数选择哪一个引脚)。例如：

```
SoftwareSerial mySerial(10,11);
void setup() {
 mySerial.begin(9600);
}
void loop() {
 char c = mySerial.read();
}
```

5. SoftwareSerial. print()

该函数将数据打印到软件串口的发送引脚，语法格式与 Serial. print()函数相同，参数与 Serial. print()也相同，返回写入的字节数。

6. SoftwareSerial. println()

该函数将数据打印到软件串口的发送引脚，然后是回车和换行符，语法格式与 Serial. println()函数相同，参数与 Serial. println()也相同，返回写入的字节数，例如：

```
SoftwareSerial serial(10,11);
int analogValue;
void setup()
{
 serial.begin(9600);
}
void loop()
{
 analogValue = analogRead(A0);                //读取模拟输入
serial.print(analogValue);                    //打印为 ASCII 编码的十进制数
 serial.print("\t");                          //打印制表符
 serial.print(analogValue, DEC);              //打印为 ASCII 编码的十进制数
 serial.print("\t");
 serial.print(analogValue, HEX);              //打印为 ASCII 编码的十六进制数
 serial.print("\t");
 serial.print(analogValue, OCT);              //打印为 ASCII 编码的八进制数
 serial.print("\t");
 serial.print(analogValue, BIN);              //打印为 ASCII 编码的二进制数
 serial.print("\t");
 serial.print(analogValue/4, BYTE);      //打印为原始字节值(将该值除以 4,因为 analogRead()
返回的数字为 0～1023,但一字节保存的最大值是 255)
serial.print("\t");
 serial.println();                            //打印换行符
delay(10);
}
```

7. SoftwareSerial. peek()

该函数返回在软件串口的RX引脚上接收到的字符。然而，语法格式与read()函数不同，对该函数的连续调用将返回相同的字符。注意一次只有一个SoftwareSerial实例可以接收输入数据（使用listen()函数选择哪一个引脚），返回读取的字符，如果无可用字符返回－1。例如：

```
SoftwareSerial mySerial(10,11);
void setup() {
 mySerial.begin(9600);
}
   void loop() {
 char c = mySerial.peek();
}
```

8. SoftwareSerial. overflow()

软件串行缓冲区可以保存64字节，该函数测试是否发生软件串行缓冲区的溢出。调用该函数会清除溢出标志，这意味着后续调用将返回false，除非在此期间接收和丢弃另一个数据字节，语法格式为mySerial. overflow()，返回布尔型变量。例如：

```
#include <SoftwareSerial.h>
SoftwareSerial portOne(10,11);
void setup() {
 Serial.begin(9600);                          //开启硬件串口
portOne.begin(9600);                          //开启软件串口
}
void loop() {
 if (portOne.overflow()) {
 Serial.println("SoftwareSerial overflow!");
}
```

9. SoftwareSerial. listen()

该函数使所选的软件串口能够侦听，一次只有一个软件串口可以侦听。发送到其他端口的数据将被丢弃。在listen()函数调用期间，已经收到的任何数据都被丢弃（除非给定的实例已经在侦听）。

10. SoftwareSerial. isListening()

该函数测试是否请求的软件串口正在主动监听，例如：

```
#include <SoftwareSerial.h>
SoftwareSerial portOne(10, 11);
SoftwareSerial portTwo(8, 9);
void setup() {
 Serial.begin(9600);                          //开启硬件串口
 portOne.begin(9600);                         //开启两个软件串口
 portTwo.begin(9600);
}
void loop() {
 portOne.listen();
if (portOne.isListening()) {
```

```
 Serial.println("Port One is listening!");
 }else{
 Serial.println("Port One is not listening!");
 }
if (portTwo.isListening()) {
 Serial.println("Port Two is listening!");
 }else{
 Serial.println("Port Two is not listening!");
 }
}
```

11. SoftwareSerial.available()

该函数获取可用于从软件串口读取的字节数(字符),这是已经到达并存储在串行接收缓冲区的数据,返回可用的字节数,例如:

```
#include <SoftwareSerial.h>
#define rxPin 10
#define txPin 11
SoftwareSerial mySerial = SoftwareSerial(rxPin, txPin);
void setup() {
 pinMode(rxPin, INPUT);
 pinMode(txPin, OUTPUT);
 mySerial.begin(9600);
}
void loop() {
 if (mySerial.available()> 0){
 mySerial.read();
 }
}
```

6.9 Ethernet/WiFi 库文件

6.9
微课视频

该库文件允许使用 Arduino 以太网扩展板连接到互联网,可以用作接收连接的服务器端,也可以用作发送连接的客户端。它最多支持四个并发连接。Ethernet.h 用于 W5100 芯片的扩展板,Ethernet2.h 用于 W5500 芯片的扩展板,使用该库文件还用到 SPI.h。WiFi.h 库文件中的函数与 Ethernet2.h 库文件中的函数类似,所以本节介绍的函数适用于 WiFi 操作,二者的主要区别在于名称,由于本书篇幅有限,WiFi.h 库文件不再单独介绍。

6.9.1 Ethernet 类

Ethernet 类初始化以太网库文件和网络设置。

1. Ethernet.begin()

该函数用于初始化以太网库文件和网络设置。库文件 1.0 版本支持 DHCP。使用 Ethernet.begin()正确地设置网络,以太网扩展板将自动获取 IP 地址。语法格式如下:

```
Ethernet.begin(mac);
Ethernet.begin(mac, ip);
```

```
Ethernet.begin(mac, ip, dns);
Ethernet.begin(mac, ip, dns, gateway);
Ethernet.begin(mac, ip, dns, gateway, subnet);
```

参数说明如下：

mac：设备的MAC（媒体访问控制）地址，它是6字节的数组，是以太网扩展板硬件地址。较新的Arduino扩展板包括带设备MAC地址的贴纸。对于较老的扩展板，选择自己的地址。IP：设备的IP地址，是4字节的数组。DNS：DNS服务器端的IP地址，是4字节的数组，可默认为设备IP地址，最后8位设置为1。gateway：网关的IP地址，是4字节的数组，可默认为设备IP地址，最后8位设置为1。subnet：网络的子网掩码，是4字节的数组，可默认为255.255.255.0。

此函数对于DHCP版本，返回一个整数，1为成功连接DHCP，0为失败。其他版本没有任何返回值。

2. Ethernet.dnsServerIP()

该函数用于返回设备的DNS服务器端IP地址。语法格式为Ethernet.dnsServerIP()，没有参数，返回设备DNS服务器端的IP地址。

3. Ethernet.gatewayIP()

该函数用于返回设备的网关IP地址。语法格式为Ethernet.gatewayIP()，没有参数，返回设备的网关IP地址。

4. Ethernet.hardwareStatus()

该函数用于提供调用Ethernet.begin()期间检测到的WIZnet以太网控制器状态，可用于排除故障。如果未检测到以太网控制器，则可能存在硬件问题。语法格式为Ethernet.hardwareStatus()，没有参数。返回值可能为EthernetNoHardware、EthernetW5100、EthernetW5200和EthernetW5500。

5. Ethernet.init()

该函数用于配置以太网控制器的CS（片选）引脚。以太网库有一个默认的CS引脚，这通常是正确的，但是对于一些非标准的以太网硬件，可能需要使用不同的CS引脚。语法格式为Ethernet.init(sspin)，参数sspin为用于CS的引脚号，没有返回值。

6. Ethernet.linkStatus()

该函数用于返回连接是否处于活动状态，此功能仅在使用W5200和W5500以太网控制器时可用。语法格式为Ethernet.linkStatus()，函数中没有参数，返回值为Unknown、LinkON和LinkOFF。

7. Ethernet.localIP()

该函数获取以太网扩展板的IP地址，对于DHCP自动分配的IP具有很大用处。语法格式为Ethernet.localIP()，该函数没有参数，返回值为IP地址。

8. Ethernet.MACAddress()

该函数将设备MAC地址放入缓冲区。语法格式为Ethernet.MACAddress(mac_address)，参数mac_address为接收MAC地址的缓冲区（为6字节数组），无返回值。

9. Ethernet.maintain()

该函数允许更新DHCP租约。当通过DHCP分配IP地址时，以太网设备将在该地址上租一段时间。使用 Ethernet. maintain()可以从 DHCP 服务器端请求更新。根据服务器端的配置,可能会收到相同的地址、一个新地址或根本没有地址。该函数没有输入参数,返回值为字节,含义如下: 0 为没有发生; 1 为更新失败; 2 为更新成功; 3 为重新绑定失败; 4 为重新绑定成功。

可以频繁地调用这个函数,它只会在需要时重新请求 DHCP 租约(在所有其他情况下返回 0)。最简单的方法是每个 loop()调用一次。如果不调用此函数(或者明显减少),则当 DHCP 需要时,将阻止续订,继续使用过期的租约,不会直接破坏连接性,但是如果 DHCP 服务器端将同一地址租给其他人,情况可能会中断。

10. Ethernet. setDnsServerIP()

该函数用于设置 DNS 服务器端的 IP 地址,语法格式为 Ethernet. setDnsServerIP(dns_server),该函数不适用于 DHCP。参数 dns_server 为 DNS 服务器端的 IP 地址。

11. Ethernet. setGatewayIP()

该函数用于设置网关的 IP 地址,不适用于 DHCP,语法格式为 Ethernet. setGatewayIP(gateway)。参数 gateway 为网关的 IP 地址。

12. Ethernet. setLocalIP()

该函数用于设置设备的 IP 地址,不适用于 DHCP。语法格式为 Ethernet. setLocalIP(local_ip),参数 local_ip 为设备要使用的 IP 地址,无返回值。

13. Ethernet. setMACAddress()

该函数用于设置 MAC 地址,不适用于 DHCP。语法格式为 Ethernet. setMACAddress(MAC),参数 MAC 为要使用的 MAC 地址(为 6 字节的数组),无返回值。

14. Ethernet. setRetransmissionCount()

该函数用于设置以太网控制器重传次数,初始值为 8。8 次传输乘以每次用时 200ms,默认超时等于 1600ms 的阻塞延迟。可以设置一个较小的数字,以使程序在通信出现问题时响应快速。设置传输尝试次数,最小值是 1。语法格式为 Ethernet. setRetransmissionCount(number),参数 number 为以太网控制器在放弃之前应该进行的传输尝试次数,无返回值。

15. Ethernet. setRetransmissionTimeout()

该函数用于设置以太网控制器的超时时间。初始值为 200ms。200ms 乘以默认的 8 次尝试次数等于 1600ms 的阻塞延迟。可以设置更短的超时时间,以使程序在通信出现问题时响应快速。语法格式为 Ethernet. setRetransmissionTimeout(milliseconds),参数 milliseconds 为超时持续时间。

16. Ethernet. setSubnetMask()

该函数用于设置网络的子网掩码,不适用于 DHCP。语法格式为 Ethernet. setSubnetMask(subnet),参数 subnet 为网络的子网掩码。

17. Ethernet. subnetMask()

该函数用于返回设备的子网掩码。语法格式为 Ethernet. subnetMask(),没有参数,返回值为设备的子网掩码。

18. IPAddress()

IPAddress 类使用本地和远程 IP 寻址。IPAddress()函数定义 IP 地址。它可以用于声明本地和远程地址。语法格式为 IPAddress(address),参数 address 表示地址的逗号分隔列表，为4字节，例如，192、168、1、1，用于DNS服务器端、网关、子网和设备的IP地址定义。

Ethernet类的示例如下：

```
#include <SPI.h>
#include <Ethernet.h>
byte mac[] = {                                  //MAC 地址
  0x00, 0xAA, 0xBB, 0xCC, 0xDE, 0x02 };
EthernetClient client;              //服务器端 IP 地址和端口初始化(端口 80 是 HTTP 的默认值)
void setup() {
  Serial.begin(9600);                           //串口连接
  if (Ethernet.begin(mac) == 0) {               //开始以太网连接
     Serial.println("Failed to configure Ethernet using DHCP");
     for(;;)                                    //不做任何事情
       ;
  }
  Serial.println(Ethernet.localIP());           //输出本地 IP 地址
}
void loop() {
}
```

6.9.2 Server类

Server类（服务器类）创建服务器端，可以发送或者接收客户端的数据（在其他计算机或设备上运行的程序）。服务器类是所有基于以太网服务器端调用的基类。它不是直接调用，而是在使用依赖它的函数时调用。

1. Server.begin()

Server.begin()告诉服务器端开始监听传入连接。语法格式为server.begin()，该函数没有参数和返回值。

2. Server.print()

该函数用于将数据输出到连接服务器端的所有客户端。它输出的数字作为数字序列。每个数字是一个ASCII字符（例如1、2、3号作为三个字符'1'，'2'，'3'发送）。语法格式为Server.print(data)或Server.print(data, base)，参数data为要输出的数据（char、byte、int、long或string）；base（可选）表示数字的进制数，二进制为BIN、十进制为DEC、八进制为OCT、十六进制为HEX。返回一个包含字节数的字节。

3. Server.println()

该函数与Server.print()类似，向连接到服务器端的所有客户端输出数据，后跟换行符。输出数字作为数字序列。每个数字是一个ASCII字符（例如1、2、3号作为三个字符'1'，'2'，'3'发送）。

语法格式为server.println()、server.println(data)和server.println(data, base)。参数data（可选）为要打印的数据（char、byte、int、long或string）；base（可选）为输出数字的进制数：二进制为BIN、十进制为DEC、八进制为OCT、十六进制为HEX。该函数返回一字节，包含字节数。

4. Server.write()

该函数将数据写入连接到服务器端的所有客户端。数据以单个或一系列字节的形式发送。语法格式为 server. write(val)、server. write(buf, len)。参数 val 作为单字节发送的值(字节或字符); buf 作为一系列字节(字节或字符)发送的数组; len 为缓冲区的长度。函数返回一字节,包含写入字节数。

5. Server. available()

该函数获取连接到服务器端并具有可读取数据的客户端。当返回的客户端对象超出范围时,连接仍然存在。可以使用 client. stop()停止此功能。Server. available()从 Stream 类继承。语法格式为 server. available(),没有参数,返回一个客户端对象。如果客户端没有可读取的数据,则该对象的值为 false。

6. EthernetServer()

该函数创建一个监听指定端口的服务器端。语法格式为 Server(port),参数 port 为要监听的端口(整型)。

Server 类的示例如下:

```
#include <Ethernet.h>                                    //扩展板 2 使用<Ethernet2.h>
#include <SPI.h>
byte mac[] = { 0xDE, 0xAD, 0xBE, 0xEF, 0xFE, 0xED };    //配置网络
byte ip[] = { 10, 0, 0, 177 };
byte gateway[] = { 10, 0, 0, 1 };
byte subnet[] = { 255, 255, 0, 0 };
EthernetServer server = EthernetServer(23);   // Telnet 默认端口 23
void setup()
{
  Ethernet.begin(mac, ip, gateway, subnet);   //初始化以太网设备
  server.begin();                             //开始监听客户端
}
void loop()
{
  EthernetClient client = server.available(); //如果客户端连接,有数据可读取
  if (client) {                               //if 的判断条件
     server.write(client.read());             //读取客户端数据并写入服务器端
  }
}
```

6.9.3 Client 类

Client 类(客户端类)可以连接到服务器端,并发送和接收数据。客户端类是所有基于以太网客户端调用的基类。它不是直接调用的,但是当使用依赖它的函数时,将被调用。

1. Client. connect()

该函数用于连接到指定的 IP 地址和端口。返回值表示成功或失败。它支持使用域名时的 DNS 查找,语法格式为 client. connect()、client. connect(ip, port)和 client. connect(URL, port)。参数 IP 为客户端连接的 IP 地址(4 字节数组); URL 为客户端将连接的域名(字符串,例如"arduino. cc"); port 为客户端将连接的端口(为整型)。返回值表示连接状态(为整型),例如返回值为 1,表示 SUCCESS; 为-1,表示 TIMED_OUT; 为-2,表示 INVALID_SERVER; 为-3,表示 TRUNCATED; 为-4,表示 INVALID_RESPONSE。

2. Client. connected()

该函数返回客户端是否连接。注意: 如果客户端的连接已关闭但仍有未读数据,则客

户端被认为是连接的。语法格式为 client. connected()，如果客户端连接，则返回一个布尔值 true，否则返回 false。

3. Client. stop()

该函数断开客户端与服务器端的连接，语法格式为 client. stop()。

4. Client. flush()

该函数将等待缓冲区发送所有字符。Flush()函数从 Stream 类继承，语法格式为 Client. flush()。

5. Client. read()

该函数读取从客户端连接到服务器端接收的下一字节。它读取最后一次调用后的下一字节。函数从 Stream 类继承，语法格式为 Client. read()，返回下一字节(或字符)，如果没有，则返回−1。

6. Client. available()

该函数返回可用于读取的字节数。该值表示由服务器端向连接到的客户端写入的数据量。函数从 Stream 类继承，语法格式为 Client. available()，返回可用字节数。

7. Client. println()

该函数用于将数据打印到客户端连接到服务器端。打印数字作为数字序列。每个数字是一个 ASCII 字符(例如 1、2、3 作为三个字符'1','2','3'发送)。打印数据后跟回车和换行符。语法格式为 Client. println()、Client. println(data)和 Client. print(data, base)。参数 data(可选)为要打印的数据(char、byte、int、long 或 string)；base(可选)为要打印数字的进制数：DEC 为十进制、OCT 为八进制、HEX 为十六进制。返回数据类型为字节，是一个包含写入的字节数。

8. Client. print()

该函数用于将数据打印至客户端连接到的服务器端。打印数字作为数字序列。每个数字是一个 ASCII 字符(例如 1、2、3 号作为三个字符'1'、'2'、'3'发送)。语法格式为 Client. print(data)和 Client. print(data, base)。参数 data 为要打印的数据(char、byte、int、long 或 string)；base(可选)为要打印数字的进制数：DEC 为十进制、OCT 为八进制、HEX 为十六进制。返回数据类型为字节，是一个包含写入的字节数。

9. Client. write()

该函数将数据写入客户端连接的服务器端。该数据以单个或一系列字节的形式发送。语法格式为 Client. write(val)和 Client. write(buf, len)。参数 val 作为单字节发送的值(字节或字符)；buf 作为一系列字节(字节或字符)发送的数组；len 为缓冲区的长度。返回数据类型为字节，是一个包含写入的字节数。

10. if(EthernetClient)

该函数用于判断指定的以太网客户端是否准备好。语法格式为 if (Client)，如果指定的客户端可用，该函数返回 true，否则返回 false。

Client 类的示例如下：

```
#include <Ethernet.h>                    //扩展板 2 使用<Ethernet2.h>
#include <SPI.h>
byte mac[] = { 0xDE, 0xAD, 0xBE, 0xEF, 0xFE, 0xED };
```

```
byte ip[] = { 10, 0, 0, 177 };                //根据自己连接的路由器
byte server[] = { 119, 75, 216, 20 };         //可以自己定义,此处为百度 IP
EthernetClient client;
void setup()
{
  Ethernet.begin(mac, ip);
  Serial.begin(9600);
  client.connect(server, 80);
  delay(1000);
  Serial.println("connecting...");
  if (client.connected()) {
    Serial.println("connected");
    client.println("GET /search?q = arduino HTTP/1.0");
    client.println();
  } else {
    Serial.println("connection failed");
  }
}
void loop()
{
  if (client.available()) {
    char c = client.read();
    Serial.print(c);
  }
  if (!client.connected()) {
    Serial.println();
    Serial.println("disconnecting.");
    client.stop();
  }
}
```

6.9.4 EthernetUDP 类

EthernetUDP 类可以发送和接收 UDP 消息。

1. EthernetUDP.begin()

该函数初始化 UDP 库文件和网络设置。语法格式为 EthernetUDP.begin(localPort),参数 localPort 为本地侦听端口,如果成功,返回值为 1,否则为 0。

2. EthernetUDP.stop()

该函数从服务器端断开并释放 UDP 会话期间使用的任何资源。语法格式为 EthernetUDP.stop()。

3. EthernetUDP.parsePacket()

该函数检查是否存在 UDP 数据包,并返回 UDP 数据包的大小。在使用 EthernetUDP.read()读取缓冲区之前,必须调用该函数。语法格式为 EthernetUDP.parsePacket(),返回值为整型。

4. EthernetUDP.beginPacket()

该函数开始网络连接以将 UDP 数据写入远程设备。语法格式为 EthernetUDP.

beginPacket(remoteIP, remotePort)，参数 remoteIP 为远程连接的 IP 地址（4 字节），remotePort 为远程连接端口（为整型）。返回值为整型，1 表示成功，0 表示失败。

5. EthernetUDP. endPacket()

该函数将 UDP 数据写入远程连接后调用。语法格式为 EthernetUDP. endPacket()，没有参数，返回整型数值，1 表示数据包成功发送，如果有错误，则返回 0。

6. EthernetUDP. read()

该函数从指定的缓冲区读取 UDP 数据。如果未给出参数，它将返回缓冲区中的下一个字符。注意：该函数只能在 EthernetUDP. parsePacket()之后调用。语法格式为 EthernetUDP. read()或者 EthernetUDP. read(packetBuffer, MaxSize)。参数 packetBuffer 为缓冲区，用于保存传入的数据包（为字符型）；MaxSize 为缓冲区的最大值（为整型）；返回缓冲区中的字符。

7. EthernetUDP. write()

该函数将 UDP 数据写入远程连接。必须在 EthernetUDP. beginPacket()和 EthernetUDP. endPacket()之间调用该函数。EthernetUDP. beginPacket()函数用于初始化数据包，直到 EthernetUDP. endPacket()被调用才发送。语法格式为 EthernetUDP. write(message)或者 EthernetUDP. write(buffer, size)。参数 message 为传出的消息（字符型）；buffer 为数组类型，是一系列发送字节（或字符）；size 为缓冲区的长度，返回类型为字节，是一个包含发送的字节数。

8. EthernetUDP. available()

该函数获取可用于从缓冲区读取的字节数（字符），是从已经到达的数据获得的。该函数只能在 EthernetUDP. parsePacket()之后调用，从 Stream 类继承，返回可读取的字节数。

9. EthernetUDP. remotePort()

该函数获取远程 UDP 连接的端口。必须在 EthernetUDP. parsePacket()之后调用此函数。语法格式为 EthernetUDP. remotePort()，将 UDP 连接端口，返回值为整型值，返回给主机。

10. EthernetUDP. remoteIP()

该函数获取远程连接的 IP 地址。必须在 EthernetUDP. parsePacket()之后调用此函数。语法格式为 EthernetUDP. remoteIP()，返回 4 字节远程连接的 IP 地址。

EthernetUDP 类的示例如下：

```
#include <SPI.h>
#include <Ethernet.h>
#include <EthernetUdp.h>
byte mac[] = { 0xDE, 0xAD, 0xBE, 0xEF, 0xFE, 0xED };     //MAC 地址取决于扩展板
IPAddress ip(192, 168, 1, 177);                          //IP 地址取决于本地网络
unsigned int localPort = 8888;                           //监听的本地端口
EthernetUDP Udp;                                         //UDP 的实例
void setup() {
 Ethernet.begin(mac, ip);                                //初始化以太网、UDP 和串口通信
 Udp.begin(localPort);
 Serial.begin(9600);
}
```

```
void loop() {
 int packetSize = Udp.parsePacket();                    //如果有数据,则读取数据包
 if(packetSize)
 {
 Serial.print("Received packet of size ");
 Serial.println(packetSize);
 }
 delay(10);
}
```

本章习题

1. 简述 Arduino 库文件的导入方法。
2. 液晶显示器(Liquid Crystal Display,LCD)有几种使用方法？分别是什么？
3. 简述 I2C 引脚的 OLED 使用方法。
4. 简述 SPI 工作原理。
5. 什么是硬件串口和软件串口？
6. Arduino 开发板能连接网络吗？如何实现？

第7章 Arduino数据采集

CHAPTER 7

Arduino数据采集常用传感器包括温湿度传感器、水位传感器、光强传感器、气体传感器、超声波传感器、压力传感器等模块。本章将对部分传感器的原理、电路连接和实验代码进行介绍。

7.1
微课视频

7.1 温湿度采集

本节内容包括温湿度采集的原理、电路图和实验代码。

7.1.1 原理

DHT11数字温湿度传感器是一款含有已校准数字信号输出的温湿度复合传感器，它应用专用的数字模块采集技术和温湿度传感技术，确保产品具有极高的可靠性和卓越的长期稳定性。传感器包括一个电阻式测量湿度元器件和一个测量温度元器件，该产品具有响应快、抗干扰能力强、性价比高等优点。DHT11未封装外观如图7-1所示，封装后外观如图7-2所示，可以直接与Arduino开发板连接使用，二者的连接关系如图7-3所示。VCC与GND分别为电源的正负极，DATA/DOUT引脚为数据引脚，NC引脚悬空未使用。

图7-1 DHT11未封装外观图

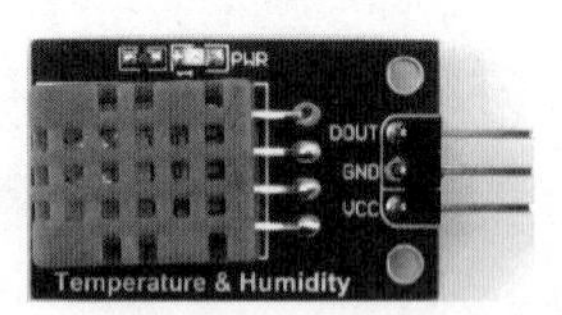

图7-2 DHT11封装后外观图

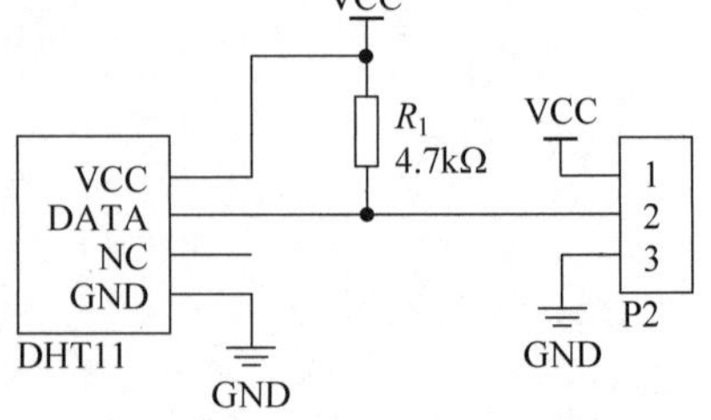

图7-3 DHT11和Arduino开发板二者连接关系电路图

7.1.2 电路图

本示例测量当前环境的温度和湿度，实验元器件包括Arduino开发板、DHT11温湿度传感器、面包板、导线。电路接线：将 DHT11 的 VCC 接到 Arduino 开发板的 5V 引脚，DHT11 的 GND 接到 Arduino 开发板的 GND 引脚，DHT11 的 DATA 引脚接到 Arduino 开发板的数字引脚 2，电路图如图 7-4 所示。

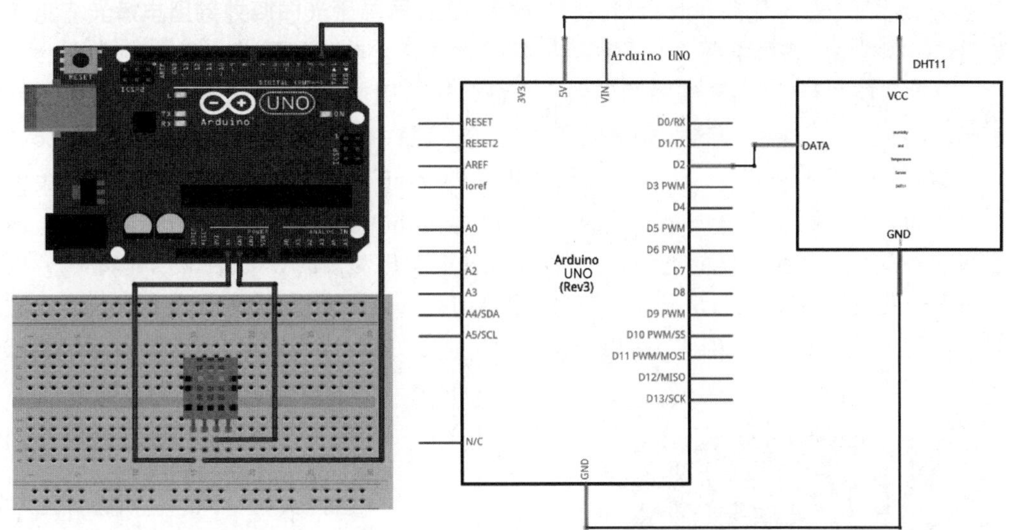

图 7-4 温度和湿度采集电路图

7.1.3 实验代码

```
/*通过 Arduino 管理库安装 DHT 库文件*/
#include <DHT.h>                              //引用 DHT 库文件，调用相关参数
#define DHTPIN 2                              //定义温度和湿度引脚号为数字引脚 2
#define DHTTYPE DHT11
DHT dht(DHTPIN,DHTTYPE);                      //实例化一个对象
void setup() {
Serial.begin(9600);                           //设置串口波特率参数
dht.begin();
pinMode(DHTPIN,OUTPUT);                       //定义输出引脚
}
void loop() {
float tem = dht.readTemperature();            //将温度值赋给 tem
float hum = dht.readHumidity();               //将湿度值赋给 hum
Serial.print("Temperature:");                 //打印 Temperature
Serial.println(tem);                          //打印温度结果
Serial.print("Humidity:");                    //打印 Humidity
Serial.print(hum);                            //打印湿度结果
Serial.println("%");                          //打印%
delay(1000);                                  //延时一段时间
}
```

7.2 水位采集

本节内容包括水位采集的原理、电路图和实验代码。

7.2
微课视频

7.2.1 原理

水位传感器是一个可以感知水深的模块，核心部件是由三极管和几条梳状的 PCB 走线构成的放大电路，这个梳状的走线放在水中会呈现出一个随水的深度变化而变化的电阻，这样就把水的深度信号转换成电信号了，再通过 Arduino 开发板的 ADC（模数转换器）功能就可以测量水深的变化，水位传感器如图 7-5 所示。

图 7-5 水位传感器

7.2.2 电路图

本示例实现水位的测量功能，实验元器件包括 Arduino 开发板、水位传感器、导线、面包板。电路连接：水位传感器的电源（+）接到 Arduino 开发板的 5V 引脚上，地线（−）接到 Arduino 开发板的 GND 上，信号输出（S）接到 Arduino 开发板具有模拟信号输入功能的端口（A0～A5）上，使用模拟引脚 A2，电路图如图 7-6 所示。

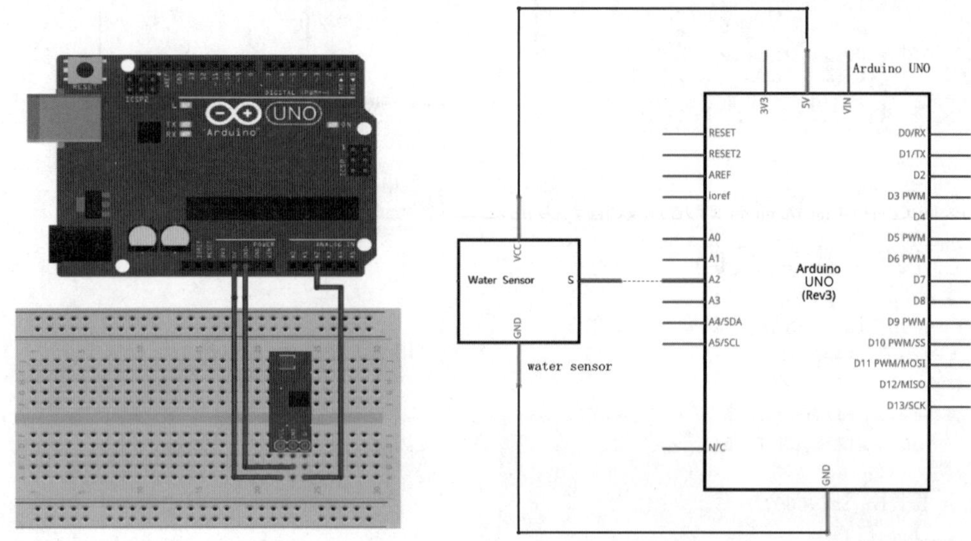

图 7-6 水位传感器电路图

7.2.3 实验代码

```
#include <Arduino.h>
int adc_id = 2;
int HistoryValue = 0;
char printBuffer[128];
void setup()
{
  Serial.begin(9600);                          //设置串口波特率为 9600
}
void loop()
{
  int value = analogRead(adc_id);             //读取 ADC 的值
  if(((HistoryValue >= value) && ((HistoryValue - value) > 10)) || ((HistoryValue < value)
&& ((value - HistoryValue) > 10)))
```

```
    {
      sprintf(printBuffer,"ADC % d level is % d\n",adc_id, value);
      Serial.print(printBuffer);
      HistoryValue = value;
    }
}
```

7.3 光强采集

7.3
微课视频

本节内容包括光强采集的原理、电路图和实验代码。

7.3.1 原理

光敏电阻是一种光感原件,随着光线的强度而改变阻值的一种元器件。由于光照产生更多的载流子,在外电场的作用下形成漂移运动,从而使光敏电阻的阻值迅速下降,即外界光线强的时候电阻减少,外界光线弱的时候电阻变大,如图 7-7 所示。

图 7-7 光敏电阻

7.3.2 电路图

本示例完成光强值的获取和 LED 的控制,功能之一是可以测量当前环境中的光强,并且可以通过串口监视器看到光强数值;功能之二是通过光敏电阻测得光强控制 LED 的导通,当外界光照正常时,LED 是灭的,即当前的亮度满足需求,不需要开灯操作;而当周围变暗时,需要开启 LED 照明,此时 LED 变亮。实验元器件包括:Arduino 开发板、USB 数据线、光敏电阻、1kΩ 电阻、面包板和导线。光敏电阻和 1kΩ 电阻串联,二者中间节点接模拟引脚 A2,光敏电阻的另一端接 Arduino 开发板的 5V 引脚,1kΩ 电阻的另一端接 Arduino 开发板的 GND,电路图如图 7-8 所示。

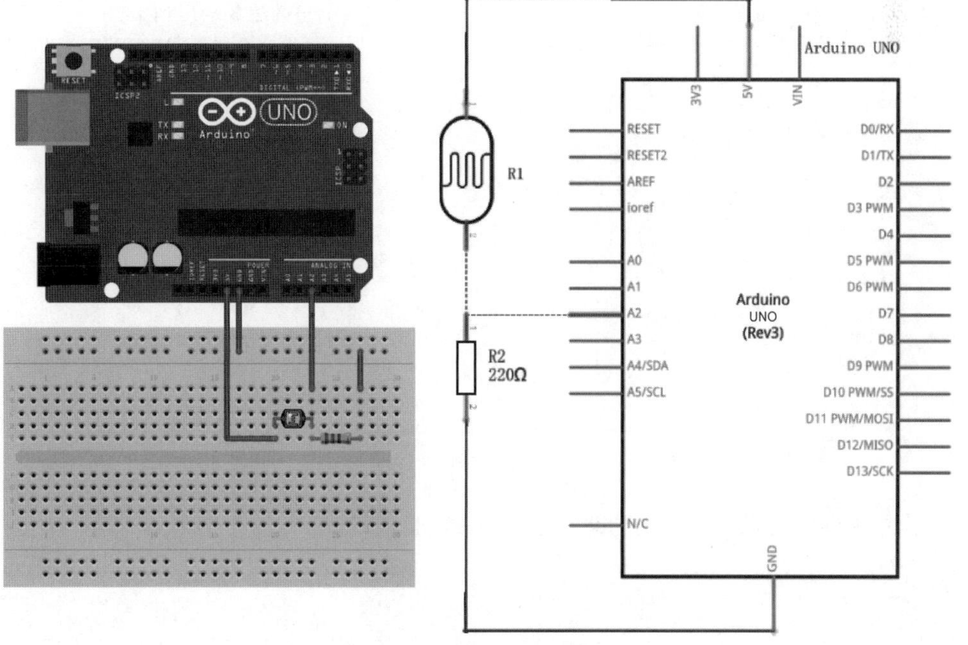

图 7-8 光敏电阻电路图

7.3.3 实验代码

光敏电阻功能一：读取光强的数值。

```
int photocellPin = 2;                              //光敏电阻连接模拟引脚 A2
int photocellVal = 0;                              //定义变量
void setup()
 {
  Serial.begin(9600);                              //设置串口波特率为 9600
}
void loop()
 {
  //读取光敏电阻并输出到串口
  photocellVal = analogRead(photocellPin);
  Serial.println(photocellVal);
  delay(100);
 }
```

光敏电阻功能二：控制 LED。

```
int photocellPin = 2;                              //光敏电阻接在模拟引脚 A2 上
int photocellVal = 0;                              //光敏电阻的值
int minLight = 200;                                //最小光线阈值,LED 的控制值
int ledPin = 13;
int ledState = 0;
void setup()
{
  pinMode(ledPin, OUTPUT);
  Serial.begin(9600);
}
void loop()
{
  photocellVal = analogRead(photocellPin);
  Serial.println(photocellVal);                    //读取光敏电阻的值并输出到串口
  if (photocellVal < minLight && ledState == 0)          //光线不足时打开 LED
    {
     digitalWrite(ledPin, HIGH);                         //打开 LED
     ledState = 1;
    }
  if (photocellVal > minLight && ledState == 1)          //光线充足时关掉 LED
    {
     digitalWrite(ledPin, LOW);                          //关闭 LED
     ledState = 0;
    }
 delay(100);
}
```

7.4 气体传感器

7.4
微课视频

本节内容包括气体传感器的原理、电路图和实验代码。

7.4.1 原理

气体传感器主要由 LM393、MQ-2、MQ-5、MQ-7 等组成，MQ-X 气体传感器所使用的

气敏材料是二氧化锡(SnO_2)。当传感器所处环境中存在可燃气体时,传感器的电导率随空气中可燃气体浓度的增加而增大,通过电路将电导率的变化转换为与该气体浓度相对应的输出信号。工作电压为直流5V,具有信号输出指示的功能,双路信号输出(类比量输出及TTL电平输出);其中,TTL输出有效信号为低电平(当输出低电平时信号灯亮,可直接接单片机),类比量输出0～5V电压,浓度越高电压越高;该传感器的缺点是需要2min以上的预热时间。传感器模块引脚如图7-9所示。

引脚1：AO模拟输出。
引脚2：DO数字输出。
引脚3：GND。
引脚4：5V。
引脚5：电源LED。
引脚6：发生作用时点亮LED。
引脚7：可调电阻调整感应灵敏度。

图7-9　气体传感器模块

7.4.2　电路图

本示例实现MQ-2气体传感器对液化气、氢气、丙烷气体浓度的检测,通过Arduino IDE的串口监视器输出当前气体浓度的值。实验元器件包括：Arduino开发板、USB连接线、MQ-2气体传感器模组、面包板和导线。电路接线：将气体传感器的VCC与Arduino开发板的5V引脚相连,将GND与Arduino开发板的GND相连,将传感器的模拟引脚AO接到Arduino开发板的模拟引脚A0,电路图如图7-10所示。

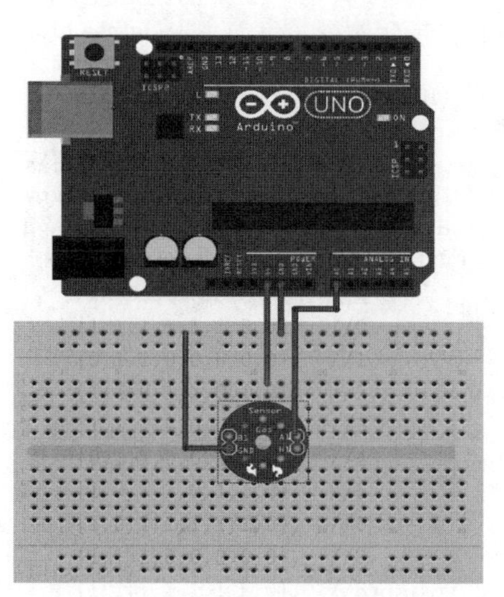

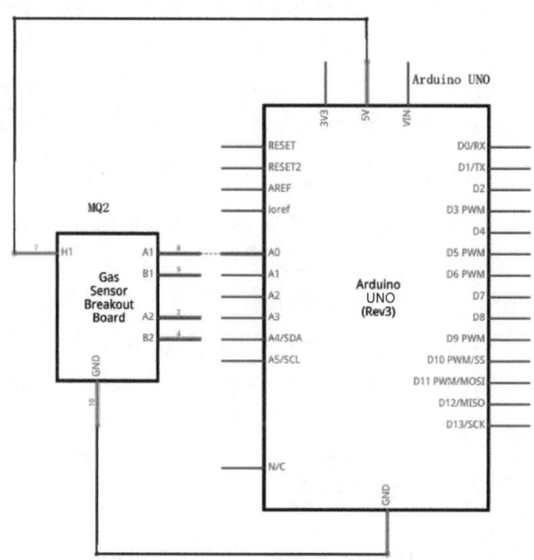

图7-10　气体传感器电路图

7.4.3 实验代码

```
//定义变量
float tempAD;
int tempPin = 0;
void setup()
{
Serial.begin(9600);                          //设置串口波特率为 9600
}
void loop()
  {
  tempAD = analogRead(tempPin);              //从传感器处读取数据
  Serial.print("AD = ");
  Serial.print((byte)tempAD);                //将数据输出到串口监视器
  Serial.print("\n");
  delay(1000);                               //在输出下一个数据前等待 1s
  }
```

7.5
微课视频

7.5 超声波传感器

本节内容包括超声波传感器的原理、电路图和实验代码。

7.5.1 原理

超声波是振动频率高于声波的机械波，具有频率高、波长短、绕射小，能够成为射线而定向传播等特点。超声波对液体、固体的穿透能力很强，可以达到几十米的深度。超声波碰到杂质或分界面会产生反射，形成反射回波，碰到活动物体能产生多普勒效应。超声波就是利用这些特性研制而成的传感器，广泛应用在工业、国防、生物医学等方面。

本示例使用 HC-SR04 超声波传感器，如图 7-11 所示，超声波传感器有四个引脚，分别为 VCC（电源）、TRIG（触发控制端）、ECHO（接收端）、GND（地）。它采用 I/O 触发测距，触发持续 10μs 以上的高电平信号；传感器模块自动发送 8 个 40kHz 的方波，然后自动检测是否有信号返回；如果有信号返回，则通过 I/O 输出高电平，高电平持续的时间就是超声波从发射到返回的时间；最后，进行距离计算，测试距离=（高电平时间×声速）/2。

图 7-11 超声波传感器

7.5.2 电路图

本示例实现超声波测距功能。实验元器件包括 Arduino 开发板、USB 连接线、面包板、导线、HC-SR04 超声波传感器。电路连线：超声波传感器的 VCC、GND 引脚分别与 Arduino 开发板的 5V 电源、GND 引脚相连，TRIG 和 ECHO 引脚分别连接到 Arduino 开发板的数字引脚 2 和 3，电路如图 7-12 所示。

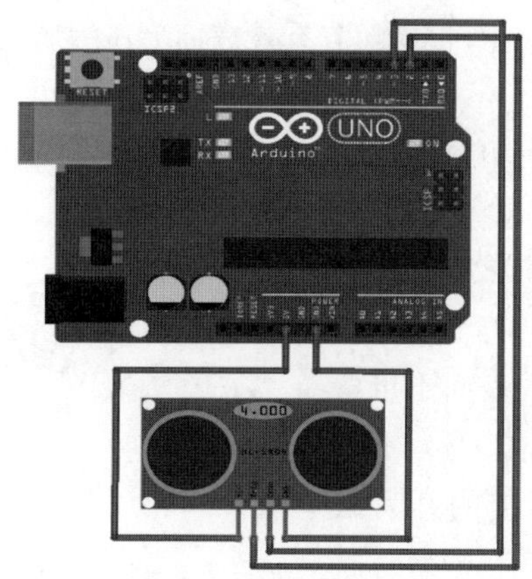

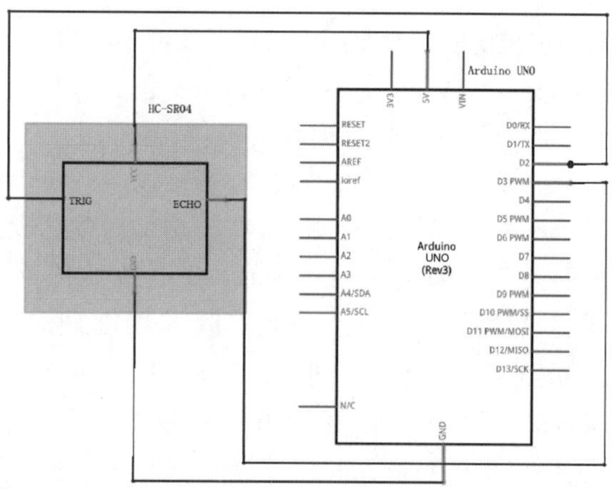

图 7-12 超声波测距电路连接图

7.5.3 实验代码

```
const int TrigPin = 2;                    //TRIG 接到 Arduino 开发板的数字引脚 2
const int EchoPin = 3;                    //ECHO 接到 Arduino 开发板的数字引脚 3
float cm;
void setup()
{
  Serial.begin(9600);                     //设置串口波特率为 9600
  pinMode(TrigPin, OUTPUT);
  pinMode(EchoPin, INPUT);
}
void loop()
{
  digitalWrite(TrigPin, LOW);             //低电平发短时间脉冲
  delayMicroseconds(2);
  digitalWrite(TrigPin, HIGH);
  delayMicroseconds(10);
  digitalWrite(TrigPin, LOW);
  cm = pulseIn(EchoPin, HIGH) / 58.0;     //将回波时间进行换算
  cm = (int(cm * 100.0)) / 100.0;         //保留两位小数
  Serial.print(cm);                       //串口监视器输出
  Serial.print("cm");
  Serial.println();
  delay(1000);
}
```

7.6 压力传感器

7.6
微课视频

本节内容包括压力传感器的原理、电路图和实验代码。

7.6.1 原理

压力感应电阻是弯曲压力传感器的一种类型,简称 FSR,它是随着有效表面上压力增大而输出阻值减小的高分子薄膜。FSR 的厚度为 0.2～1.25mm,压力敏感范围是 100～10 000g,FSR 并不是测压元器件或形变测量仪,它不适用于精密测量,只是一款灵敏度较高的传感器。本示例使用 FSR01,如图 7-13 所示。

由于压力传感器的特殊性,在使用的时候需要选择稳固、光滑且平坦的表面。如果表面是曲面,就会造成传感器的弯曲,导致 FSR 受力,影响 FSR 的测量精度(注:FSR 是圆形,有效表面不可弯曲,而长尾部可以弯曲)。同时,要保持接触表面的清洁,受力不要超过额定值,尽量不要焊接到万用板或者没有特定封装的开发板上,以免尾部受热变形。若用导线将其接入电路,最好用热缩管将尾部的两部分隔开。

图 7-13 压力传感器

7.6.2 电路图

本示例实现以下功能,使用 Arduino 板载 LED,按 FSR 有效表面时,将 FSR 读出的模拟值赋给 LED,通过 LED 的亮度,可以看出压力的大小,通过串口监视器读出压力的模拟值。元器件包括 Arduino 开发板、USB 连接线、面包板、FSR01 压力传感器和 1kΩ 电阻,电路图如图 7-14 所示。

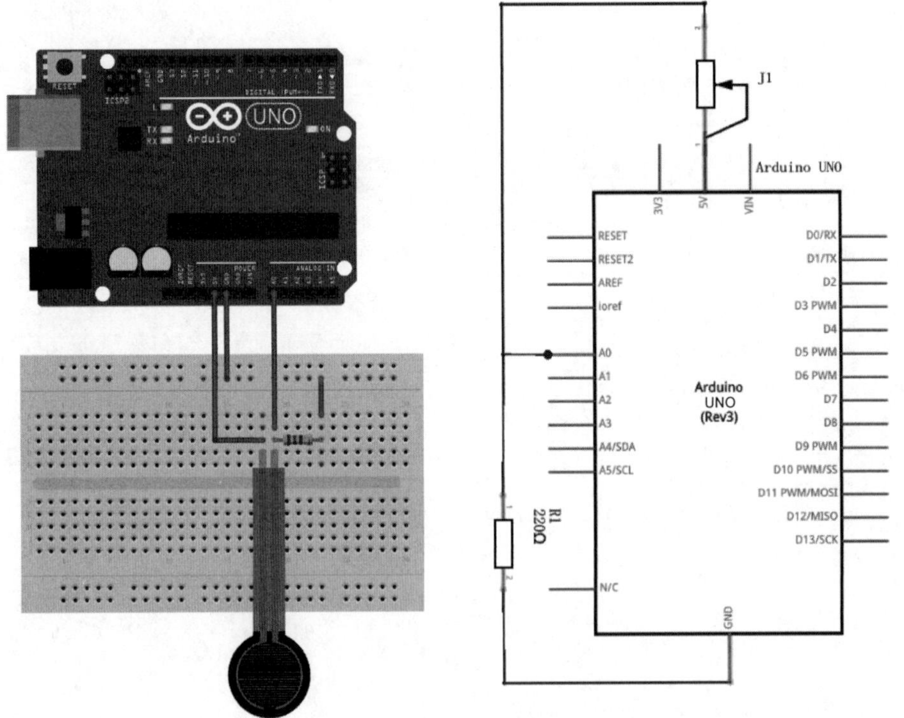

图 7-14 压力传感器电路图

7.6.3 实验代码

```
int ledpin = 13;
int potpin = 0;
int val;
int i;                                          //定义变量
void setup()
{
  pinMode(ledpin,OUTPUT);
  pinMode(potpin,INPUT);
  Serial.begin(9600);                           //设置串口波特率为 9600
}
void loop()
{
  val = analogRead(potpin);                     //读取压力数值
  analogWrite(ledpin,val);                      //输出到 LED 引脚
  Serial.println(val);
 }
```

7.7 PIR 运动传感器

7.7
微课视频

本节内容包括运动传感器的原理、电路图和实验代码。

7.7.1 原理

PIR(Passive Infrared,被动式红外辐射)传感器,也称作热释电红外传感器,通过检测运动中人体产生的热量来感知运动。被动是指该设备只对接收到的辐射作出反应,而不是主动发送信号或扫描某个区域。

PIR 是一个运动传感器,如图 7-15 所示,可以检测房间内移动的物体,距离为 7m 之内,角度为 110°之内。传感器有一个数字输出引脚,一般情况下该引脚的状态为 LOW(低电平),当传感器检测到有物体运动时,引脚的状态就会从 LOW 变为 HIGH(高电平)。通常有一个或多个电位器调节传感器的灵敏度。在本示例中,使用 PIR 运动传感器控制一个 LED,当传感器检测到有物体在移动时 LED 打开。

图 7-15 PIR 运动传感器

7.7.2 电路图

本示例使用 Arduino 开发板、PIR 运动传感器、导线、面包板、一个 220 Ω 的电阻和一个 LED,电路图如图 7-16 所示。PIR 运动传感器有三个引脚:VCC、OUTPUT 和 GND。将 GND 引脚连接到开发板的 GND,VCC 连接到开发板的 5V 引脚,OUTPUT 连接到开发板

的数字引脚 2。将 LED 的正极(通常是较长的引脚)通过一个 220Ω 的电阻连接到开发板的数字引脚 13,最后将 LED 的负极连接到开发板的 GND。

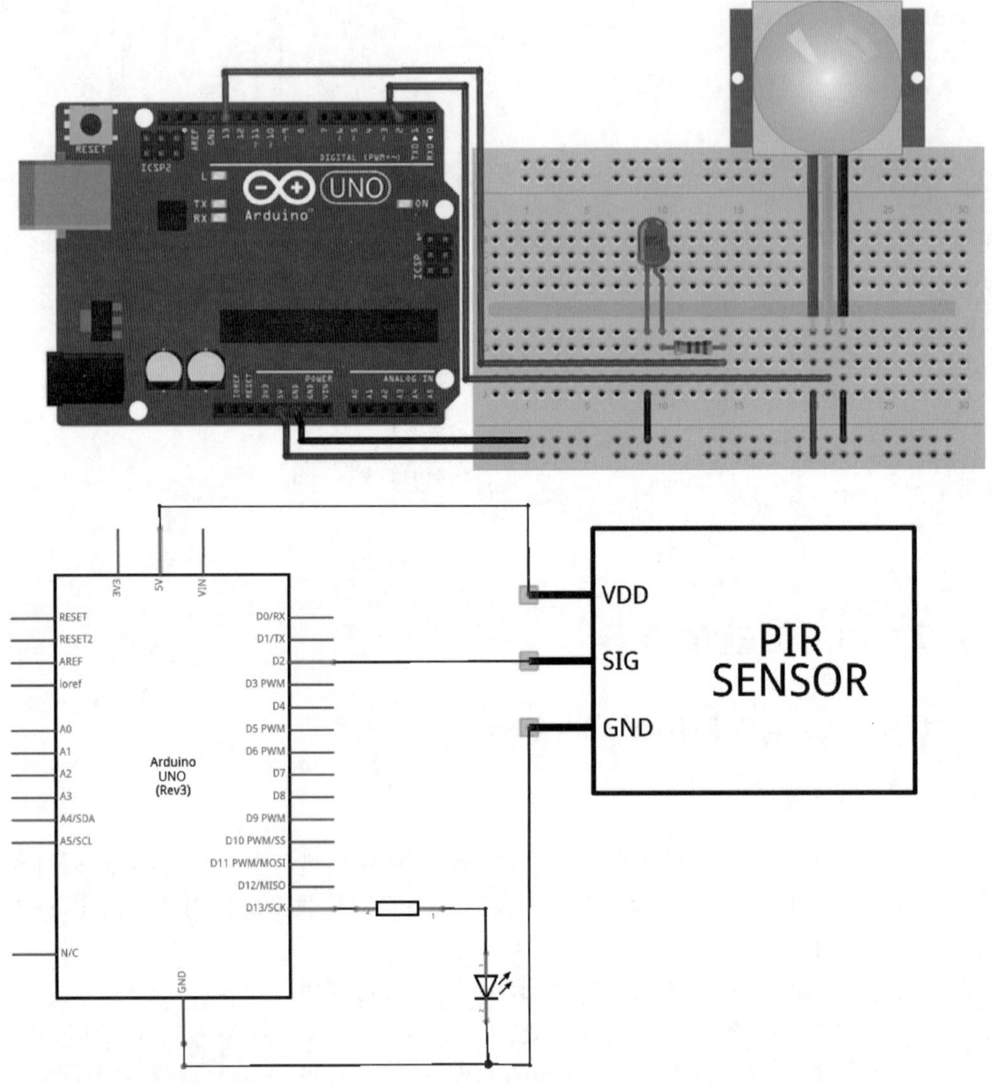

图 7-16 PIR 传感器示例电路图

7.7.3 实验代码

实验开始时 LED 不亮,如果传感器检测到有物体在运动,LED 会亮 3s,然后自动熄灭。代码如下：

```
/* PIR 运动传感器示例 */
int sensor = 2;
int led = 13;
int pir;
```

```
void setup()
{
  pinMode(led,OUTPUT);
  digitalWrite(led,LOW);                          //LED 关闭
}
void loop()
{
  pir= digitalRead(sensor);                       //读取传感器的值
  if (pir == 1){
    digitalWrite(led,HIGH);                       //LED 打开
    delay(3000);
    digitalWrite(led,LOW);                        //LED 关闭
    }
    delay(100);
}
```

7.8　声音传感器

7.8 微课视频

本节内容包括声音传感器的原理、电路图和实验代码。

7.8.1　原理

传感器内置一个对声音敏感的电容式驻极体话筒。声波使话筒内的驻极体薄膜振动，导致电容的变化，而产生与之对应变化的微小电压。这一电压随后被转换成0～5V的电压，经过A/D转换被数据采集器接收，并传送给计算机。

声音传感器是一个有麦克风的开发板，如图7-17所示，它的作用相当于一个话筒（麦克风），用来接收声波，显示声音的振动图像，可以检测环境中的声音，但不能对噪声的强度进行测量。本示例中，使用声音传感器，在发出声音时，控制LED的亮灭。

图7-17　声音传感器

7.8.2　电路图

本示例需要的元器件包括Arduino开发板、USB连接线、声音传感器、导线、面包板、220Ω的电阻和LED，电路图如图7-18所示。声音传感器通常有四个引脚：VCC、GND、AO和DO，AO为模拟量输出，实时输出麦克风的电压信号，DO为数字量输出，当声音强度到达某个阈值时，输出高低电平信号。将声音传感器的GND引脚连接到开发板的GND，VCC连接到开发板的5V引脚，模拟引脚AO连接到开发板的模拟引脚A0，将DO连接到开发板的数字引脚2。

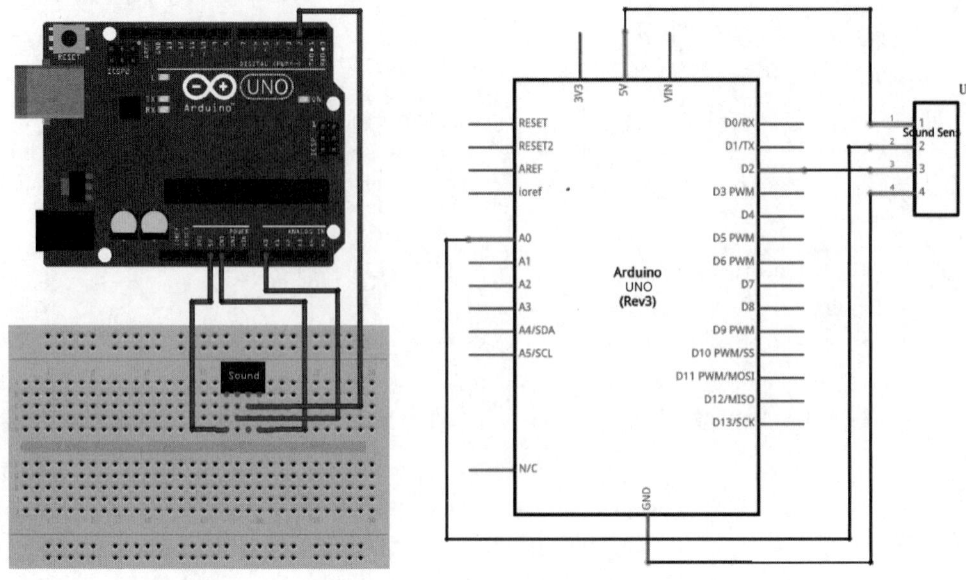

图 7-18　声音传感器实验电路图

7.8.3　实验代码

本节内容包括数字输出实验和模拟输出实验。

1. 数字输出实验

通过连接在引脚 2 的数字信号，控制引脚 13 的 LED 亮灭。

```
void setup()
{
  pinMode(2,INPUT);
  pinMode(13,OUTPUT);
}
void loop() {
  if (digitalRead(2)) {
  digitalWrite(13, LOW);
  }
  else {
  digitalWrite(13, HIGH);
  delay(2000);
  }
}
```

2. 模拟输出实验

开始时 LED 不亮，如果传感器检测声音的强度超过了预定的阈值，LED 会反转状态。可以通过改变阈值或转动微调器改变传感器的灵敏度。

```
/*声音传感器示例*/
int led = 13;
int threshold = 500;                          //如果想要改变传感器的灵敏度,可以改变这个值
int sound;
int led_value;
```

```
void setup() {
   pinMode(led, OUTPUT);
   digitalWrite(led,LOW);
   led_value = 0;
}
void loop() {
   sound  =  analogRead(A0);                    //从模拟引脚 A0 读取值
   if(sound > = threshold){
      led_value = ! led_value;}
   digitalWrite(led, led_value);
   delay(100);
}
```

7.9　三轴加速传感器

7.9 微课视频

本节内容包括三轴加速传感器的原理、电路图和实验代码。

7.9.1　原理

LIS3DH 是 ST 公司生产的 MEMS 三轴加速度计芯片，实现运动传感的功能。主要特性有：工作电压范围为 1.71～3.6V；在低功耗模式电流为 2μA，正常工作模式时功耗为 11μA；测量范围为±2g～±16g；接口支持 I2C、三线制/四线制 SPI；输出 16 位数据，有两个可编程中断输出引脚，用于自由落体和动作检测、6D/4D 方向检测，内置 A/D 支持 3 路外部信号输入，内置温度传感器，用于自检测功能。运动传感器如图 7-19 所示，引脚说明如下：

Vdd：电源。

Vdd_IO：数字引脚供电电源。

GND：地。

RES：连接到地。

NC：不连接。

CS：I2C 接口选择(CS=1)或 SPI 接口片选引脚(CS=0)。

SCL/SPC：I2C 接口或 SPI 接口的时钟线。

SDA/SDI/SDO：I2C 接口或 SPI 接口数据线。

SDO/SA0：I2C 地址选择引脚或四线制 SPI 接口输出引脚，浮空时为 1。

INT1/ INT2：中断信号输出，触发条件可中断。

ADC1、ADC2、ADC3：数模转换的模拟信号输入引脚。

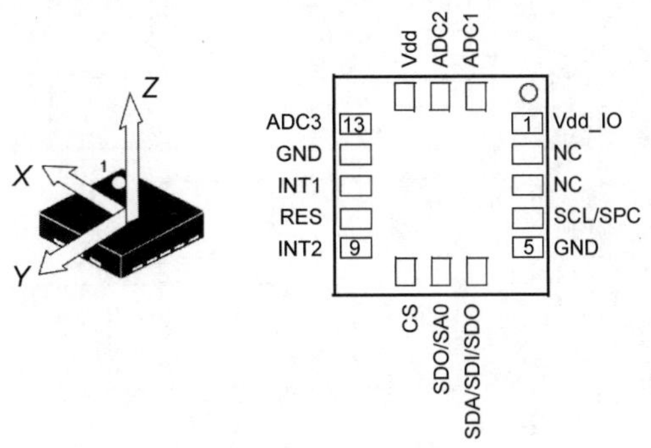

图 7-19　运动传感器

采用LIS3DH芯片的电路图如图7-20所示，封装后的LIS3DH模块如图7-21所示。

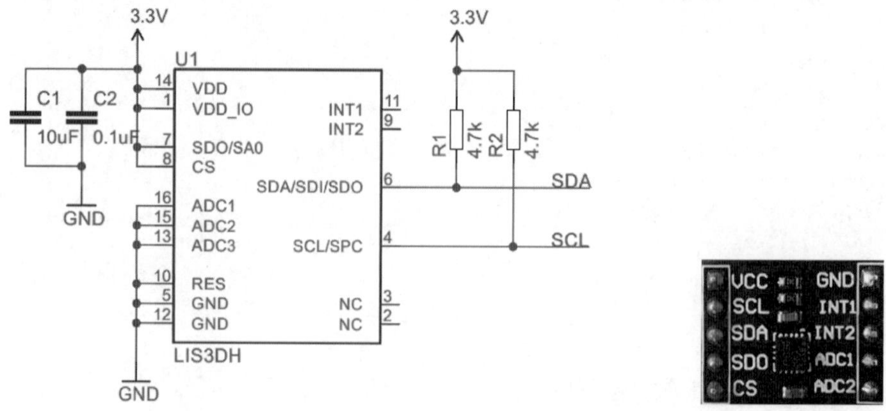

图7-20 LIS3DH芯片的电路图　　　　图7-21 封装后的LIS3DH模块

7.9.2 电路图

本示例需要的元器件包括Arduino开发板、USB连接线、LIS3DH传感器、导线、面包板，Arduino开发板与封装的LIS3DH三轴传感器连接关系如表7-1所示，电路图如图7-22所示。

表7-1 Arduino开发板与LIS3DH三轴传感器连接关系

Arduino开发板	LIS3DH	Arduino开发板	LIS3DH
3.3V	VCC	GND	ADC1
3.3V	SDO	GND	ADC2
3.3V	CS	A5（SCL）	SCL
GND	GND	A4（SDA）	SDA

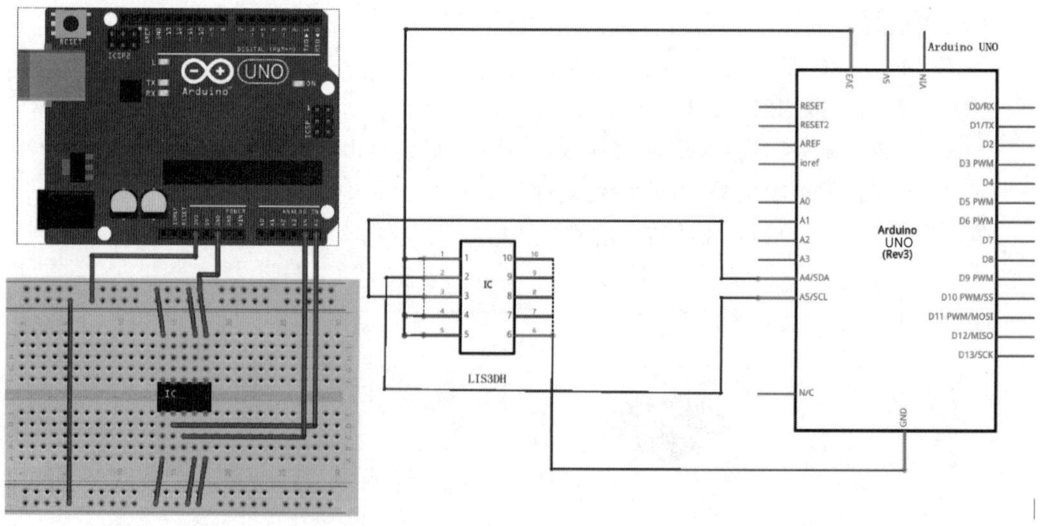

图7-22 三轴加速传感器电路图

7.9.3 实验代码

LIS3DH 工作于 3.3V，采用 I2C 接口进行通信，未利用 INT1、INT2 和 FIFO 的功能。本实验测量 LIS3DH 运动传感器三轴加速度测量结果，通过串口监视器打印，单位为 mg，代码如下：

```
#include <Wire.h>
#define ADDRESS_LIS3DH 0x19
#define CTRL_REG1 0x20
#define CTRL_REG4 0x23
#define CTRL_REG5 0x24
#define STATUS_REG 0x27
#define OUT_X_L 0x28
byte buffer[6];
byte statusReg;
boolean ready = false;
int outX, outY, outZ;
int xVal, yVal, zVal;
void setup()
{
  Wire.begin();
  Serial.begin(9600);
  delay(5);                                  //延迟 5ms,开启引导程序
  Wire.beginTransmission(ADDRESS_LIS3DH);
  Wire.write(CTRL_REG5);
  Wire.write(0x80);
  Wire.endTransmission();
  delay(5);
  //设置 ODR = 1 Hz, 正常模式, 启用 x、y、z 轴
  Wire.beginTransmission(ADDRESS_LIS3DH);
  Wire.write(CTRL_REG1);
  Wire.write(0x17);
  Wire.endTransmission();
  //设置 BDU = 1, scale = +/-2g, 启用高分辨率
  Wire.beginTransmission(ADDRESS_LIS3DH);
  Wire.write(CTRL_REG4);
  Wire.write(0x80);
  Wire.endTransmission();
}
void loop()
{
  //读取 STATUS_REG
  while(ready == false)
  {
    Wire.beginTransmission(ADDRESS_LIS3DH);
    Wire.write(STATUS_REG);
    Wire.endTransmission();
    Wire.requestFrom(ADDRESS_LIS3DH, 1);
```

```
        if (Wire.available() >= 1)
        {
            statusReg = Wire.read();
        }
        if (bitRead(statusReg, 3) == 1)          //如果有新数据
        {
            ready = true;
        }
        delay(10);
    }
    if (bitRead(statusReg, 7) == 1)
    {
        Serial.println("Some data have been overwritten.");
    }
    //读取结果
    Wire.beginTransmission(ADDRESS_LIS3DH);
    Wire.write(OUT_X_L | 0x80);                  //读取多字节
    Wire.endTransmission();
    Wire.requestFrom(ADDRESS_LIS3DH, 6);
    if (Wire.available() >= 6)
    {
        for (int i = 0; i < 6; i++)
        {
            buffer[i] = Wire.read();
        }
    }
    //计算数据
    outX = (buffer[1] << 8) | buffer[0];
    outY = (buffer[3] << 8) | buffer[2];
    outZ = (buffer[5] << 8) | buffer[4];
    xVal = outX / 16;
    yVal = outY / 16;
    zVal = outZ / 16;
    Serial.print("outX: "); Serial.print(xVal); Serial.print("   ");     //打印数据
    Serial.print("outY: "); Serial.print(yVal); Serial.print("   ");
    Serial.print("outZ: "); Serial.println(zVal);
    ready = false;
}
```

本章习题

1. 使用 Arduino 开发板读出 DS18B20 温湿度传感器的值，在串行端口上打印所监视环境的摄氏温度和湿度值。

2. 请使用 Arduino 开发板、倾斜传感器和 LED 确定传感器的状态。定义两个变量用于控制倾斜传感器和 LED，两个变量用于确定当前/以前的状态，两个变量用于确定是否超过阈值和计时。如果检测到物体在运动，将 LED 的状态改为 HIGH 或 LOW。如果当前的

读取操作是在时间阈值之后才进行的,则改变 LED 的状态。当到达时间阈值之后倾斜传感器没有检测到物体运动,则重置 LED 的状态。

3. 使用一个光敏电阻控制一个 LED,随着光敏电阻接收到的光强变化,控制一个 LED 的亮度。光敏电阻接收到的光强越弱,LED 就会越亮,试设计电路及代码。

4. 控制三个压力传感器以产生不同的音调,声音通过 8Ω 扬声器播放,实现一个简单的键盘。根据按压了哪个传感器,使用 tone()命令生成不同的音调,试设计电路及代码。

5. 使用声音传感器测试环境中的声音,在拍手的时候,控制一个 LED 的亮灭,灵敏度的值为 300,LED 亮度持续时间为 5s,试设计电路及代码。

第8章 Arduino 显示控制

CHAPTER 8

显示部分是在硬件实验中比较重要的一部分，可以了解到当前实验设备的状态如何，从而为开发者进行调试提供方便；与此同时，它也可以作为实验成果的展示窗口。

8.1
微课视频

8.1 LED

本节内容包括 LED 的原理、电路图和实验代码。

8.1.1 原理

发光二极管简称为 LED。由含镓(Ga)、砷(As)、磷(P)、氮(N)、硅(Si)等化合物制成的二极管，当电子与空穴复合时能辐射出可见光，因而可以制成发光二极管。在电路及仪器中作为指示灯，或者组成文字与数字显示，如图 8-1 所示。

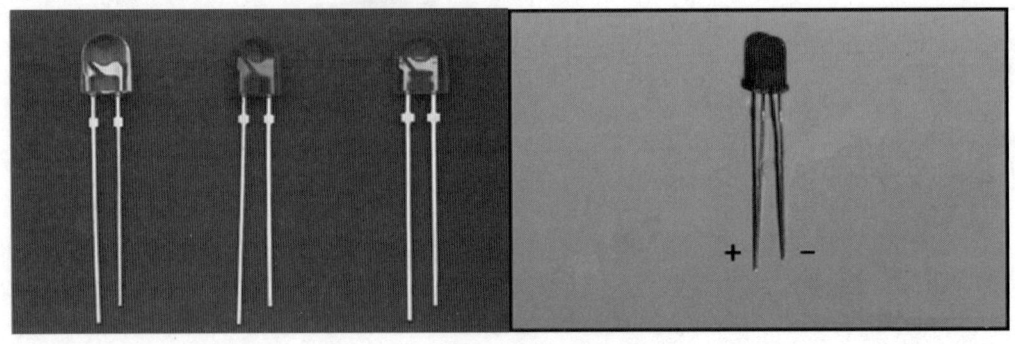

图 8-1 发光二极管

它是半导体二极管的一种，可以把电能转换为光能。发光二极管与普通二极管都是由一个 PN 结组成，也具有单向导电性。当给发光二极管通上正向电压后，从 P 区注入 N 区的空穴和由 N 区注入 P 区的电子，在 PN 结附近数微米内分别与 N 区的电子和 P 区的空穴复合，产生自发辐射的荧光。不同的半导体材料中电子和空穴所处的能量状态不同。当电子和空穴复合时释放出的能量越多，则发出光的波长越短。常用的是发红光、绿光或黄光的二极管。发光二极管的反向击穿电压大于 5V。它的正向伏安特性曲线很陡，使用时必须串联限流电阻以控制通过二极管的电流。

8.1.2　电路图

本示例需要的元器件包括 Arduino 开发板、USB 连接线、导线、面包板、220Ω 电阻和 LED。在 Arduino 开发板上有名称为 L 的 LED 发光二极管，它连接在数字引脚 13 上，所以通过控制数字引脚 13 就能够控制此 LED 闪烁。而使用单独的 LED，则需要分清正负极，引脚长的为正极，短的为负极，一定要通过保护电阻(220Ω)连接 Arduino 开发板上才可以使用，电路图如图 8-2 所示。

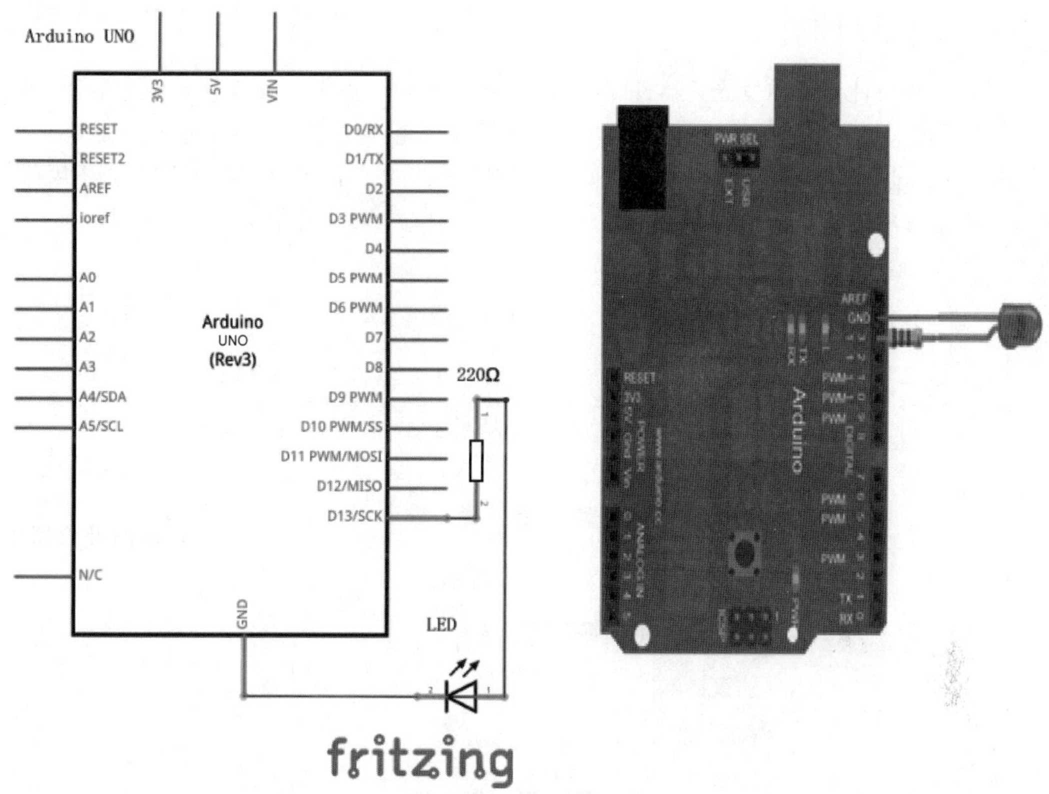

图 8-2　Arduino 开发板与 LED 连接电路图

8.1.3　实验代码

本例程的功能是使 LED 闪烁，先亮 1s，再灭 1s，如此反复。代码如下：

```
int led = 13;                        //定义
void setup()                         //每当按下 reset,setup()会重新运行一次
   {
    pinMode(led, OUTPUT);            //初始化数字引脚,使其为输出状态
   }
void loop()
{                                    //循环部分会一直运行
  digitalWrite(led, HIGH);           //使 LED 亮
  delay(1000);                       //持续 1s
```

```
  digitalWrite(led, LOW);            //使 LED 灭
  delay(1000);                       //持续 1s
}
```

8.2
微课视频

8.2 数码管

本节内容包括数码管的原理、电路图和实验代码。

8.2.1 原理

数码管是一种半导体发光元器件，其基本单元是发光二极管。按段数分为七段数码管和八段数码管，八段数码管比七段数码管多一个发光二极管单元（多一个小数点显示），如图 8-3 所示。七段数码管一般有 8 个引脚，分别对应 A、B、C、D、E、F、G、H 各段和公用极；八段数码管一般有 10 个引脚，分别对应 A、B、C、D、E、F、G、H 各段和两个公用极，在购买时查看具体说明，确认每个引脚对应段的位置。

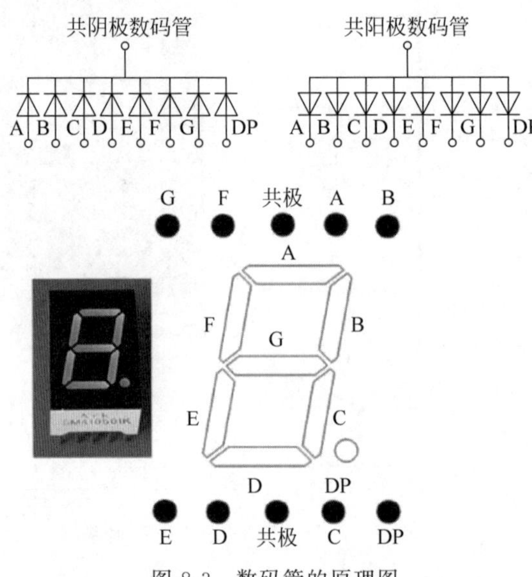

图 8-3 数码管的原理图

发光二极管单元连接方式分为共阳极数码管和共阴极数码管。共阳极数码管是指将所有发光二极管的阳极连接到一起形成公共阳极的数码管。共阳极的数码管在应用时应将公共极接到电源正极上，当某一字段发光二极管的阴极为低电平时，相应字段就点亮。当某一字段的阴极为高电平时，相应字段就熄灭。共阴极的数码管则正好相反，阴极连接到一起形成了公共阴极，阳极是独立分开的。

8.2.2 电路图

在使用之前，需要查看说明，了解所使用的是共阴极还是共阳极的数码管，并且明确每一个引脚的作用。数码管和发光二极管一样，需要添加限流电阻，供给电源电压宁可小而不可大，所以推荐选择 220Ω 限流电阻给 Arduino 开发板供电，将电阻串联在供电线路上。

本示例需要的元器件包括 Arduino 开发板、USB 连接线、导线、面包板，1kΩ 电阻和数码管。数码管电路连接如图 8-4 所示，显示了一个共阴极数码管的连接方式，数码管 A、B、C、D、E、F、G、H 段对应的引脚分别接在 Arduino 开发板数字引脚 2～9 上，共阴极通过限流电阻接地，当 Arduino 开发板的任何引脚为高电平时，对应数码管段便会被点亮，请读者自己尝试连接测试。

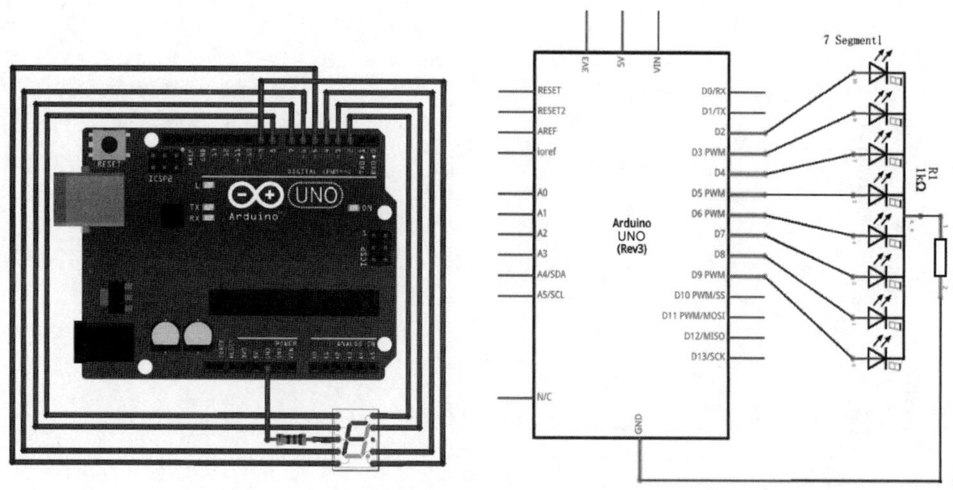

图 8-4　Arduino 开发板与数码管电路连接

8.2.3　实验代码

本示例通过控制数码管上不同的控制段，在数码管显示 0～9 数字和 A～F 的字母，代码如下：

```
int pinDigitron = 2;                    //数字引脚 2～9 分别连接到数码管的 A～H 段引脚上
void setup() {
  for(int x = 0; x < 8; x++)
    pinMode(pinDigitron + x, OUTPUT); //设置各引脚为输出状态
}
//在数码管中显示数字的函数
void displayDigit(unsigned char digit) {
  //定义一个数组表：不同数字的 A、B、C、D、E、F、G 各段的取值
  unsigned char abcdefgh[][8] = {
    //A、B、C、D、E、F、G、H 的取值
    {1,1,1,1,1,1,0,0},  //0
    {0,1,1,0,0,0,0,0},  //1
    {1,1,0,1,1,0,1,0},  //2
    {1,1,1,1,0,0,1,0},  //3
    {0,1,1,0,0,1,1,0},  //4
    {1,0,1,1,0,1,1,0},  //5
    {1,0,1,1,1,1,1,0},  //6
    {1,1,1,0,0,0,0,0},  //7
    {1,1,1,1,1,1,1,0},  //8
    {1,1,1,1,0,1,1,0},  //9
    {1,1,1,0,1,1,1,0},  //A
    {0,0,1,1,1,1,1,0},  //B
```

```
    {1,0,0,1,1,1,0,0},  //C
    {0,1,1,1,1,0,1,0},  //D
    {1,0,0,1,1,1,1,0},  //E
    {1,0,0,0,1,1,1,0},  //F
  };
  if ( digit >=  16 ) return;
  for (unsigned char x = 0; x < 8; x++)
    digitalWrite( pinDigitron + x, abcdefgh[digit][x] );
}
void loop() {
   //在数码管中显示 0～9 数字和 A～F 字母
   for (int x = 0; x < 16; x++) {
     displayDigit(x);                //调用 displayDigit()子函数,显示
     delay(1000);                    //等待 1000ms
   }
}
```

8.3
微课视频

8.3 点阵

本节内容包括点阵的原理、使用方法和实验代码。

8.3.1 原理

点阵是最简单的 LED 组合，一般点阵有出厂信息。例如型号为 LG5011AH 的点阵中，AH、BH 中的 A 代表共阴极、B 代表共阳极，H 代表高亮，如图 8-5 所示为共阳极的点阵，也就是说，数字引脚 9 连接所有这一行二极管的正极，所以称为共阳极。按照惯例，数字引脚 13 连接所有这一列二极管的负极就是共阴极。

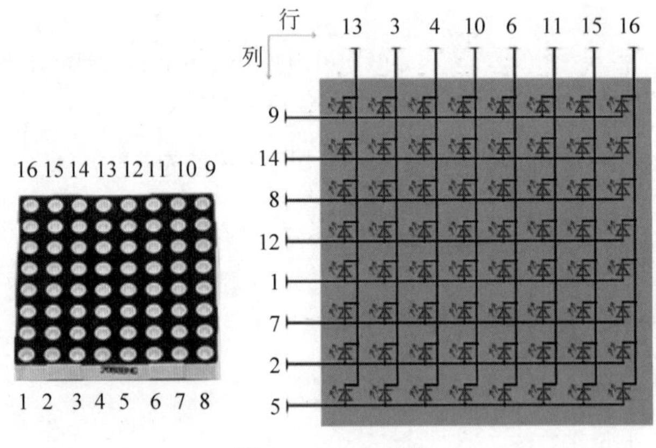

图 8-5　8×8 点阵

8×8 点阵由 64 个单色发光二极管组成，且每个发光二极管是放置在行线和列线的交叉点上，当对应的某一行置 1 电平，某一列置 0 电平，则相应的二极管就亮。例如，如同所有 LED 放置在一个二维坐标系之中，若将(1,1)点亮，则点阵数字引脚 9 接高电平，而数字引脚 13 接低电平，第一个点会亮；其他 LED 的控制以此类推。

8.3.2 电路图

本示例需要的元器件包括 Arduino 开发板、USB 连接线、导线、面包板和共阳极点阵模块。在使用之前，要清楚引脚的连接方法，如表 8-1 所示，8×8 点阵的引脚不是按照行或者列的顺序排列，这个表相当于在 Arduino 电路中使用 8×8 点阵的说明书，只要将相应的引脚进行连接，便可以对点阵进行编程控制。

表 8-1　8×8 点阵引脚对照表

点阵引脚	行	列	Arduino 引脚
1	5	—	13
2	7	—	12
3	—	2	11
4	—	3	10
5	8	—	16(模拟引脚 A2)
6	—	5	17(模拟引脚 A3)
7	6	—	18(模拟引脚 A4)
8	3	—	19(模拟引脚 A5)
9	1	—	2
10	—	4	3
11	—	6	4
12	4	—	5
13	—	1	6
14	2	—	7
15	—	7	8
16	—	8	9

8×8 点阵电路连接示意图如图 8-6 所示，它使用了点阵的数字引脚 2～13 号，模拟引脚 A2～A5 号作为数字引脚 16～19 号使用。而电位器则是中心引脚分别连接到模拟引脚 A0 和 A1 号上，边缘两个引脚分别连接到 5V 和 GND。读者也可以自行尝试不连接电位器的输入，通过编程实现 LED 点阵的点亮与图形的显示。

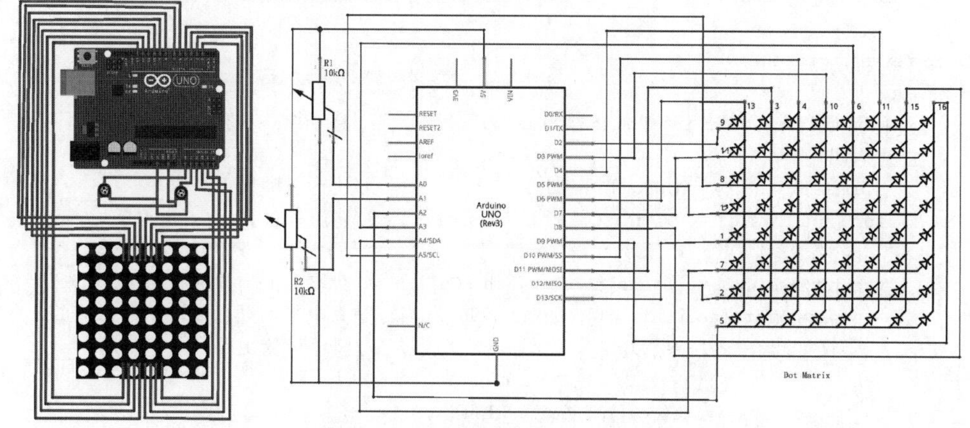

图 8-6　8×8 点阵电路连接示意图

8.3.3 实验代码

本示例通过使用两个模拟输入控制一个8×8点阵,输入坐标值,在特定位置点亮LED,其中行是阳极,列是阴极。

```
const int row[8] = { 2,7,19,5,13,18,12,16 };          //定义数组存放行引脚号
const int col[8] = { 6,11,10,3,17,4,8,9  };           //定义数组存放列引脚号
int pixels[8][8];                                     //定义二维数组存放点的坐标
int x = 5;                                            //初始光标位置
int y = 5;
void setup() {                                        //初始化 I/O 引脚输出,遍历点亮引脚
   for (int thisPin = 0; thisPin < 8; thisPin++)      //初始化输出引脚
  {
   pinMode(col[thisPin], OUTPUT);
   pinMode(row[thisPin], OUTPUT);
   digitalWrite(col[thisPin], HIGH);     //给列引脚(阴极)高电平,保证 LED 是熄灭状态
   }
   for (int x = 0; x < 8; x++)                        //初始化坐标点阵
  {
    for (int y = 0; y < 8; y++) {
      pixels[x][y] = HIGH;
    }
  }
}
void loop()                                           //读取输入
 {
   readSensors();
  refreshScreen();                                    //绘制点阵
 }
void readSensors()
  {
  pixels[x][y] = HIGH;                                //关闭一个点亮的 LED
  x = 7 - map(analogRead(A0), 0, 1023, 0, 7);         //从传感器读取行和列的值
  y = map(analogRead(A1), 0, 1023, 0, 7);
  pixels[x][y] = LOW;                    //将该坐标置于低电平,在下次刷新时 LED 会点亮
  }
void refreshScreen()
{
   for (int thisRow = 0; thisRow < 8; thisRow++)      //遍历行(阳极)
    {
      digitalWrite(row[thisRow], HIGH);               //让行引脚置于高电平
      for (int thisCol = 0; thisCol < 8; thisCol++)   //遍历列(阴极)
     {
        int thisPixel = pixels[thisRow][thisCol];     //获取当前位置的状态
        digitalWrite(col[thisCol], thisPixel);//当行是高电平而列是低电平时对应 LED 点亮
          if (thisPixel == LOW)                       //将该位置关闭
         {
             digitalWrite(col[thisCol], HIGH);
     }
    }
```

```
        digitalWrite(row[thisRow], LOW);                //将行引脚置为低电平,关闭整行 LED
    }
}
```

8.4　LCD

8.4
微课视频

本节内容包括 LCD(液晶显示器)的原理、电路图和实验代码。

8.4.1　原理

LCD 是最常用的电子显示设备。液晶的物理特性是：当通电时导通，排列变得有秩序，使光线容易通过；不通电时，排列混乱，阻止光线通过。LCD 技术是把液晶灌入两个列有细槽的平面之间。这两个平面上的槽互相垂直(相交成 90°)。由于光线顺着分子的排列方向传播，所以光线经过液晶时也被扭转 90°。但当液晶上加一个电压时，分子便会重新垂直排列，使光线能直射出去，而不发生任何扭转。总之，通电时将光线阻断，不通电时则使光线射出，这便是单色液晶显示的原理。如图 8-7 所示为 LCD 实物图，左侧为正面，右侧为反面。

图 8-7　LCD 实物图

8.4.2　电路图

本示例需要的元器件包括 Arduino 开发板、USB 连接线、导线、面包板和 LCD 显示屏。LCD 1602 可以显示 16×2 个字符，芯片的工作电压是 4.5～5.5V，工作电流为 2.0mA(5.0V)，字符尺寸为 2.95mm×4.35mm(W×H)。共有 16 个引脚，其定义如表 8-2 所示。

表 8-2　LCD 1602 引脚定义

编号	符号	引脚说明	编号	符号	引脚说明
1	VSS	电源地	9	DB2	数据 I/O
2	VDD	电源正极	10	DB3	数据 I/O
3	V0	液晶显示偏压信号	11	DB4	数据 I/O
4	RS	数据/命令选择引脚(V/L)	12	DB5	数据 I/O
5	R/W	读/写选择引脚(H/L)	13	DB6	数据 I/O
6	E	使能信号	14	DB7	数据 I/O
7	DB0	数据 I/O	15	LED+	背光源正极
8	DB1	数据 I/O	16	LED−	背光源负极

引脚说明如下：

(1) 电源需要使用两组：一组是模块电源，另一组是背光板电源，一般均使用5V供电。

(2) V0是调解对比度的引脚，需要串联最大电阻小于5kΩ的电位器进行调节。电位器的连接分为高电位和低电位的接法，如图8-8中使用的是低电位接法，串联1kΩ电阻之后接GND。注意：接GND的对比度电阻是不同的，读者操作之前请先在电位器上进行测试。

(3) RS是数据/命令选择引脚，该引脚电平为高时，表示进行数据操作，电平为低时，表示进行命令操作。

(4) R/W是读写选择引脚，该引脚电平为高时，表示要进行读操作，电平为低时，表示要进行写操作。

(5) E是使能端口，总线信号稳定后，会向使能端发射正脉冲信号，以便读取数据，而使能端维持高电平时，总线会让其维持原状态。

(6) 0～7是8位双向并行总线，用来传送数据。

LCD 1602具体有三种接法：八位连接方法、四位连接方法和I2C电路连接方法，如图8-8～图8-10所示。

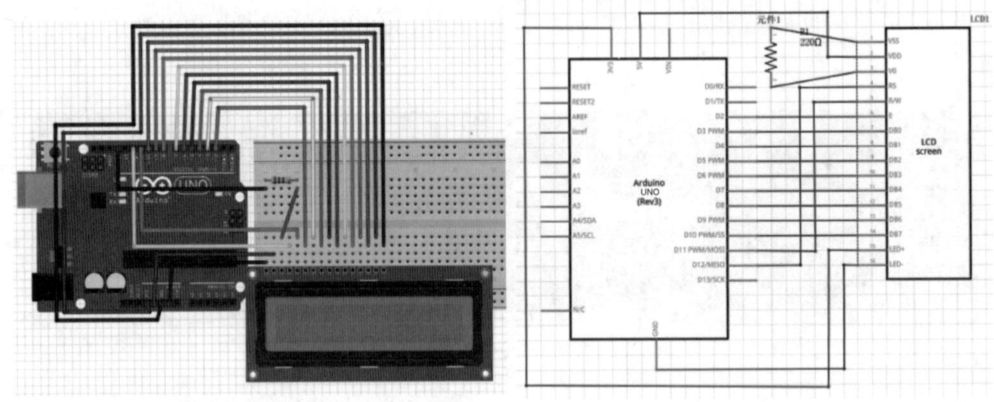

图8-8　LCD 1602八位连接方法

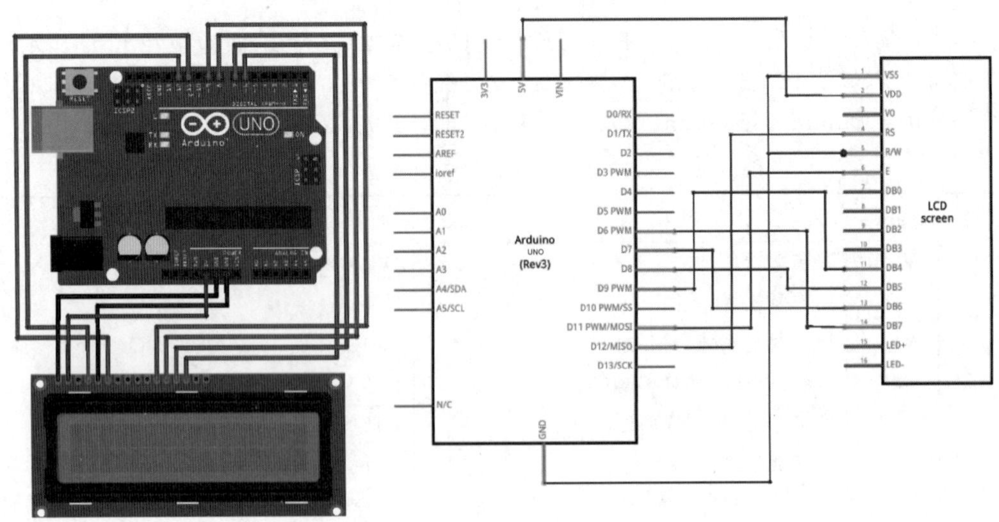

图8-9　LCD 1602四位连接方法

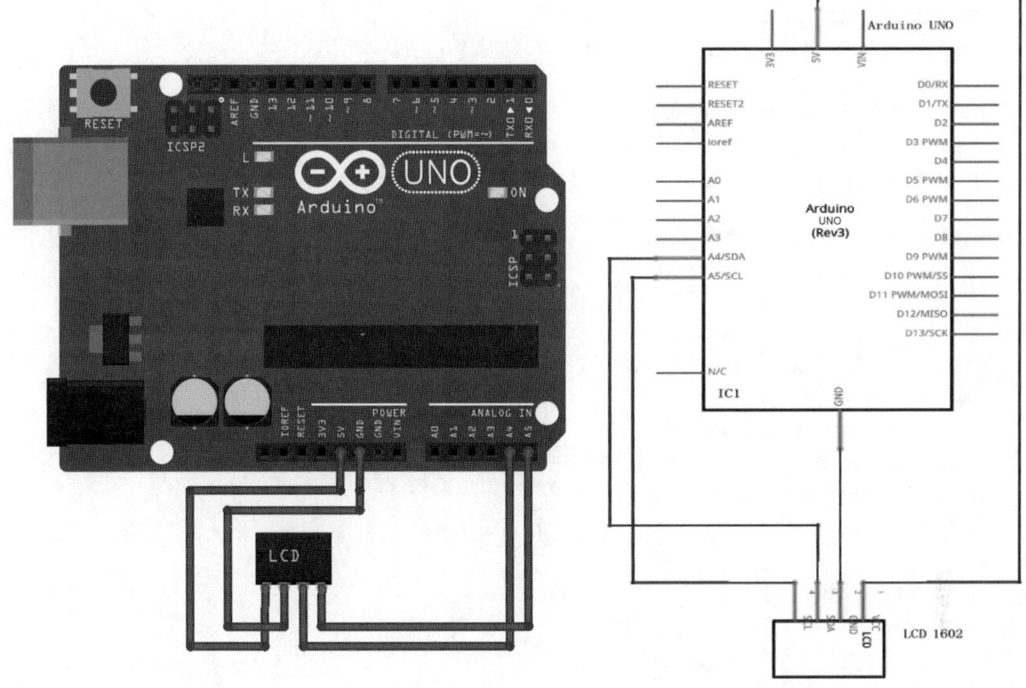

图 8-10　LCD 1602 的 I2C 连接方法

三种接法都可以使用，但是八位连接方法和四位连接方法把 Arduino 开发板的数字接口基本占满，所以为了可扩展性，建议购买具有 I2C 引脚的 LCD。注：它们的代码实现略有不同。

8.4.3　实验代码

本节内容包括八位连接方法、四位连接方法和 I2C 连接方法的示例。

1. 八位连接方法示例

如下代码使用八位连接方法，让 LCD 显示设定的内容。

```
int DI = 12;
int RW = 11;
int DB[] = {3, 4, 5, 6, 7, 8, 9, 10};       //使用数组定义总线需要的引脚
int Enable = 2;
void LcdCommandWrite(int value) {           //定义所有引脚
 int i = 0;
 for (i = DB[0]; i <= DI; i++)              //给总线赋值
{
   digitalWrite(i,value & 01);
//LCD 1602 液晶信号识别是 D7～D0(不是 D0～D7),这里用来反转信号
   value >>= 1;
 }
 digitalWrite(Enable,LOW);                  //对引脚初始化
 delayMicroseconds(1);
 digitalWrite(Enable,HIGH);
```

```
 delayMicroseconds(1);                    //延时 1ms
 digitalWrite(Enable,LOW);
 delayMicroseconds(1);                    //延时 1ms
}
void LcdDataWrite(int value) {            //定义所有引脚
 int i = 0;
 digitalWrite(DI, HIGH);
 digitalWrite(RW, LOW);
 for (i = DB[0]; i <= DB[7]; i++) {
   digitalWrite(i,value & 01);
   value >>= 1;
 }
 digitalWrite(Enable,LOW);
 delayMicroseconds(1);
 digitalWrite(Enable,HIGH);
 delayMicroseconds(1);
 digitalWrite(Enable,LOW);
 delayMicroseconds(1);                    //延时 1ms
}
 void setup (void) {
 int i = 0;
 for (i = Enable; i <= DI; i++) {
   pinMode(i,OUTPUT);
 }
 delay(100);                              //短暂的停顿后初始化 LCD,用于 LCD 控制
 LcdCommandWrite(0x38);                   //设置为 8 位接口,2 行显示,5×7 文字大小
 delay(64);
 LcdCommandWrite(0x38);                   //设置为 8 位接口,2 行显示,5×7 文字大小
 delay(50);
 LcdCommandWrite(0x38);                   //设置为 8 位接口,2 行显示,5×7 文字大小
 delay(20);
 LcdCommandWrite(0x06);                   //输入方式设定,自动增量,没有显示移位
 delay(20);
 LcdCommandWrite(0x0E);                   //显示设置,开启显示屏,光标显示,无闪烁
 delay(20);
 LcdCommandWrite(0x01);                   //屏幕清空,光标位置归零
 delay(100);
 LcdCommandWrite(0x80);                   //显示设置,开启显示屏,光标显示,无闪烁
 delay(20);
}
void loop (void) {
  LcdCommandWrite(0x01);                  //屏幕清空,光标位置归零
  delay(10);
  LcdCommandWrite(0x80 + 3);
  delay(10);                              //写入欢迎信息
  LcdDataWrite('W');  LcdDataWrite('e');  LcdDataWrite('l');  LcdDataWrite('c');
  LcdDataWrite('o');  LcdDataWrite('m');  LcdDataWrite('e');  LcdDataWrite(' ');
  LcdDataWrite('t');  LcdDataWrite('o'); delay(10);
  LcdCommandWrite(0xc0 + 1);              //定义光标位置为第二行第二个位置
  delay(10);
  LcdDataWrite('A');  LcdDataWrite('r');  LcdDataWrite('d');  LcdDataWrite('u');
```

```
  LcdDataWrite('i');  LcdDataWrite('n');  LcdDataWrite('o');  LcdDataWrite('W');
  LcdDataWrite('o');  LcdDataWrite('r');  LcdDataWrite('l');  LcdDataWrite('d');
  delay(5000);
  LcdCommandWrite(0x01);                //屏幕清空,光标位置归零
  delay(10);
  LcdDataWrite('H');  LcdDataWrite('E');  LcdDataWrite('L');  LcdDataWrite('L');
  LcdDataWrite('O');  LcdDataWrite(' ');  LcdDataWrite('W');  LcdDataWrite('o');
  LcdDataWrite('r');  LcdDataWrite('l');  LcdDataWrite('d');
  delay(3000);
  LcdCommandWrite(0x02);                //设置模式为新文字替换老文字,无新文字的地方不变
  delay(10);
  LcdCommandWrite(0x80 + 6);            //定义光标位置为第一行第七个位置
  delay(10);
  LcdDataWrite('e');  LcdDataWrite('v');  LcdDataWrite('e');  LcdDataWrite('r');
  LcdDataWrite('y');  LcdDataWrite('o');  LcdDataWrite('n');  LcdDataWrite('e');
  delay(5000);
}
```

2. 四位连接方法示例

如下代码使用四位连接方法,让 LCD 显示设定的内容。

```
#include <LiquidCrystal.h>
LiquidCrystal lcd(12,11,9,8,7,6);
//构造 LiquidCrystal 变量,使用数字引脚 12、11、9、8、7、6
void setup()
{
  lcd.begin(16,2);                      //初始化 LCD 1602
  lcd.print("Welcome Everyone");        //欢迎界面
  delay(1000);                          //延时 1000ms
  lcd.clear();                          //液晶显示器清屏
}
void loop()
{
  lcd.setCursor(0,0);               //设置液晶显示器开始显示的指针位置,0 列,0 行,即第 1 行
  lcd.print("Hello World!");
  lcd.setCursor(0,1);                   //0 列,1 行,即第 2 行
  lcd.print("I LOVE BUPT!");
  delay(1000);                          //延时 1000ms
  lcd.setCursor(0,0);
  lcd.print("How are you!");
  delay(1000);                          //延时 1000ms
}
```

3. I2C 连接方法示例

如下代码使用 I2C 连接方法,让 LCD 显示设定的内容。

```
#include <Wire.h>
#include <LiquidCrystal_I2C.h>              //引用 I2C 库,需要从管理库中安装
//设置 LCD 1602 设备地址,地址是 0×3F,一般是 0×20,或者 0×27,具体看模块手册
LiquidCrystal_I2C lcd(0x27,16,2);
void setup()
```

```
{
  lcd.init();                                //初始化 LCD
  lcd.backlight();                           //设置 LCD 背景灯亮
}
void loop()
{
  lcd.setCursor(0,0);                        //设置显示指针
  lcd.print("Hello, World");                 //输出字符到 LCD1602 屏幕上
  lcd.setCursor(0,1);
  lcd.print("          by BUPT");
  delay(1000);
}
```

8.5
微课视频

8.5 OLED

OLED(Organic Light Emitting Display,有机发光显示器)是利用多层有机薄膜结构发光的元器件,它制作简单,而且只需要低驱动电压,使得 OLED 在满足平面显示器的应用上显得非常突出。OLED 比 LCD 功耗低、响应快、柔性好、发光效率高等特点。OLED 实物如图 8-11 所示,左侧为 SPI 接口,右侧为 I2C 接口。

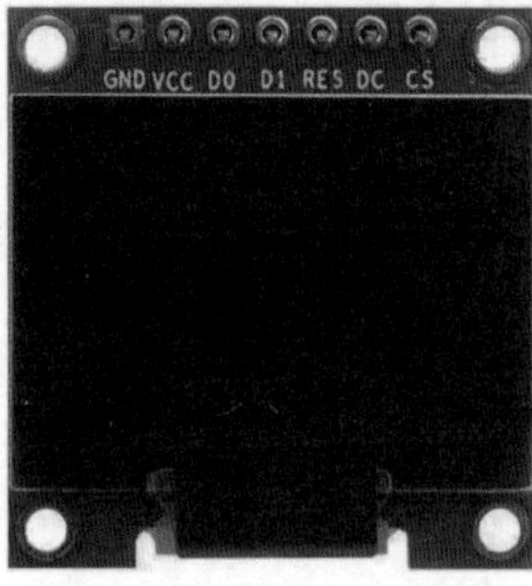

图 8-11 OLED 实物

8.5.1 原理

OLED 是指在电场驱动下,通过载流子注入和复合导致发光的现象。其原理是用玻璃透明电极和金属电极分别作为元器件的阳极和阴极,在一定电压驱动下,电子和空穴分别从阴极和阳极注入电子和空穴传输层,然后分别迁移到发光层,相遇形成激子使发光分子激发,后者经过辐射后发出可见光。推荐使用具有 I2C 引脚的 OLED,屏幕尺寸约为 0.96 英寸,可以抽象为 128×64 像素点阵。

I2C (Inter-Integrated Circuit,内置集成电路)是一种串行、同步、半双工通信协议,它允许在同一总线上同时存在多个主机和从机。I2C 为总线,由 SDA 线和 SCL 线构成,这些线设置为漏极开漏输出,两条线都需要上拉电阻。因此,I2C 总线上可以挂载多个外设,主机通过总线访问从机。

主机发出开始信号,则通信开始:在 SCL 为高电平时,拉低 SDA 线,主机将通过 SCL

线发出 9 个时钟脉冲。前 8 个脉冲用于按位传输，该字节包括 7 位地址和 1 位读/写标志位。如果从机地址与该 7 位地址一致，那么从机可以通过在第 9 个脉冲上拉低 SDA 线应答。然后，根据读/写标志位，主机和从机可以发送/接收更多的数据。

根据应答位的逻辑电平决定是否停止发送数据。在数据传输中，SDA 线仅在 SCL 线为低电平时才发生变化。当主机完成通信，会发送一个停止标志：在 SCL 为高电平时，拉高 SDA 线。

8.5.2 电路图

本示例需要的元器件包括 Arduino 开发板、USB 连接线、导线、面包板，OLED 显示屏。OLED 有 SPI 接口，也有 I2C 接口的显示屏，二者的区别主要在引脚数量。SPI 接口的产品引脚分别是 GND、VCC、D0、D1、RES、DC 和 CS；具有 I2C 引脚的产品只有 4 个引脚，分别是 SDA(数据线)、SCK(时钟线)、VDD(3.3V 或者 5V)和 GND。本示例采用 I2C 接口的 OLED，在 Arduino 开发板上 I2C 接口，SDA 对应 A4，SCK 对应 A5，OLED 电路连接如图 8-12 所示。

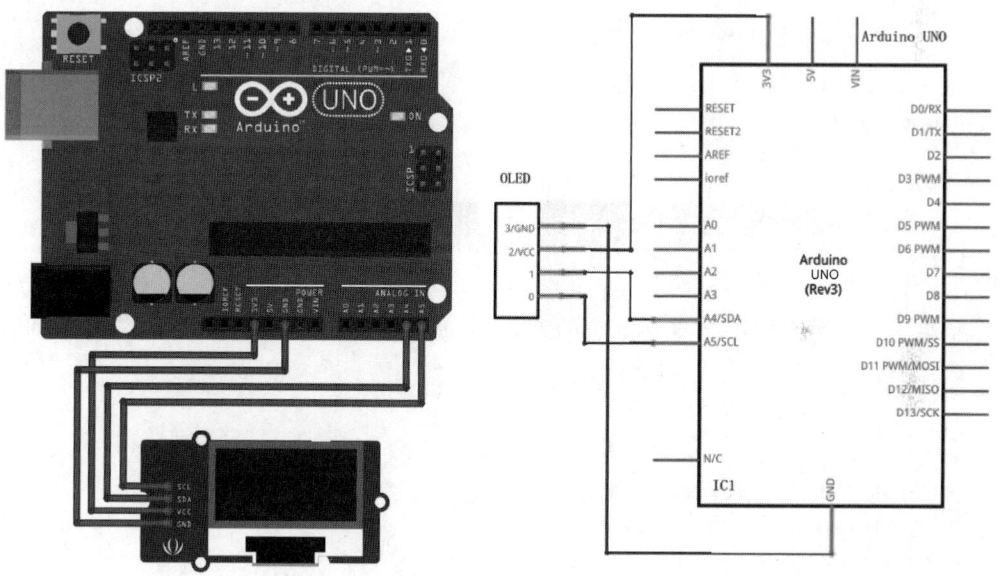

图 8-12　OLED 电路连接

8.5.3 实验代码

使用 OLED 或者其他 I2C 的设备时需要获得其通信地址，不同 I2C 设备的地址不同，OLED 显示屏的 I2C 地址一般为 0×3C/0×3D。不同型号有不同的通信地址，设备规范中都会给出，如果没有，通过程序查询，代码如下：

```
#include <Wire.h>
void setup(){
  Wire.begin();                          //初始化
  Serial.begin(9600);
  Serial.println("\nI2C Scanner");
```

```
}
void loop(){
  byte error, address;
  int nDevices;
  Serial.println("Scanning...");
  nDevices = 0;
  for (address = 1; address < 127; address++){  //循环查找
    Wire.beginTransmission(address);
    error = Wire.endTransmission();
    if (error == 0){                        //找到后串口打印
      Serial.print("I2C device found at address 0x");
      if (address < 16)
        Serial.print("0");
      Serial.print(address, HEX);
      Serial.println(" !");
      nDevices++;
    }else if (error == 4){
      Serial.print("Unknown error at address 0x");
      if (address < 16)
        Serial.print("0");
      Serial.println(address, HEX);
    }
  }
  if (nDevices == 0)
    Serial.println("No I2C devices found\n");
  else
    Serial.println("done\n");
  delay(5000);                              //等待 5s 再扫描
}
```

根据 6.3.2 节 OLED 库文件介绍的方法，下面使用 OLED 进行文本显示，读者可以自行修改显示内容和程序，代码如下：

```
/* OLED 显示 */
#include <Wire.h>
#include <Adafruit_GFX.h>
#include <Adafruit_SSD1306.h>
#define OLED_RESET     4
Adafruit_SSD1306 display(128, 64, &Wire,OLED_RESET);
void setup() {
  display.begin(SSD1306_SWITCHCAPVCC,0x3C);
  display.setTextColor(WHITE);           //设置像素点发光
  display.clearDisplay();                //清屏
  display.setTextSize(1);                //设置字体大小
  display.setCursor(35, 0);              //设置显示位置
  display.println("Hello World");        //显示 Hello World
  display.setTextSize(2);                //设置字体大小
  display.setCursor(25, 30);             //设置显示位置
  display.println("B U P T");            //显示 B U P T
  display.display();                     //打开显示
}
void loop() {  }
```

本章习题

1. 通过 1 个电位器控制 10 个 LED,要求将电位器值通过模拟引脚读出,LED 通过数字引脚控制,将模拟参量映射为 10 个 LED 的计数,将所有小于该 LED 计数的 LED 点亮。

2. 使用一个 8×8 的点阵输出动画心形图案。

3. 请使用一个共阴极的 LED,实现效果是交替地打开红色、绿色和蓝色。给出相关元件、电路图和程序代码。

4. 使用共阳极数码管,在数码管上从 0 显示到 9,然后从 9 显示到 0。给出所需元件、电路图和程序代码。

5. 如何使用 4 位模式控制一个 2×16 的 LCD,给出所需元件、电路图和程序代码。

第 9 章 Arduino 电流控制

CHAPTER 9

本章对直流电机、步进电机、舵机和继电器进行介绍。

9.1 微课视频

9.1 直流电机

本节内容包括直流电机的原理、电路图和实验代码。

9.1.1 原理

直流电机是指能将直流电能转换成机械能(直流电动机)或将机械能转换成直流电能(直流发电机)的旋转电机。它是能实现直流电能和机械能互相转换的电机。当它作电动机运行时是直流电动机,将电能转换为机械能;作发电机运行时是直流发电机,将机械能转换为电能,如图 9-1 所示。

直流电机有两个电源接头,在适当的电压下给予足够的电流时将连续旋转,选装方向由电流方向决定。直流电机通常有以下几种常用参数,不同电机在使用之前要查阅相关资料。

图 9-1　常见直流电机

(1) 工作电压(额定电压)是驱动电机推荐使用的电压。高于或者低于工作电压时,电机也能工作,实际电压小于额定电压,输出功率变小;实际电压大于额定电压,会影响直流电机的寿命,电机工作电流越大,输出功率越大,空载运行时,直流电机的电流最小。

(2) 转矩是电机的转动力,转速则是每分钟旋转的圈数。在 Arduino 开发板中使用时需要注意:直流电机属于大电流设备,无法用 Arduino 开发板引脚直接连接控制;直流电机电压高于 Arduino 的工作电压,注意隔离和接线,出错可能会导致 Arduino 开发板烧毁;直流电机在不通电的情况下旋转将产生逆电流,也会产生烧毁电子设备的可能。

为了用 Arduino 开发板控制电机的转动,需要连接稳压器或使用更为复杂的双 H 桥直流电机驱动板(如 L298N 系列),可以驱动 2 个直流电机,分别实现电机的正转和反转功能,如图 9-2 所示。

各引脚功能说明如下：

Output A：接直流电机 1 或步进电机的 A+和 A-。

Output B：接直流电机 2 或步进电机的 B+和 B-。

5V Enable：如果使用大于 12V 的输入电源，请将跳线帽移除。输入电源小于 12V 时，短接可以提供 5V 电源输出。

+5V Power：当输入电源小于 12V 时且 5V Enable 处于短接状态，可以提供+5V 电源输出（实际位置请参考驱动板上的标注）。

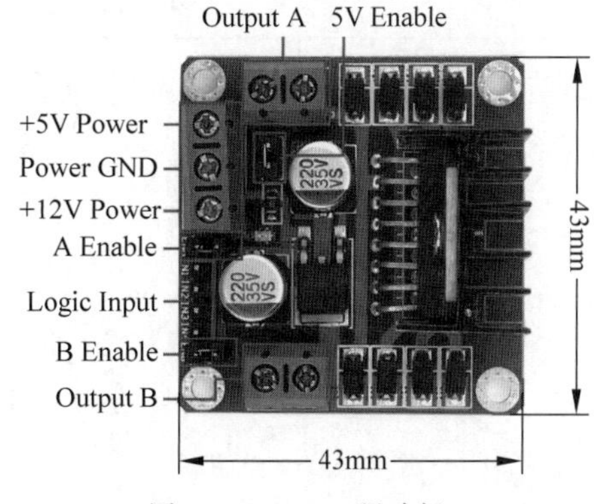

图 9-2 L298N 驱动板

Power GND：电源地。

+12V Power：连接电机电源，最大电压为 35V。输入电压大于 12V 时，为确保安全，请去除 5V Enable 引脚上的跳线帽（实际位置请参考驱动板上的标注）。

A/B Enable：可用于输入 PWM 脉宽调制信号对电机进行调速控制（如果无须调速可将两引脚接 5V，使电机工作在最高速状态，即将短接帽短接）。

Logic Input：逻辑输入，有四个引脚，IN1 和 IN2 控制直流电机 1，IN3 和 IN4 控制直流电机 2。输入信号端 IN1 接高电平输入端，IN2 接低电平，电机 M1 正转（如果信号端 IN1 接低电平，IN2 接高电平，电机 M1 反转）。用同样的方式控制另一台电机，输入信号端 IN3 接高电平，输入端 IN4 接低电平，电机 M2 正转（反之则反转）。PWM 信号端 A 控制 M1 调速，PWM 信号端 B 控制 M2 调速，如表 9-1 所示。

表 9-1 L296N 配置方法

A/B Enable	IN1/IN3 电平	IN2/IN4 电平	描 述
0	×	×	电机关闭
1	0	0	电机刹车停止
1	0	1	电机正转
1	1	0	电机反转
1	1	1	电机刹车停止

9.1.2 电路图

本示例需要的元器件包括 Arduino 开发板、USB 连接线、导线、面包板、直流电机、L298N 驱动板和 9V 电池。直流电机一般不区分正负极，但是正负极的连接决定电流的方向，从而决定了直流电机的旋转方向。初始的 A/B Enable 引脚为短接状态，电路选用数字 I/O 引脚，将数字引脚 5、6、9、10 分别连接到 L298N 上的 IN1、IN2、IN3 和 IN4，这四个引脚均支持 PWM，可以通过占空比代码控制转动速度的快慢。外部电源的正负极分别与 Arduino 开发板的 Vin 与 GND 连接，把程序上传到 Arduino UNO 开发板，电机即可工作。如果没有外部电源，使用 Arduino 开发板的+5V 为 L298N 驱动板供电，短时间测试可以，但不要长时间使用。元器件之间的连线如表 9-2 所示，电路连接如图 9-3 所示。

表 9-2　Arduino 与直流电机连线关系

Arduino 开发板	L298N 驱动板	直流电机	9V 电源
5	IN1		
6	IN2		
9	IN3		
10	IN4		
Vin	+12		+
GND	GND		−
	OUT1	+	
	OUT2	−	
	OUT3	+	
	OUT4	−	

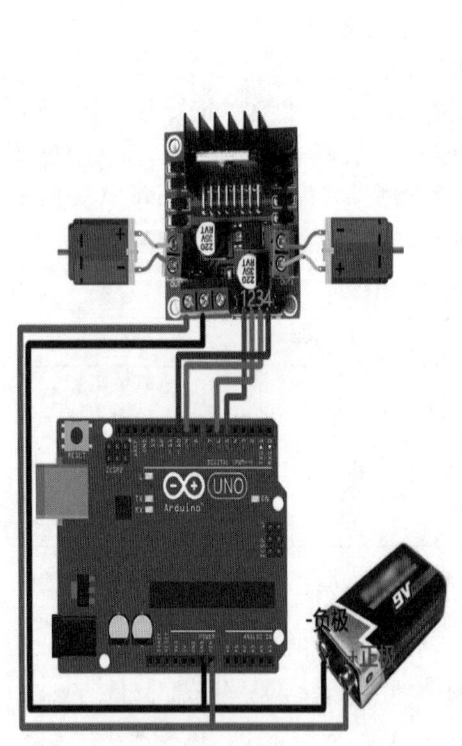

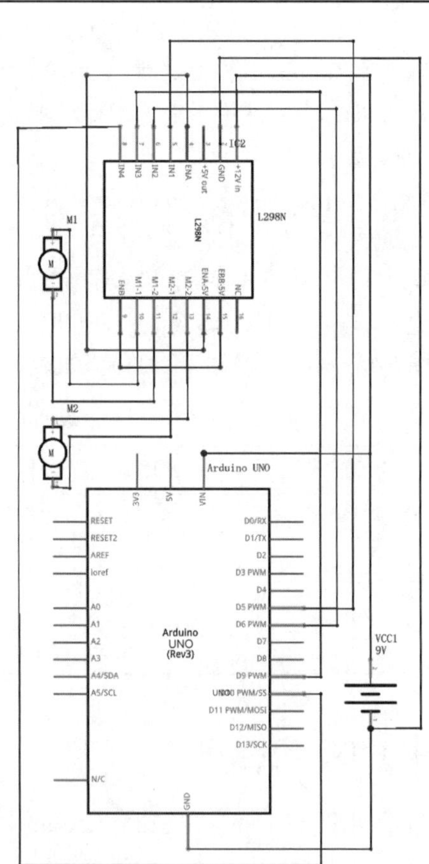

图 9-3　Arduino 开发板与直流电机电路连接

9.1.3　实验代码

本示例实现直流电机的向前旋转、停止和向后旋转的功能，代码如下：

```
int input1 = 5;                    //定义数字引脚 5 向直流电机 1 的 IN1 引脚进行输出
int input2 = 6;                    //定义数字引脚 6 向直流电机 1 的 IN2 引脚进行输出
```

```
int input3 = 9;                          //定义数字引脚 9 向直流电机 2 的 IN3 引脚进行输出
int input4 = 10;                         //定义数字引脚 10 向直流电机 2 的 IN4 引脚进行输出
void setup() {                           //初始化数字 I/O,模式为 OUTPUT
pinMode(input1,OUTPUT);
pinMode(input2,OUTPUT);
pinMode(input3,OUTPUT);
pinMode(input4,OUTPUT);
}
void loop() {
  //向前转
  digitalWrite(input1,HIGH);             //给高电平
  digitalWrite(input2,LOW);              //给低电平
  digitalWrite(input3,HIGH);             //给高电平
  digitalWrite(input4,LOW);              //给低电平
  delay(1000);                           //延时 1s
  //停止
  digitalWrite(input1,LOW);
  digitalWrite(input2,LOW);
  digitalWrite(input3,LOW);
  digitalWrite(input4,LOW);
  delay(1000);                           //延时 1s
  //向后转
  digitalWrite(input1,LOW);
  digitalWrite(input2,HIGH);
  digitalWrite(input3,LOW);
  digitalWrite(input4,HIGH);
  delay(1000);
}
```

9.2 步进电机

9.2 微课视频

本节内容包括步进电机的原理、电路图和实验代码。

9.2.1 原理

步进电机是一种将电脉冲转换为角位移的执行机构。通俗一点讲,当步进驱动器接收到一个脉冲信号,它就驱动步进电机按设定的方向转动一个固定的角度(步进角)。可以通过控制脉冲个数控制角位移量,从而达到准确定位的目的;同时也可以通过控制脉冲频率控制电机转动的速度和加速度,达到调速的目的。步进电机功率小,负载能力低,控制相对复杂。

如图 9-4 所示,是实验中常用的双极性步进电机,每个线圈都可以在两个方向上通电;四根引线,每个线圈两条;步距通常是 1.8°,转一圈需要 200 步。在使用之前需要用数字万用表确定线圈分组,两根引线之间能够测量到阻值为一组。

图 9-4 步进电机

通常从蓝色线开始按蓝、粉、黄、橙、红编号，1、3 为一组，2、4 为一组，5 号是共用的 VCC。

对于步进电机的转速控制，一般采用脉宽调制(PWM)办法，控制电机时，电源并非连续向直流电机供电，而是在一个特定的频率下以方波脉冲的形式提供电能。不同占空比的方波信号能对直流电机起到调速作用，同时脉冲的多少可以控制旋转的角度，这是因为直流电机实际上是一个比较大的电感，它有阻碍输入电流和电压突变的能力，因此，脉冲输入信号被平均分配到作用时间上，这样，改变在始能端上输入方波的占空比就能改变加在直流电机两端的电压大小，从而改变转速。

9.2.2 电路图

本示例需要的元器件包括 Arduino 开发板、USB 连接线、导线、面包板、步进电机、ULN2003 电机驱动板、电位器和 9V 电池。步进电机有单极和双极两种类型，对于每个电机都有不同的电路。步进器由数字引脚 8、9、10 和 11 控制。使用单极步进电机，Arduino 开发板将连接到 U2004 达林顿阵列；如果使用双极电机，则 Arduino 开发板将连接到 SN754410NE H 桥。本书以单极步进电机为列，如图 9-5 所示，使用 Arduino 开发板的数字 I/O 引脚 8、9、10、11 控制步进电机，使用模拟引脚 A0 上的电位器控制模拟量的输出。在实验程序中，由于要用到 Arduino 步进电机的控制程序，需要包含 stepper. h 头文件，才能完成对步进电机的控制。

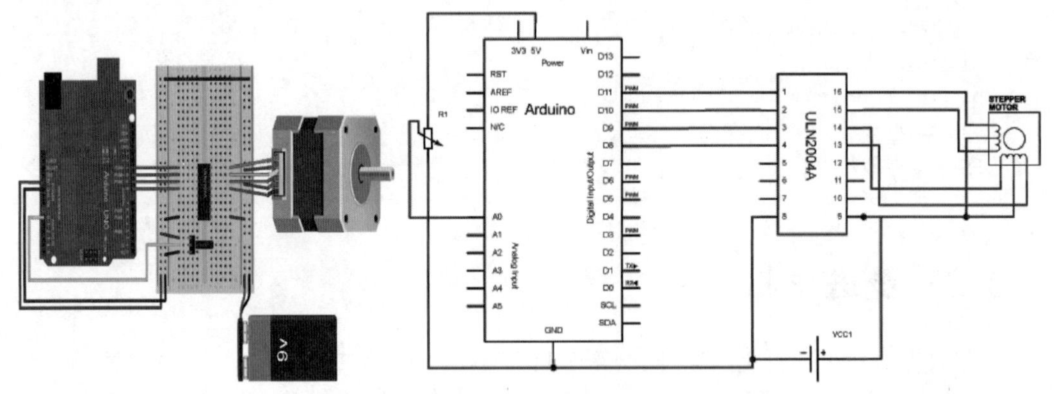

图 9-5　步进电机连接图

目前，市场上有集成 ULN2003 驱动板与 28BYJ-48 步进电机配合使用，二者直接插接即可，可以简化电路的连接。Arduino 开发板的数字 I/O 引脚为 8、9、10、11，依次连接在 ULN2003 驱动板的 IN1、IN2、IN3 和 IN4 引脚上。

需要特别说明，建议使用 Arduino 驱动 28BYJ-48 步进电机时，为 ULN2003 电机驱动板单独配置电源。如果用 Arduino 开发板的＋5V 为 ULN2003 驱动板供电，可以短时间测试，不要长时间使用。

9.2.3 实验代码

本示例实现步进电机随着电位器旋转。控制电位器输出值的大小，改变步进电机的转速，实现速度控制。

1. 步进电机旋钮

本程序控制步进电机随着电位器旋转，步进电机跟随模拟输入引脚 A0 上的电位计（或其他传感器）转动，如同旋钮一样。

```
#include <Stepper.h>
#define STEPS 90                                    //设置步进电机旋转一圈的步数
Stepper stepper(STEPS, 8, 9, 10, 11);               //设置步进电机的步数和引脚
int previous = 0;                                   //定义变量用来存储历史读数
void setup()
{
  stepper.setSpeed(90);                             //设置电机每分钟的转速为 90 步
}
void loop()
{
  int val = analogRead(0);                          //获取传感器读数
  stepper.step(val - previous);                     //移动步数为当前读数减去历史读数
  previous = val;                                   //保存历史读数
}
```

2. 步进电机翻转

步进电机在一个方向旋转一圈，然后在另一个方向旋转一圈。

```
#include <Stepper.h>
const int stepsPerRevolution = 200;
Stepper myStepper(stepsPerRevolution, 8, 9, 10, 11);      //初始化步进电机
void setup() {
  myStepper.setSpeed(60);                           //设置转度为 60rpm
  Serial.begin(9600);                               //初始化串口
}
void loop() {
  Serial.println("clockwise");                      //串口打印顺时针
  myStepper.step(stepsPerRevolution);
  delay(500);
  Serial.println("counterclockwise");               //串口打印逆时针
  myStepper.step( - stepsPerRevolution);
  delay(500);
}
```

3. 一次一步

```
#include <Stepper.h>
const int stepsPerRevolution = 200;  Stepper myStepper(stepsPerRevolution, 8, 9, 10, 11);
//初始化步进电机
int stepCount = 0;                                       //步进电机已完成的步数
void setup() {
  Serial.begin(9600);                                    //初始化串口
}
void loop() {
  myStepper.step(1);                                     //一步一步控制
  Serial.print("steps:");
  Serial.println(stepCount);
```

```
  stepCount++;
  delay(500);
}
```

4. 速度控制

电机将按顺时针方向旋转，电位器值越高，电机速度越快。由于 setSpeed()设置的延迟，可能在低速时对传感器值的变化响应较慢。

```
#include <Stepper.h>
const int stepsPerRevolution = 200;
Stepper myStepper(stepsPerRevolution, 8, 9, 10, 11);   //初始化步进电机
int stepCount = 0;                                     //步进电机已完成的步数
void setup() {  }
void loop() {
  int sensorReading = analogRead(A0);                  //读取电位器的值
  int motorSpeed = map(sensorReading, 0, 1023, 0, 100);     //映射为 0～100
  if (motorSpeed > 0) {                                //设置速度
    myStepper.setSpeed(motorSpeed);
    myStepper.step(stepsPerRevolution / 100);          //旋转 1/100 步
  }
}
```

9.3
微课视频

9.3 舵机

本节内容包括舵机的原理、电路图和实验代码。

9.3.1 原理

舵机是一种位置伺服的驱动器，主要由外壳、开发板、无核心电机、齿轮与位置检测器所构成。其工作原理是：由接收机或者单片机发出信号给舵机，其内部有一个基准电路，产生周期为 20ms，宽度为 1.5ms 的基准信号，将获得的直流偏置电压与电位器的电压比较，获得电压差输出，经由开发板上的控制器判断转动方向，再驱动无核心电机开始转动，通过减速齿轮将动力传至摆臂，同时由位置检测器送回信号，判断是否已经到达定位。舵机适用于那些需要角度不断变化并可以保持的控制系统。当直流电机转速一定时，通过级联减速齿轮带动电位器旋转，使得电压差为 0，直流电机停止转动。一般舵机旋转的角度范围是 0～180°。

舵机有很多规格，但所有的舵机都外接三根线，分别用棕、红、橙三种颜色区分，由于舵机品牌不同，颜色也会有所差异，一般棕色为接地线(Ground)，红色为电源正极线(Power)，橙色为信号线(Control)，如图 9-6 所示。

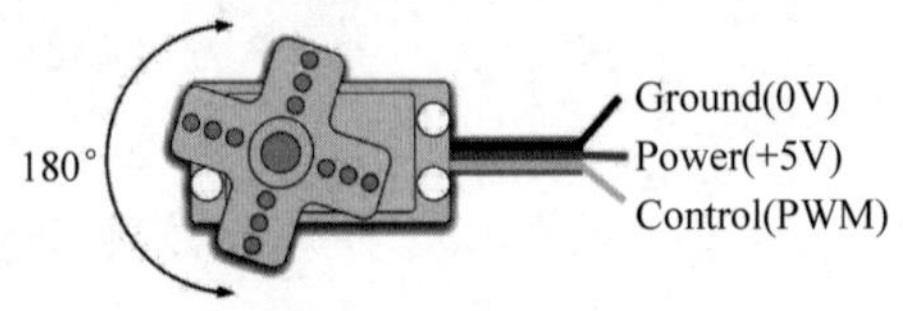

图 9-6 舵机原理图

9.3.2 电路图

本示例需要的元器件包括 Arduino 开发板、USB 连接线、导线、面包板、舵机和电位器。舵机的使用方法非常简单，按照图 9-7 连接 Arduino 开发板即可。

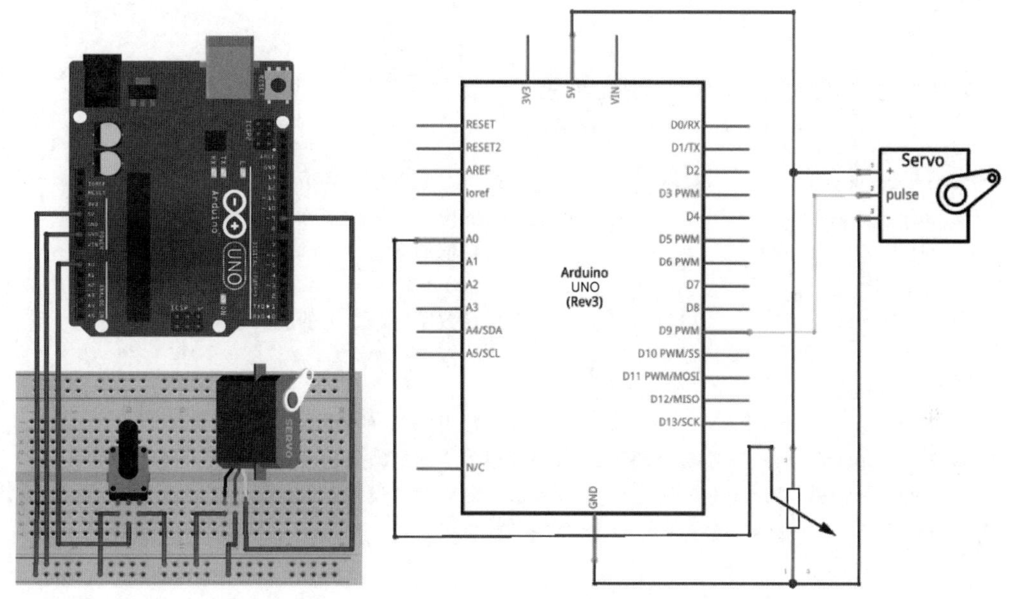

图 9-7 舵机连接图

9.3.3 实验代码

本节内容包括扫描功能和舵机旋钮的实验代码。

1. 扫描功能

本示例的代码为测试舵机是否可以旋转，从 0°～180°转动，然后再从 180°～0°转动，本例不使用电位器。

```
#include <Servo.h>
Servo myservo;                       //创建舵机对象控制一个舵机，最多可同时控制 8 个舵机
int pos = 0;                         //存储舵机角度位置的变量
void setup()
{
  myservo.attach(9);                 //将连接在数字引脚 9 上的舵机与对象相连
}
void loop()
{
  for(pos = 0; pos < 180; pos += 1)  //从 0°转到 180°，每次转 1°
  {
    myservo.write(pos);              //指示舵机根据变量中存储的数值旋转
    delay(15);                       //舵机每次旋转到位后等待 15ms
  }
```

```
  for(pos = 180; pos>=1; pos-=1)  //从 180°转回到 0°
  {
    myservo.write(pos);
    delay(15);
  }
}
```

2. 舵机旋钮

本示例通过电位器的旋转，实现舵机跟随旋转的功能。

```
#include <Servo.h>
Servo myservo;                              //创建舵机对象以控制一个舵机
int potpin = 0;                             //电位器的中心引脚连接开发板的模拟引脚 A0
int val;                                    //读取模拟值的变量
void setup() {
  myservo.attach(9);                        //将连接在数字引脚 9 上的舵机与对象相连
}
void loop() {
  val = analogRead(potpin);                 //读取模拟引脚 A0 的值(0 ~ 1023)
  val = map(val, 0, 1023, 0, 180);          //将模拟引脚的值映射(0 ~ 180)
  myservo.write(val);                       //根据映射后的值设置舵机位置
  delay(15);                                //延时等待
}
```

9.4
微课视频

9.4 继电器

本节内容包括继电器的原理、电路图和实验代码。

9.4.1 原理

继电器是一种电控制元器件，当输入量(激励量)的变化达到规定要求时，在电气输出电路中使被控量发生预定阶跃变化的一种电器。它具有控制系统(又称输入回路)和被控制系统(又称输出回路)之间的互动关系。通常应用于自动化的控制电路中，它实际上是用小电流去控制大电流运作的一种“自动开关”。故在电路中起着自动调节、安全保护、转换电路等作用，原理图如图 9-8 所示。

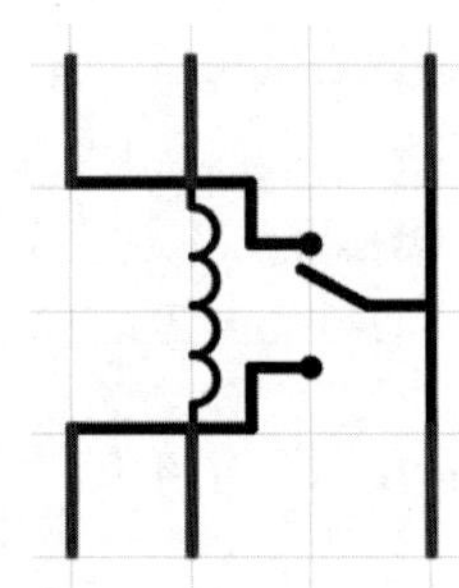

图 9-8　继电器原理图

继电器作用如下：

(1) 扩大控制范围：多触点继电器控制信号达到一定值时，可以按触点组的不同形式，同时换接、开断、接通多路电路。

(2) 放大：灵敏型继电器、中间继电器等，用一个很微小的控制量，可以控制很大功率的电路。

(3) 综合信号：当多个控制信号按规定的形式输入多绕组继电器时，经过综合比较，达到预定的控制效果。

(4) 自动、遥控、监测：自动装置上的继电器与其他电器一起，可以组成程序控制线路，从而实现自动化运行。

Arduino 开发板中分为两种继电器：四路继电器和普通继电器，这里介绍普通继电器的连接。

9.4.2 电路图

本例程介绍一种万用表检测继电器各个引脚的方法。一般继电器的外壳有标注，如果没有，自己用万用表测试，需要准备 5V 电源和万用表。

(1) 找出线圈引脚，使用万用表测各引脚间的电阻，阻值在 1kΩ 左右的两个引脚是线圈引脚。注意有些继电器的线圈分正负极，反接导致不动作。

(2) 找出常开、常闭点，使用万用表测除线圈之外的四个引脚，导通的两个引脚是常闭关系，给线圈加上 5V 直流电，使继电器动作，它们应断开；如果没有断开，则内部是短接关系。

(3) 给线圈加上 5V 直流电，使继电器动作，此时再用万用表测，如果原来不通的两个引脚导通了，则它们是常开关系。既与常开点有关系，又与常闭点有关系的引脚，就是公共端。

目前，市场上基本是集成好的继电器模块，如图 9-9 所示，右侧是控制端，包括电源正负极和控制信号输入端；左侧是受控端，包括常开端、公共端和常闭端。

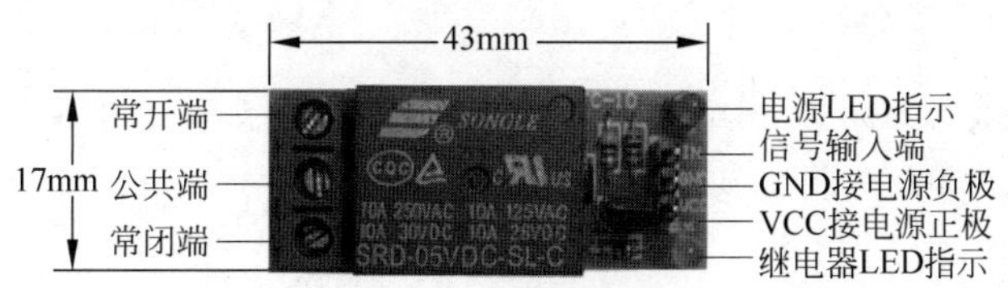

图 9-9 继电器模块

如果要长时间使用继电器，需要在 I/O 上加保护电路，在实验中临时使用则不必如此。本示例需要的元器件包括 Arduino 开发板、USB 连接线、导线、面包板、继电器、电阻和 LED，实验使用的电路连接如表 9-3 所示，电路连接如图 9-10 所示。

表 9-3 继电器与 Arduino 开发板连线

继电器引脚(标号)	Arduino 引脚	LED 引脚
VCC(1)	5V	
GND(2)	GND	
IN(3)	3	
常开端(6)	4	
公共端(5)		+
	GND	−(接电阻)

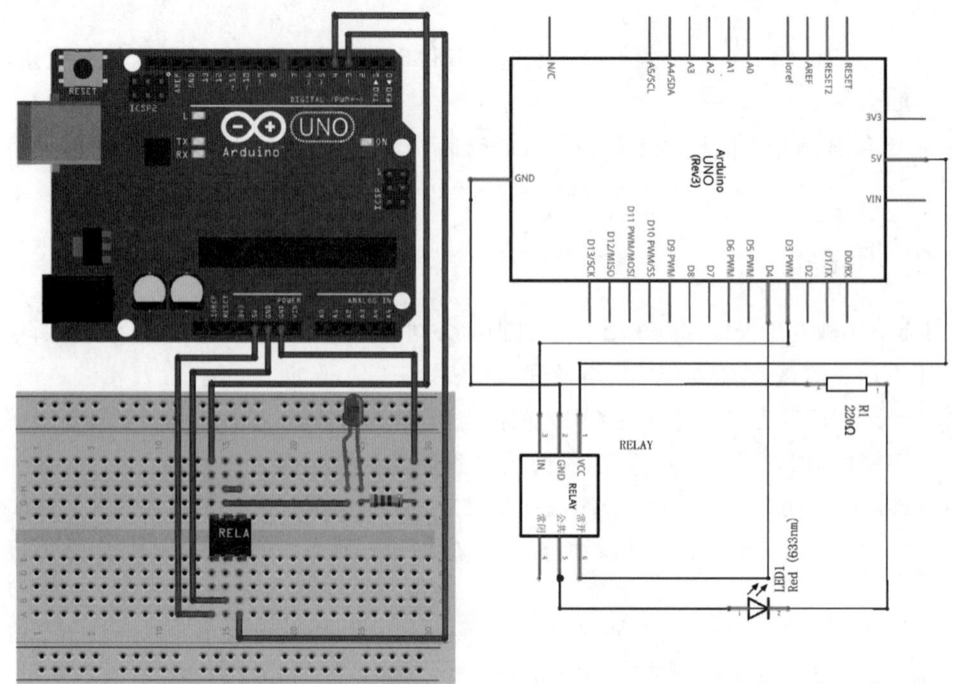

图 9-10　继电器电路连接图

9.4.3　实验代码

本示例实现继电器的闭合和断开的功能；通过数字引脚控制继电器闭合实现 LED 的亮灭；通过串口输入字符控制继电器，实现 LED 的亮灭。

1. 测试继电器

本示例通过控制数字引脚 3 的信号，测试继电器的断开与闭合。

```
const int relayPin = 3;                 //定义数字引脚 3 为继电器输入信号引脚
void setup()
{
  pinMode(relayPin,OUTPUT);             //定义输出端口
}
void loop()
{
  digitalWrite(relayPin,HIGH);          //输出高电平
  delay(2000);                          //延时 2s
  digitalWrite(relayPin,LOW);           //输出低电平
  delay(2000);
}
```

2. 继电器控制 LED

本示例控制继电器开关，实现继电器控制 LED 的亮灭。

```
int sig = 3;
int led = 4;
```

```
void setup(){
 pinMode(sig, OUTPUT);
 pinMode(led, OUTPUT);
 digitalWrite(led, HIGH);
}
void loop(){
  digitalWrite(sig, HIGH);
  delay(2000);
  digitalWrite(sig, LOW);
  delay(2000);
}
```

3. 串口继电器控制 LED

下面的示例使用继电器,通过串口输入字符,控制 LED 的亮灭。

```
int incomedate = 0;
int relayPin = 3;                    //继电器引脚
int ledPin = 4;                      //LED 引脚
void setup() {
  pinMode(relayPin, OUTPUT);
  pinMode(ledPin, OUTPUT);
  digitalWrite(ledPin, HIGH);
  Serial.begin(9600);                //设置串口波特率为 9600
}
void loop() {
  if (Serial.available() > 0)        //串口接收到数据
  {
    incomedate = Serial.read();      //获取串口接收到的数据
    if (incomedate == 'H')           //串口输入 H,打开 LED
    {
      digitalWrite(relayPin, HIGH);
      Serial.println("LED ON!");     //串口输出
    } else if (incomedate == 'L')    //串口输入 L,关闭 LED
    {
      digitalWrite(relayPin, LOW);
      Serial.println("LED OFF!");
    }
  }
}
```

本章习题

1. 如何使用 Arduino 开发板和电位器控制直流电机,电位器电阻越小,直流电机转速越高,反之亦然,使用外部电源为直流电机供电,NPN 晶体管设置电机转速。给出使用的元器件、电路图和程序代码。

2. 如何使用 Arduino 开发板和电位计控制舵机的位置?给出需要的元器件、电路图和程序代码。

3. 如何通过 4 个继电器控制 4 个 LED 的开关?

4. 使用一个光敏电阻控制一个 LED,随着光敏电阻接收到光强的变化,可以控制一个 LED 的亮度。光敏电阻接收到的光强越强,LED 就会越暗。

5. 如何利用串口监视器输入引脚 A 和 B,用 Arduino 开发板 A4988 控制 42 步进电机的正、反旋转?

第10章 Arduino 通信控制

CHAPTER 10

本章对 SPI 通信、红外线通信、RFID 通信、以太网通信、WiFi 通信和蓝牙通信进行介绍。

10.1 SPI 通信

10.1
微课视频

本节内容包括 SPI 通信的原理、电路图和实验代码。

10.1.1 原理

第 6 章已经介绍了 SPI 库文件，在不同 Arduino 开发板上 SPI 功能的引脚编号有所不同，如表 10-1 所示。

表 10-1 不同 Arduino 开发板上 SPI 功能的引脚编号

Arduino/Genuino 开发板	MOSI	MISO	SCK	SS(从)	SS(主)	电平/V
UNO 或 Duemilanove	11 或 ICSP-4	12 或 ICSP-1	10 或 ICSP-3	10	—	5
MEGA1280 或 MEGA2560	51 或 ICSP-4	50 或 ICSP-1	52 或 ICSP-3	53	—	5
LEONARDO	ICSP-4	ICSP-1	ICSP-3	—	—	5
Due	ICSP-4	ICSP-1	ICSP-3	—	4，10，52	3.3
Zero	ICSP-4	ICSP-1	ICSP-3	—	—	3.3
101	ICSP-4	ICSP-1	ICSP-3	10	10	3.3
MKR1000	8	10	9	—	—	3.3

其中，ICSP(In-Circuit Serial Programming，在线串行编程)的六根导线直接和 MCU 连接，对应 VCC、MISO、MOSI、SCK、GND 和 RESET 引脚，如图 10-1 所示。

1 - MISO 2 - +VCC
3 - SCK 4 - MOSI
5 - RESET 6 - GND
ICSP

图 10-1 ICSP 引脚

ICSP 主要功能是烧录器，利用串口给单片机烧写程序，因为 Arduino 开发板上配有 ATmega16U2 等 USB 控制器，所以可以通过 USB 接口利用串口通信写程序，ICSP 很少使用。请注意，MISO、MOSI 和 SCK 在 ICSP 标头上物理位置是确定的，在使用扩展板时可以直接插到 Arduino 开发板上。

基于AVR芯片的开发板上都有一个SS(从机选择)引脚，当它作为从机使用时，由外部主机控制。由于该库文件仅支持主机模式，因此该引脚应始终设置为OUTPUT，否则SPI可以通过硬件自动进入从机模式，使库文件失效。

10.1.2 电路图

本示例需要的元器件包括Arduino开发板、USB连接线、导线、面包板、SCP1000气压传感器、DHT11和OLED。Arduino UNO开发板的引脚SS、MOSI、MISO、SCK分别在数字引脚10、11、12和13，其他开发板的引脚与此开发板不同，使用时请查阅第1章的内容。当开发板充当由外部主机控制时使用基于AVR开发板上的SS引脚。由于Arduino IDE的库文件仅支持主机模式，因此该引脚应始终设置为OUTPUT，否则SPI可能会被硬件自动置于从机模式，从而导致库文件无法运行。但是，可以使用任何引脚作为设备的SS引脚。例如，Arduino以太网扩展板使用数字引脚4控制板载SD卡的SPI连接，使用数字引脚10控制与以太网控制器的连接。

1. SPI通信读取气压传感器数据

此示例说明如何使用SPI(串行外设接口)库文件从SCP1000气压传感器读取数据。Arduino开发板与SCP1000的引脚连线如表10-2所示，连接方式如图10-2所示。

表10-2 Arduino与SCP1000连线

Arduino	SCP1000	Arduino	SCP1000
6	DRDY	13	SCK
7	CSB	+3.3V	+3.3V
11	MOSI	GND	GND
12	MISO		

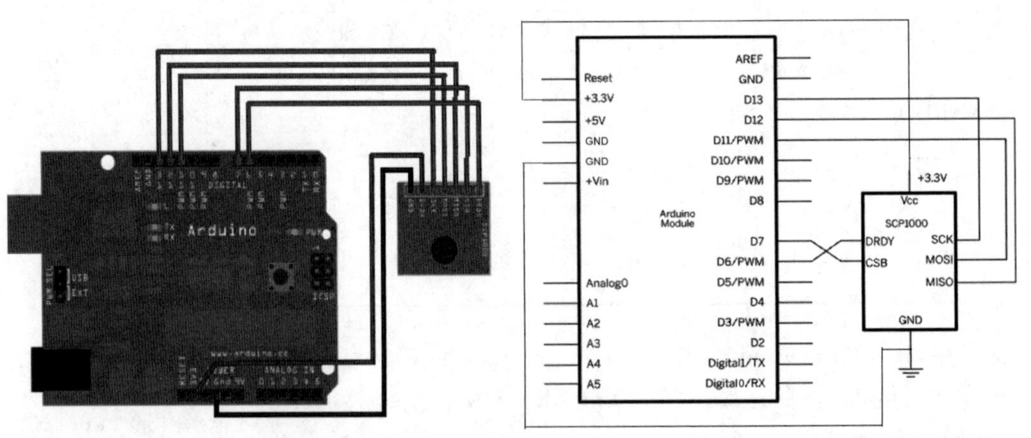

图10-2 Arduino开发板与SCP1000气压传感器电路连接图

2. 两个Arduino开发板间的SPI通信

将两个Arduino UNO开发板连接在一起，一个作为主机设备，另一个作为从机设备，将两个开发板的引脚互相连接，SS连接数字引脚10，MOSI连接数字引脚11，MISO连接数字引脚 12,SCK 连接数字引脚 13,两个开发板的 GND 连接,电路如图 10-3 所示。

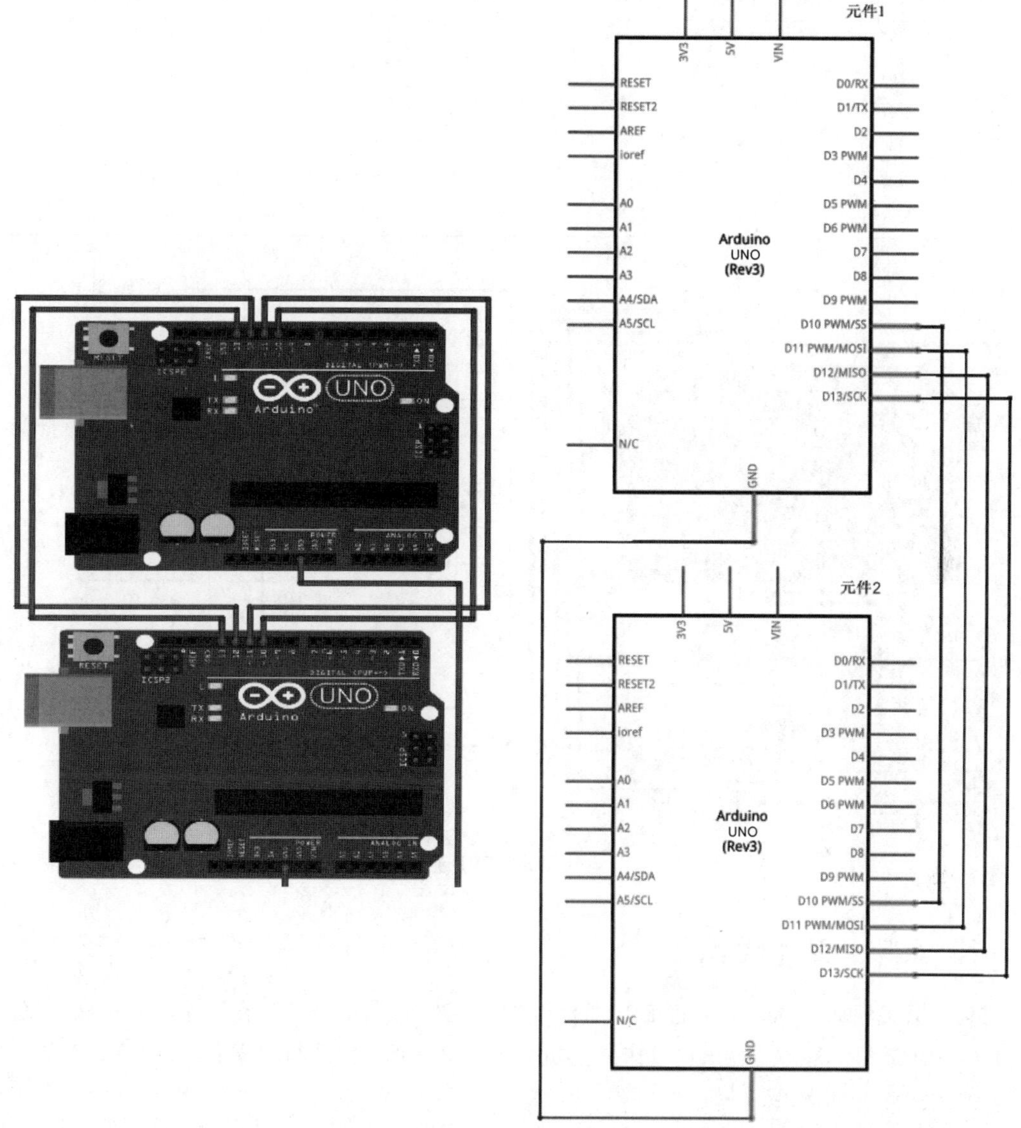

图 10-3　两个 Arduino 开发板连接

3. OLED 的 SPI 通信显示温湿度

0.96 英寸 OLED,芯片为 SSD1306,可以选择 SPI 通信方式,本示例通过 OLED 屏幕显示 DHT11 温湿度传感器的值,引脚连接如表 10-3 所示,电路如图 10-4 所示。

表 10-3　Arduino 开发板与元器件连接

OLED(正面从左到右)	Arduino 开发板	DHT11
GND	GND	GND
VCC	+5/+3.3V	V_{CC}

续表

OLED(正面从左到右)	Arduino 开发板	DHT11
D0	3	
D1	4	
RES	5	
DC	6	
CS	7	
	8	Data

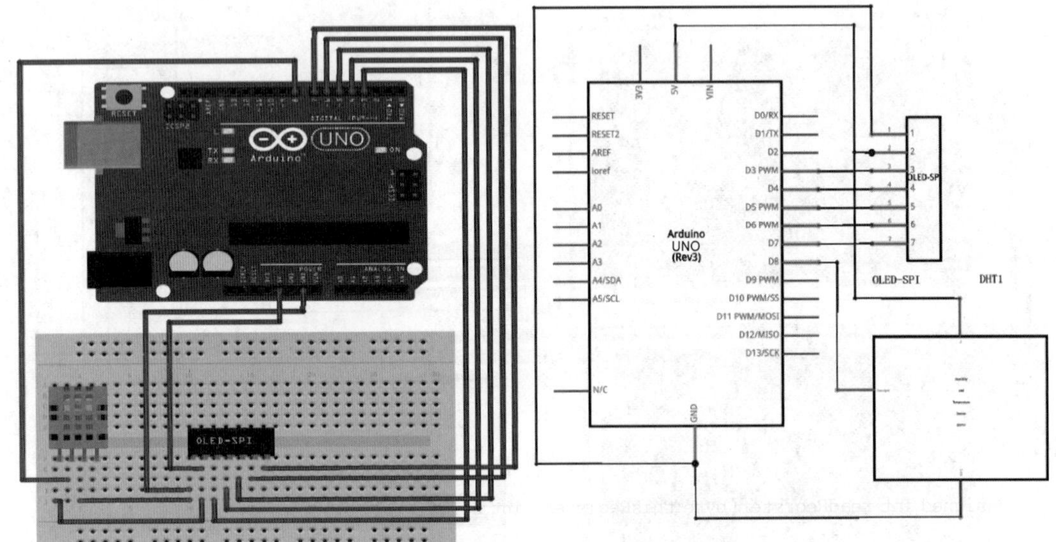

图 10-4　OLED 的 SPI 连接电路图

10.1.3　实验代码

本示例实现如下功能：通过 SPI 通信读取气压传感器的数据；在两个 Arduino 开发板间进行 SPI 通信，其中一个开发板作为主机设备，另一个作为从机设备；通过 OLED 以中文的方式显示温度和湿度。

1. 通过 SPI 通信读取气压传感器数据

使用 SPI 库文件控制大气压传感器 SCP1000，获取大气压强的示例代码如下：

```
#include <SPI.h>
//传感器的存储器地址
const int PRESSURE = 0x1F;                          //压力的 3 个高有效位
const int PRESSURE_LSB = 0x20;                      //压力的 16 个低有效位
const int TEMPERATURE = 0x21;                       //读取温度的 16 个有效位
const byte READ = 0b11111100;                       //SCP1000 读取命令
const byte WRITE = 0b00000010;                      //SCP1000 写入命令
//连接传感器的引脚和 SPI 控制引脚
const int dataReadyPin = 6;
const int chipSelectPin = 7;
```

```
void setup() {
  Serial.begin(9600);
  SPI.begin();                                          //初始化 SPI 通信
  pinMode(dataReadyPin, INPUT);                         //初始化数据和芯片选择引脚
  pinMode(chipSelectPin, OUTPUT);
  writeRegister(0x02, 0x2D);
  writeRegister(0x01, 0x03);
  writeRegister(0x03, 0x02);
  delay(100);
}
void loop() {
  writeRegister(0x03, 0x0A);                            //选择高分辨率模式
  if (digitalRead(dataReadyPin) == HIGH) {              //等待引脚变为高电平
    int tempData = readRegister(0x21, 2);               //读取温度数据
    float realTemp = (float)tempData / 20.0;            //转换为实际值
    Serial.print("Temp[C] = ");
    Serial.print(realTemp);
    byte  pressure_data_high = readRegister(0x1F, 1);  //读取压力的最高 3 位值
    pressure_data_high &= 0b00000111;                   //只需要 0～2 位
    unsigned int pressure_data_low = readRegister(0x20, 2);   //读取压力的低 16 位
    long pressure = ((pressure_data_high << 16) | pressure_data_low) / 4; //组合为 19 位
    Serial.println("\tPressure [Pa] = " + String(pressure));   //显示压力
  }
}
//从 SCP1000 读取或写入寄存器
unsigned int readRegister(byte thisRegister, int bytesToRead) {
  byte inByte = 0;                                      //来自 SPI 的字节数
  unsigned int result = 0;                              //返回的结果
  Serial.print(thisRegister, BIN);
  Serial.print("\t");
  thisRegister = thisRegister << 2; //SCP1000 需要高 6 位的寄存器名称,左移两位
  byte dataToSend = thisRegister & READ;                //将地址和命令组合为一字节
  Serial.println(thisRegister, BIN);
  digitalWrite(chipSelectPin, LOW);                     //芯片选择引脚置为低电平
  SPI.transfer(dataToSend);                             //向设备发送要读取的寄存器
  result = SPI.transfer(0x00);                          //发送值 0 以读取返回的第一字节
  bytesToRead--;                                        //减少要读取的字节数
  if (bytesToRead > 0) {                                //仍有要读取的字节
    result = result << 8;                               //第一字节左移,读取第二字节
    inByte = SPI.transfer(0x00);
    result = result | inByte;                           //组合两字节
    bytesToRead--;                                      //减少要读取的字节数
  }
  digitalWrite(chipSelectPin, HIGH);                    //芯片选择引脚置为高电平
  return (result);                                      //返回结果
}
//向 SCP1000 发送写命令
void writeRegister(byte thisRegister, byte thisValue) {
```

```
  thisRegister = thisRegister << 2; //SCP1000需要高6位的寄存器地址,左移两位
  byte dataToSend = thisRegister | WRITE;          //组合两字节
  digitalWrite(chipSelectPin, LOW);                //芯片选择引脚置为低电平
  SPI.transfer(dataToSend);                        //发送到寄存器
  SPI.transfer(thisValue);                         //发送值记录到寄存器
  // take the chip select high to de-select:
  digitalWrite(chipSelectPin, HIGH);
}
```

2. 两个 Arduino 开发板间的 SPI 通信

在两个 Arduino 开发板间进行 SPI 通信,其中一个开发板作为主机设备,另一个作为从机设备。可以使用两台计算机,一台计算机的两个 USB 接口分别连接两个 Arduino UNO 开发板,在 Arduino IDE 的菜单栏中选择"工具→端口"命令,分别选择主机和从机的端口,烧录程序并开启串口监视器,同时只能开启一个串口监视器。

1）主机设备代码

```
#include <SPI.h>
void setup (void) {
   Serial.begin(115200);                           //设置串口波特率
   digitalWrite(SS, HIGH);                         //禁止从机选择
   SPI.begin ();
   SPI.setClockDivider(SPI_CLOCK_DIV8);            //八分频
}
void loop (void) {
   char c;
   digitalWrite(SS, LOW);                          //开启从机选择
   for (const char * p = "Hello, world!\r" ; c = *p; p++) {   //发送字符串
      SPI.transfer (c);
      Serial.print(c);
   }
   digitalWrite(SS, HIGH);                         //禁止从机选择
   delay(2000);
}
```

2）从机设备代码

```
#include <SPI.h>
char buff [50];
volatile byte indx;
volatile boolean process;
void setup (void) {
   Serial.begin (115200);
   pinMode(MISO, OUTPUT);                          //必须发送到主机,所以它设置为输出
   SPCR |= _BV(SPE);                               //从机开启 SPI
   indx = 0;                                       //清空缓存
   process = false;
   SPI.attachInterrupt();                          //开启中断
}
```

```
ISR (SPI_STC_vect) {                           //SPI 中断服务程序
   byte c = SPDR;                              //从 SPI 数据寄存器读取数据
   if (indx < sizeof buff) {
      buff [indx++] = c;                       //存储数据到缓存
      if (c == '\r')                           //检查是否结束
      process = true;
   }
}
void loop (void) {
   if (process) {
      process = false;                         //重置 process 变量
      Serial.println (buff);                   //打印缓存数据到串口监视器
      indx = 0;                                //缓存置零
   }
}
```

3. OLED 的 SPI 通信显示温湿度

本示例实现 OLED 以中文的方式显示温湿度，需要通过字模软件将图片转变为位图(.bmp)格式，存储为字符数组。代码如下：

```
#include <stdio.h>                             //引入<stdio.h>头文件
#include <DHT.h>                               //引入<DHT.h>头文件
#include <U8glib.h>                            //引入 OLED 头文件
U8GLIB_SSD1306_128X64 u8g(3,4,7,6,5);          //设置 OLED 接口
#define DHTPIN 8                               //DHT11 传感器数据引脚
#define DHTTYPE DHT11                          //定义 DHT11 传感器
DHT dht(DHTPIN, DHTTYPE);                      //定义湿度传感器
void setup()
{
  Serial.begin(9600);                          //串口波特率
  dht.begin();                                 //温湿度传感器初始化
}
const static unsigned char  logo0_glcd_bmp [] U8G_PROGMEM = {//从字模软件获取
0x00,0x00,0x00,0x00,0x00,0x00,0x00,0x00,0x00,0x00,0x00,0x00,0x00,0x00,0x00,0x00,
0x00,0x00,0x00,0x00,0x00,0x00,0x00,0x00,0x00,0x00,0x00,0x00,0x00,0x00,0x00,0x00,
0x00,0x00,0x00,0x00,0x00,0x00,0x00,0x00,0x00,0x00,0x00,0x00,0x00,0x00,0x00,0x00,
0x00,0x00,0x00,0x00,0x00,0x00,0x00,0x00,0x00,0x00,0x00,0x00,0x00,0x00,0x00,0x00,
0x00,0x00,0x00,0x08,0x00,0x00,0x00,0x00,0x00,0x00,0x00,0x00,0x00,0x00,0x00,0x00,
0x18,0xFF,0x80,0x04,0x00,0x00,0x00,0x00,0x00,0x00,0x00,0x00,0x01,0xE0,0x7E,0x00,
0x0E,0x80,0x81,0xFF,0xF8,0x00,0x00,0x00,0x00,0x00,0x00,0x03,0x31,0xFE,0x00,
0x04,0x80,0x81,0x00,0x40,0x00,0x70,0x00,0x00,0x00,0x00,0x00,0x02,0x13,0x82,0x00,
0x00,0xFF,0x81,0x10,0x40,0x00,0x70,0x00,0x00,0x00,0x00,0x00,0x03,0x37,0x00,0x00,
0x20,0x80,0x81,0x10,0x44,0x00,0x70,0x00,0x00,0x00,0x00,0x00,0x01,0xE6,0x00,0x00,
0x10,0x80,0x81,0x7F,0xF8,0x00,0x00,0x00,0x00,0x00,0x00,0x00,0x00,0x0C,0x00,0x00,
0x08,0xFF,0x81,0x10,0x44,0x00,0x00,0x00,0x00,0x00,0x00,0x00,0x00,0x0C,0x00,0x00,
0x00,0x00,0x01,0x10,0x40,0x00,0x00,0x00,0x00,0x00,0x00,0x00,0x00,0x0C,0x00,0x00,
0x10,0x00,0x01,0x1F,0xC0,0x00,0x00,0x00,0x00,0x00,0x00,0x00,0x00,0x0C,0x00,0x00,
0x09,0xFF,0x81,0x00,0x10,0x00,0x00,0x00,0x00,0x00,0x00,0x00,0x00,0x0C,0x00,0x00,
0x09,0x24,0x81,0x7F,0xE0,0x00,0x00,0x00,0x00,0x00,0x00,0x00,0x00,0x0C,0x00,0x00,
```

```
0x11,0x24,0x81,0x10,0x40,0x00,0x00,0x00,0x00,0x00,0x00,0x00,0x00,0x0E,0x00,0x00,
0x11,0x24,0x82,0x08,0x80,0x00,0x70,0x00,0x00,0x00,0x00,0x00,0x00,0x07,0x00,0x00,
0x11,0x24,0x82,0x07,0x00,0x00,0x70,0x00,0x00,0x00,0x00,0x00,0x00,0x03,0x82,0x00,
0x21,0x24,0x82,0x0F,0x80,0x00,0x70,0x00,0x00,0x00,0x00,0x00,0x00,0x01,0xFE,0x00,
0x23,0xFF,0xC6,0xF8,0xFC,0x00,0x00,0x00,0x00,0x00,0x00,0x00,0x00,0x00,0xFC,0x00,
0x10,0x00,0x02,0x40,0x18,0x00,0x00,0x00,0x00,0x00,0x00,0x00,0x00,0x00,0x00,0x00,
0x00,0x00,0x00,0x00,0x00,0x00,0x00,0x00,0x00,0x00,0x00,0x00,0x00,0x00,0x00,0x00,
0x00,0x00,0x00,0x00,0x00,0x00,0x00,0x00,0x00,0x00,0x00,0x00,0x00,0x00,0x00,0x00,
0x00,0x00,0x00,0x00,0x00,0x00,0x00,0x00,0x00,0x00,0x00,0x00,0x00,0x00,0x00,0x00,
0x00,0x00,0x00,0x00,0x00,0x00,0x00,0x00,0x00,0x00,0x00,0x00,0x00,0x00,0x00,0x00,
0x00,0x00,0x00,0x00,0x00,0x00,0x00,0x00,0x00,0x00,0x00,0x00,0x00,0x00,0x00,0x00,
0x00,0x00,0x00,0x00,0x00,0x00,0x00,0x00,0x00,0x00,0x00,0x00,0x00,0x00,0x00,0x00,
0x00,0x00,0x00,0x00,0x00,0x00,0x00,0x00,0x00,0x00,0x00,0x00,0x00,0x00,0x00,0x00,
0x00,0x00,0x00,0x00,0x00,0x00,0x00,0x00,0x00,0x00,0x00,0x00,0x00,0x00,0x00,0x00,
0x00,0x00,0x00,0x00,0x00,0x00,0x00,0x00,0x00,0x00,0x00,0x00,0x00,0x00,0x00,0x00,
0x00,0x00,0x00,0x00,0x00,0x00,0x00,0x00,0x00,0x00,0x00,0x00,0x00,0x00,0x00,0x00,
0x00,0x00,0x00,0x00,0x00,0x00,0x00,0x00,0x00,0x00,0x00,0x00,0x00,0x00,0x00,0x00,
0x00,0x00,0x00,0x00,0x00,0x00,0x00,0x00,0x00,0x00,0x00,0x00,0x00,0x00,0x00,0x00,
0x00,0x00,0x00,0x00,0x00,0x00,0x00,0x00,0x00,0x00,0x00,0x00,0x00,0x00,0x00,0x00,
0x00,0x00,0x00,0x00,0x00,0x00,0x00,0x00,0x00,0x00,0x00,0x00,0x00,0x00,0x00,0x00,
0x00,0x00,0x00,0x00,0x00,0x00,0x00,0x00,0x00,0x00,0x00,0x00,0x00,0x00,0x00,0x00,
0x00,0x00,0x00,0x00,0x00,0x00,0x00,0x00,0x00,0x00,0x00,0x00,0x00,0x00,0x00,0x00,
0x00,0x00,0x00,0x00,0x00,0x00,0x00,0x00,0x00,0x00,0x00,0x00,0x00,0x00,0x00,0x00,
0x00,0x00,0x00,0x00,0x00,0x00,0x00,0x00,0x00,0x00,0x00,0x00,0x00,0x00,0x00,0x00,
0x10,0x00,0x00,0x08,0x00,0x00,0x00,0x00,0x00,0x00,0x00,0x00,0x00,0x00,0x00,0x00,
0x30,0xFF,0x80,0x04,0x00,0x00,0x00,0x00,0x00,0x00,0x00,0x00,0x00,0x00,0x00,0x00,
0x1C,0x80,0x81,0xFF,0xF8,0x00,0x00,0x00,0x00,0x00,0x00,0x00,0x00,0x07,0x03,0x00,
0x08,0x80,0x81,0x00,0x40,0x00,0x70,0x00,0x00,0x00,0x00,0x00,0x00,0x0D,0x82,0x00,
0x00,0xFF,0x81,0x10,0x40,0x00,0x70,0x00,0x00,0x00,0x00,0x00,0x00,0x18,0xC4,0x00,
0x20,0x80,0x81,0x10,0x44,0x00,0x70,0x00,0x00,0x00,0x00,0x00,0x00,0x18,0xCC,0x00,
0x70,0x80,0x81,0x7F,0xF8,0x00,0x00,0x00,0x00,0x00,0x00,0x00,0x00,0x18,0xC8,0x00,
0x18,0xFF,0x81,0x10,0x44,0x00,0x00,0x00,0x00,0x00,0x00,0x00,0x00,0x18,0xD8,0x00,
0x00,0x24,0x01,0x10,0x40,0x00,0x00,0x00,0x00,0x00,0x00,0x00,0x00,0x08,0x93,0x80,
0x00,0x24,0x41,0x1F,0xC0,0x00,0x00,0x00,0x00,0x00,0x00,0x00,0x00,0x0D,0xB6,0xC0,
0x0D,0x24,0x41,0x00,0x10,0x00,0x00,0x00,0x00,0x00,0x00,0x00,0x00,0x07,0x2C,0x60,
0x09,0x24,0x81,0x7F,0xE0,0x00,0x00,0x00,0x00,0x00,0x00,0x00,0x00,0x00,0x6C,0x60,
0x09,0x25,0x81,0x10,0x40,0x00,0x00,0x00,0x00,0x00,0x00,0x00,0x00,0x00,0x4C,0x60,
0x10,0xA4,0x02,0x08,0x80,0x00,0x70,0x00,0x00,0x00,0x00,0x00,0x00,0x00,0x8C,0x60,
0x10,0x24,0x02,0x07,0x00,0x00,0x70,0x00,0x00,0x00,0x00,0x00,0x00,0x00,0x8C,0x60,
0x10,0x24,0x22,0x0F,0x80,0x00,0x70,0x00,0x00,0x00,0x00,0x00,0x00,0x01,0x06,0xC0,
0x23,0xFF,0xC6,0xF8,0xFC,0x00,0x00,0x00,0x00,0x00,0x00,0x00,0x00,0x03,0x03,0x80,
0x10,0x00,0x22,0x40,0x18,0x00,0x00,0x00,0x00,0x00,0x00,0x00,0x00,0x00,0x00,0x00,
0x00,0x00,0x00,0x00,0x00,0x00,0x00,0x00,0x00,0x00,0x00,0x00,0x00,0x00,0x00,0x00,
0x00,0x00,0x00,0x00,0x00,0x00,0x00,0x00,0x00,0x00,0x00,0x00,0x00,0x00,0x00,0x00,
0x00,0x00,0x00,0x00,0x00,0x00,0x00,0x00,0x00,0x00,0x00,0x00,0x00,0x00,0x00,0x00,
0x00,0x00,0x00,0x00,0x00,0x00,0x00,0x00,0x00,0x00,0x00,0x00,0x00,0x00,0x00,0x00,
0x00,0x00,0x00,0x00,0x00,0x00,0x00,0x00,0x00,0x00,0x00,0x00,0x00,0x00,0x00,0x00,
0x00,0x00,0x00,0x00,0x00,0x00,0x00,0x00,0x00,0x00,0x00,0x00,0x00,0x00,0x00,0x00,
```

```
};                                              //位图格式
void dis_play()                                 //OLED 数据显示子函数
{ float h = dht.readHumidity();
  float t = dht.readTemperature();
  u8g.firstPage();                              //OLED 首页
  do
  {
    char c[1];
    dtostrf(t,2,1,c);
    Serial.println(c);                          //转换数据类型
    u8g.setFont(u8g_font_gdr10r);               //设置字体
    u8g.drawStr(60, 17, c);                     //第 17 行 60 列显示温度数据
    char k[1];
    dtostrf(h,2,1,k);
    Serial.println(k);                          //转换数据类型
    u8g.setFont(u8g_font_gdr10r);               //设置字体
    u8g.drawStr(60, 55,k);                      //第 55 行 60 列显示湿度数据
    u8g.drawBitmapP(0,0,16,64,logo0_glcd_bmp);  //显示位图
  }
  while (u8g.nextPage());                       //执行配置
}
void loop()
{
  dis_play();                                   //OLED 显示数据子函数
}
```

10.2 红外线通信

10.2
微课视频

本节内容包括红外线通信原理、电路图和实验代码。

10.2.1 原理

红外线遥控是目前使用最广泛的一种通信和遥控手段。由于红外线遥控装置具有体积小、功耗低、功能强、成本低等特点,因而继彩电、录像机之后,人们在录音机、音响设备、空调以及玩具等其他小型电器装置上也纷纷采用红外线遥控。在高压、辐射、有毒气体、粉尘等环境下,采用红外线遥控工业设备不仅可靠而且能有效地隔离电气干扰。

通用红外遥控系统由发射和接收两部分组成。应用编/解码专用集成电路芯片进行控制操作,如图 10-5 所示。发射部分包括键盘、编码和调制、LED 红外发送器;接收部分包括光/电转换放大器、解调、解码电路。

红外接收电路是一种集成红外线接收和放大的一体化红外接收器模块,能够完成从红外线接收到输出与 TTL 电平信号兼容的所有工作,适用于红外线遥控和红外线数据传输。接收器做成的红外接收模块有三个引脚,分别是信号线、VCC 和 GND,与其他单片机连接通信非常方便。

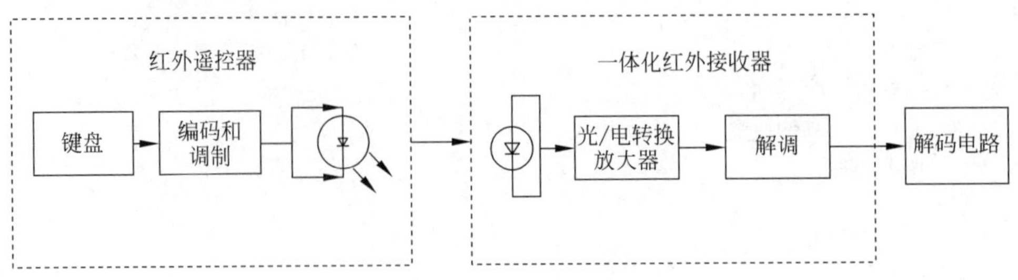

图 10-5　红外遥控系统原理图

10.2.2　电路图

红外线通信需要用到 Arduino 中的 IRremote. h 库文件，这个库文件支持众多的红外协议，例如 NEC、Sony SIRC、Philips RC5 和 Philips RC6 等。从 Arduino IDE 菜单栏中，按照"项目→加载库→库管理"命令的顺序安装即可。使用 Car MP3 红外线遥控器和 VS1838B 红外线接收器，如图 10-6 所示。

本示例需要的元器件包括 Arduino 开发板、USB 连接线、导线、面包板和红外传感器。本示例完成两个功能：①接收红外信号并显示红外编码，电路连接如图 10-7 所示，打开串口监视器，手持红外线遥控器，依序按键，记录红外编码；②接收红外信号并控制 LED，使用红外线遥控器，按键"CH＋"点亮 LED，按键"CH－"关闭 LED。

图 10-6　红外线遥控器和接收器

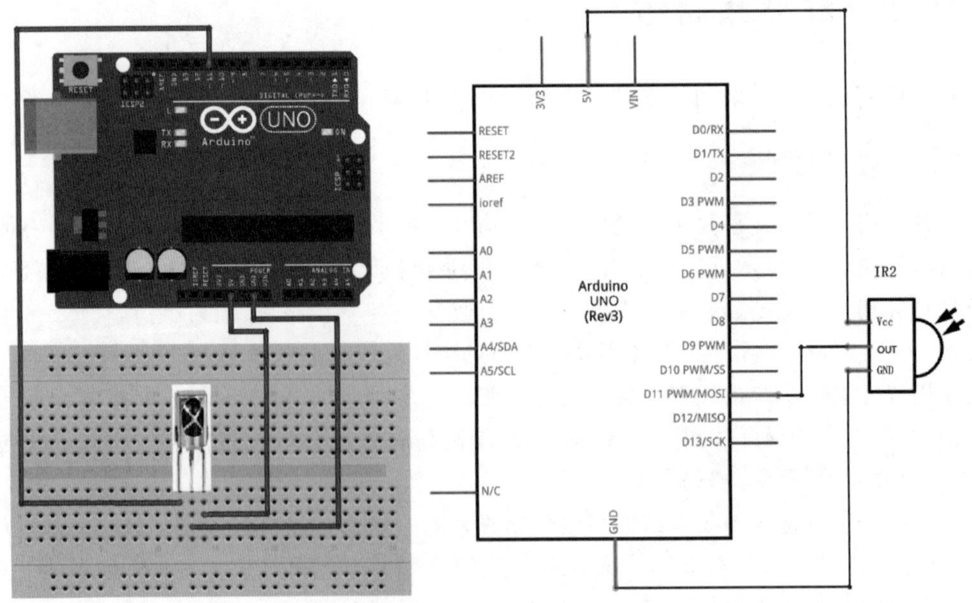

图 10-7　红外线接收器电路连接图

10.2.3　实验代码

本节内容包括显示红外编码和使用红外线控制 LED 的实验代码。

1. 显示红外编码

下面示例使红外模块接收信号，并在 Arduino IDE 的串口显示接收的信息(红外遥控器编码)，常用的一种编码如表 10-4 所示，不同红外通信设备的编码会有所不同，如果连续按住按键，返回值是 FFFFFFFF。

表 10-4　红外遥控器编码

遥控器按键	串口监视器显示	遥控器按键	串口监视器显示	遥控器按键	串口监视器显示
CH－	FFA25D	⏮	FF22DD	−	FFE01F
CH	FF629D	⏭	FF02FD	+	FFA857
CH＋	FFE21D	▷II	FFC23D	EQ	FF906F
0	FF6897	100＋	FF9867	200＋	FFB04F
1	FF30CF	2	FF18E7	3	FF7A85
4	FF10EF	5	FF38C7	6	FF5AA5
7	FF42BD	8	FF4AB5	9	FF52AD

代码如下：

```
#include <IRremote.h>
int RECV_PIN = 11;
IRrecv irrecv(RECV_PIN);                              //定义接收为数字引脚 11
decode_results results;                               //声明红外变量
void setup()
{
  Serial.begin(9600);
  //假如启动过程出现问题,提示用户启动失败
  Serial.println("Enabling IRin");
  irrecv.enableIRIn();                                //开启红外接收
  Serial.println("Enabled IRin");
}
 void loop() {
  if (irrecv.decode(&results)) {                      //检查是否接收到红外遥控信号
    Serial.println(results.value, HEX);               //输出指令信息
    irrecv.resume();                                  //接收下一指令
  }
  delay(100);
}
```

2. 使用红外线控制 LED

通过红外线控制 LED 的亮灭，电路连接好，按键 CH＋，打开 LED，按键 CH－，关闭 LED。代码如下：

```
#include <IRremote.h>
int RECV_PIN = 11;                                    //红外接收引脚
```

```
int LED_PIN = 13;                                         //板载 LED
IRrecv irrecv(RECV_PIN);
decode_results results;
void setup()
{
  Serial.begin(9600);
  irrecv.enableIRIn();                                    //开启红外接收
  pinMode(LED_PIN, OUTPUT);
  digitalWrite(LED_PIN, HIGH);
}
void loop() {
  if (irrecv.decode(&results)) {
    Serial.println(results.value, HEX);
    if (results.value == 0xFFA25D)                        //编码为 CH-,关闭 LED
    {
      digitalWrite(LED_PIN, LOW);
    } else if (results.value == 0xFFE21D)                 //编码为 CH+,打开 LED
    {
      digitalWrite(LED_PIN, HIGH);
    }
    irrecv.resume();                                      //接收下一次的值
  }
  delay(100);
}
```

10.3
微课视频

10.3 RFID 通信

本节内容包括 RFID 通信原理、电路图和实验代码。

10.3.1 原理

射频识别(Radio Frequency IDentification,RFID)是一种无线通信技术,通过无线电信号识别特定目标并读写相关数据,而无需在识别系统与特定目标之间建立机械或者光学接触。无线电信号是通过调制成无线电频率的电磁场,把数据通过附着在物品上的标签传送出去,自动辨识与追踪该物品。某些标签在识别时从识别器发出的电磁场中就可以得到能量,并不需要电源;也有的标签本身拥有电源,并可以主动发出无线电波(调制成无线电频率的电磁场)。标签包含了电子存储的信息,数米之内都可以识别。与条形码不同的是,射频标签不需要在识别器视线之内,也可以嵌入被追踪物体之内。

RFID 系统主要由以下几部分构成:应答器、阅读器(天线、耦合元件及芯片)。一般情况下,使用标签作为应答器,每个标签具有唯一的电子编码,附着在物体上标识目标对象。阅读器由天线、耦合元件、芯片组成,是读取/写入标签信息的设备,可设计为手持式 RFID 阅读器或固定式阅读器。RFID 硬件需要应用软件系统支撑,主要是把收集的数据进一步处理,为开发者使用。

RFID 技术的基本工作原理如下:标签进入电磁场后,接收解读器发出的射频信号,凭借感应电流所获得的能量发送出存储在芯片中的产品信息(无源标签或被动标签),或者由标签主动发送某一频率的信号(有源标签或主动标签),解读器读取信息并解码后,送至中央信息系统进行有关数据处理。以 RFID 卡片阅读器及电子标签之间的通信及能量感应方式来看，分成感应耦合及后向散射耦合两种。一般低频的 RFID 采用第一种方式，而较高频采用第二种方式。

阅读器根据使用的结构和技术的不同，既是读或读/写装置，也是 RFID 系统信息控制和处理中心，通常由耦合模块、收发模块、控制模块和接口单元组成。它和应答器之间一般采用半双工通信方式进行信息交换，同时，通过耦合给无源应答器提供能量和时序。在实际应用中，可进一步通过以太网或 WiFi 等实现对物体识别信息的采集、处理及远程传送等管理功能。应答器是 RFID 系统的信息载体，大多是由耦合原件（线圈、微带天线等）和微芯片组成的无源单元。

10.3.2　电路图

本示例使用 MFRC522 的 RFID 芯片，原理如图 10-8 所示，实物如图 10-9 所示。

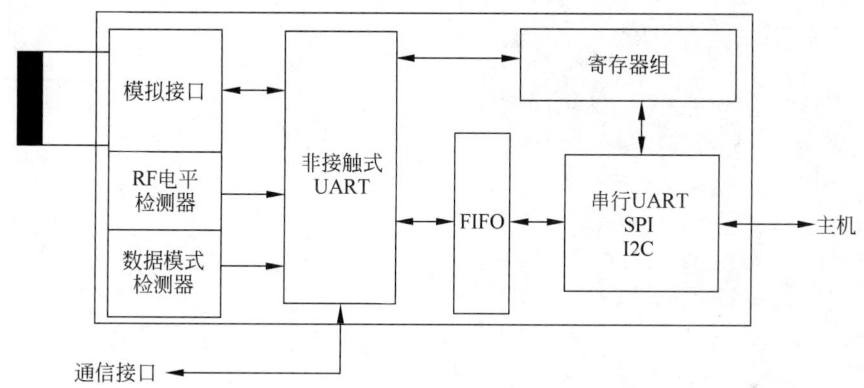

图 10-8　MFRC522 原理

MFRC522 模块的射频读/写芯片是由飞利浦公司设计的，提供了 3 种接口模式：高达 10Mb/s 的 SPI、I2C 总线模式（快速模式下能达 400kb/s，而高速模式下能达 3.4Mb/s）、最高达 1228.8kb/s 的 UART 模式。采用四线制的 SPI，通信中的时钟信号由 Arduino 产生，MFRC522 芯片设置为从机模式，接收来自 Arduino 开发板的数据以设置寄存器，并负责射频接口通信中相关数据的收发。数据的传输路径：Arduino 开发板通过 MOSI 线将数据发送到 MFRC522，MFRC522 通过 MISO 线发送回 Arduino 开发板。

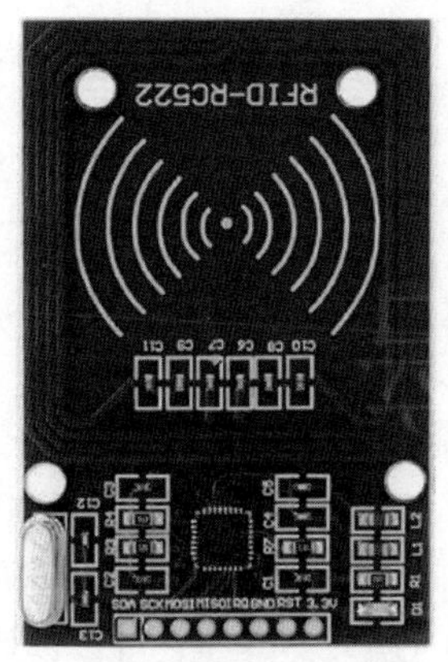

图 10-9　MFRC522 实物

本示例需要的元器件包括 Arduino 开发板、USB 连接线、导线、面包板、舵机、RFID 阅读器和卡片。从正面看模块的引脚标识，最下端的引脚从左向右依次是：SDA、SCK、MOSI、MISO、IRQ、GND、RST 和 3.3V。MFRC522 与 Arduino 开发板的连接如表 10-5 所示，请按照标注引脚连接至 Arduino 开发板上，IRQ 引脚不使用，电路如图 10-10 所示。注意，本模块一定要使用 3.3V 供电，否则会烧毁模块。

表 10-5　MFRC522 与 Arduino 开发板连线

SPI 信号	MF RC522	Arduino UNO	Arduino MEGA	Arduino NANO	Arduino LEONARDO /Micro	Arduino Pro Micro
RST/Reset	RST	9	5	9	RSET/ICSP-5	RST
SPI/SS	SDA/SS	10	53	10	10	10
SPI/MOSI	MOSI	11/ICSP-4	51	11	ICSP-4	16
SPI/MISO	MISO	12/ICSP-1	50	12	ICSP-1	14
SPI/SCK	SCK	13/ICSP-3	52	13	ICSP-3	15
GND	GND	GND	GND	GND	GND	GND
3.3V	3.3V	3.3V	3.3V	3.3V	3.3V	3.3V

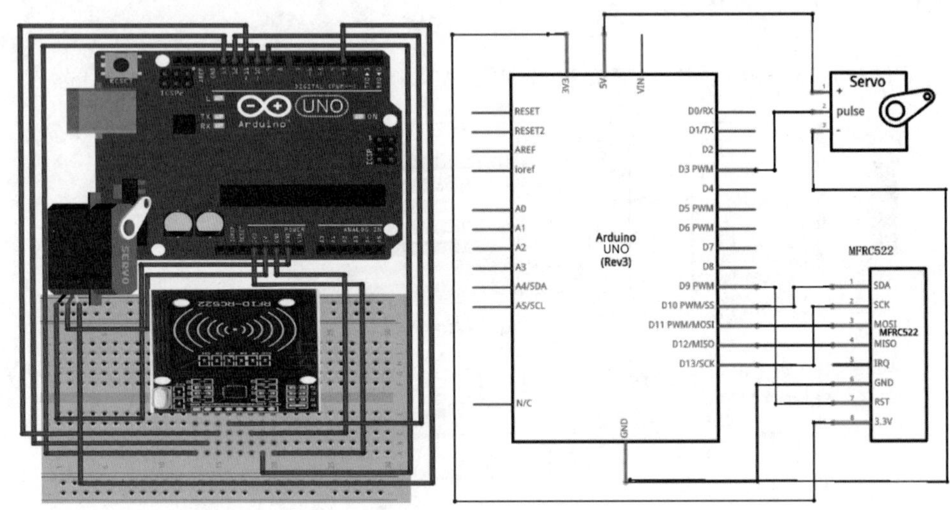

图 10-10　RFID 实验电路

10.3.3　实验代码

本示例实现 RFID 标签信息获取，通过 RFID 系统实现模拟门禁系统的功能。

1. RFID 标签信息获取

首先安装 RFID 最新版的库文件，通过 Arduino IDE 菜单栏中“项目→加载库→管理库”命令，安装 MFRC522.h 库文件。电路连接后，在菜单栏选择“文件→示例→MFRC522→Dumpinfo”命令，然后编译和上传代码。本实验是库文件示例程序，实现 RFID 的基本功能，在 Arduino SPI 上使用基于 MFRC522 的阅读器从 RFID 标签或卡读取数据。在 MFRC522 阅读器读取范围内出示标签或卡时，串口监视器将显示标签或卡的信息，包括 ID/UID、类型和它可以读取的任何数据块。注意：过早将卡片从阅读器移开时，可能会看到“通信超时”消息。代码如下：

```
#include <SPI.h>
#include <MFRC522.h>
#define RST_PIN   9                                    //RST引脚配置
#define SS_PIN   10                                    //SS 引脚配置
```

```
MFRC522 mfrc522(SS_PIN, RST_PIN);                    //创建 MFRC522 实例
void setup() {
 Serial.begin(9600);                                  //初始化串口
 while (!Serial);                                     //基于 ATMEGA32U4 的开发板使用
 SPI.begin();                                         //初始化 SPI
 mfrc522.PCD_Init();                                  //初始化 MFRC522
 delay(4);                                            //延迟等待
 mfrc522.PCD_DumpVersionToSerial();                   //发送 MFRC522 阅读器信息到串口
 Serial.println(F("Scan PICC to see UID, SAK, type, and data blocks..."));
}
void loop() {
 if ( ! mfrc522.PICC_IsNewCardPresent()) {            //没有新标签,则返回
    return;
 }
 if ( ! mfrc522.PICC_ReadCardSerial()) {              //选择一个标签
    return;
 }
mfrc522.PICC_DumpToSerial(&(mfrc522.uid));            //转储关于卡的调试信息
}
```

2. RFID 门禁控制方法

通过 Arduino 开发板、MFRC522 和舵机制作简单的刷卡门禁,使用舵机转动代替开门的过程。代码如下:

```
#include <SPI.h>
#include <MFRC522.h>
#include <Servo.h>
#define SS_PIN 10
#define RST_PIN 9
MFRC522 rfid(SS_PIN, RST_PIN);                        //实例化类
Servo myservo;                                        //实例化舵机
byte nuidPICC[4];                                     //初始化数组用于存储读取到的 NUID
void setup() {
  Serial.begin(9600);
  SPI.begin();                                        //初始化 SPI 总线
  rfid.PCD_Init();                                    //初始化 MFRC522
  myservo.attach(3);                                  //初始化舵机,设定为数字引脚 3
}
void loop() {
  if ( ! rfid.PICC_IsNewCardPresent())                //发现卡片
    return;
  if ( ! rfid.PICC_ReadCardSerial())                  //验证 NUID 是否可读
    return;
  MFRC522::PICC_Type piccType = rfid.PICC_GetType(rfid.uid.sak);
  //检查是否为 MIFARE 卡类型
  if (piccType != MFRC522::PICC_TYPE_MIFARE_MINI &&
    piccType != MFRC522::PICC_TYPE_MIFARE_1K &&
    piccType != MFRC522::PICC_TYPE_MIFARE_4K) {
    Serial.println("不支持读取此卡类型");
    return;
  }
  for (byte i = 0; i < 4; i++) {                      //将 NUID 保存到 nuidPICC 数组
```

```
    nuidPICC[i] = rfid.uid.uidByte[i];
  }
  Serial.print("十六进制 UID: ");
  printHex(rfid.uid.uidByte, rfid.uid.size);
  Serial.println();
  Serial.print("十进制 UID: ");
  printDec(rfid.uid.uidByte, rfid.uid.size);
  Serial.println();
  //使放置在读卡区的 IC 卡进入休眠状态,不重复读卡
  rfid.PICC_HaltA();
  rfid.PCD_StopCrypto1();                              //停止读卡模块编码
  if (nuidPICC[0] == 0x13&&nuidPICC[1] == 0xD5&&nuidPICC[2] == 0x65&&nuidPICC[3] == 0x3E)
  {
    Serial.print("身份确认,解锁成功");
    myservo.write(0);
    delay(1000);
    myservo.write(90);
    delay(1000);
  }
  else Serial.print("非系统用户,无法解锁");
}
void printHex(byte * buffer, byte bufferSize) {
  for (byte i = 0; i < bufferSize; i++) {
    Serial.print(buffer[i] < 0x10 ? " 0" : "");
    Serial.print(buffer[i], HEX);
  }
}
void printDec(byte * buffer, byte bufferSize) {
  for (byte i = 0; i < bufferSize; i++) {
    Serial.print(buffer[i] < 0x10 ? " 0" : "");
    Serial.print(buffer[i], DEC);
  }
}
```

10.4
微课视频

10.4 以太网通信

本节内容包括以太网通信原理、电路图和实验代码。

10.4.1 原理

为了与互联网连接以满足开发者的需求，Arduino 推出了 Arduino Ethernet Shield 扩展板，也就是 Arduino 以太网扩展板。Arduino 以太网扩展板轻松将 Arduino 连接到因特网。因此，这个扩展板可以让 Arduino 发送和接收来自世界任何角落的数据，可以用它做任何网络通信产品。例如用网站远程控制机器人，或者每次收到新的微博，则响铃。Arduino 以太网扩展板开启了 Arduino 网络通信应用无穷的可能性，让所有的产品项目快速接入因特网。Ethernet Shield 实物如图 10-11 所示。

以太网扩展板基于 W5100 芯片（WIZnet），带有一个 16KB 的内部缓冲区，连接速率高达 10 或 100Mb/s。它依赖于 Arduino 以太网库，和开发环境捆绑，还有一个板载的微型 SD 卡槽，可以存储数据，需要使用外部 SD 库，且不需要附带软件。这个以太网扩展板也有空

间增加 PoE 模块，它可以给 Arduino 连接的以太网供电，由于篇幅有限，完整的技术介绍请参考官方网页：http://arduino.cc/en/Main/ArduinoEthernetShield。

图 10-11　Ethernet Shield 实物图

10.4.2　电路图

本示例需要的元器件包括 Arduino 开发板、USB 连接线、以太网扩展板和网线。以太网扩展板提供引脚直接插在 Arduino 开发板上。其安装非常简单，按照规定的方向插上即可，如图 10-12 所示。

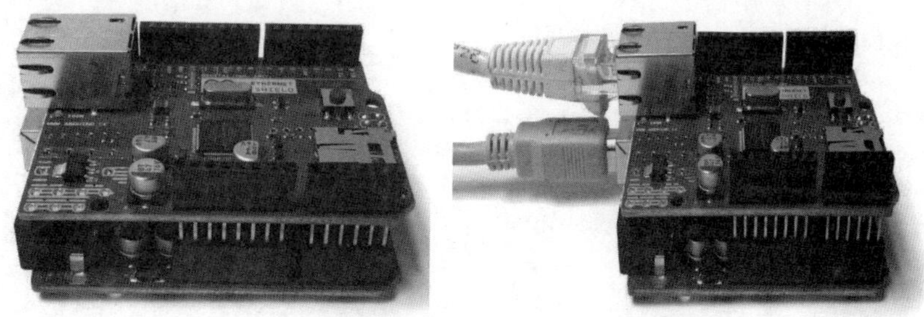

图 10-12　Ethernet Shield 实物连接图

首先，将 Arduino 开发板与计算机的 USB 接口连接；以太网扩展板连接路由器(或直接联网)。其次，打开 Arduino IDE，一般扩展板 1.0 及以上版本会支持 DHCP，不需要手动配置 IP 地址。如果要了解分配到开发板上的 IP 地址，则依次选择“文件→示例→ Ethernet→DhcpAddressPrinter”命令，打开 IDE 之后，可能需要换 MAC 地址。如果是较新的以太网扩展板版本，应该看到开发板上贴了个地址标签。如果弄丢了这个标签，编写一个可以工作的唯一地址即可。使用多个扩展板时，要保证 MAC 地址的唯一性。MAC 地址配置后，上传代码到 Arduino 开发板，打开串口监控器，会显示出使用中的 IP 地址。

10.4.3　实验代码

1. 获取 Arduino 开发板的 IP 地址

Arduino 开发板上插接以太网扩展板后，连接路由器，DHCP 分配给 Arduino 开发板 IP 地址。本示例获取分配的 IP 地址并在串口监视器打印。代码如下：

```
#include <SPI.h>
#include <Ethernet.h>
```

```
byte mac[] = {  0x00, 0xAA, 0xBB, 0xCC, 0xDE, 0x02};     //MAC 地址
void setup() {
  Serial.begin(9600);                                    //串口初始化
  while (!Serial) {
  }
  Serial.println("Initialize Ethernet with DHCP:");
  if (Ethernet.begin(mac) == 0) {                        //网络启动连接
    Serial.println("Failed to configure Ethernet using DHCP");
    if (Ethernet.hardwareStatus() == EthernetNoHardware) {
      Serial.println("Ethernet shield was not found. Sorry, can't run without hardware. :(");
                                                         //未发现以太网扩展板
    } else if (Ethernet.linkStatus() == LinkOFF) {
      Serial.println("Ethernet cable is not connected.");
    }
    while (true) {                                       //没有任务
      delay(1);
    }
  }
  Serial.print("My IP address: ");
  Serial.println(Ethernet.localIP());                    //打印分配的 IP 地址
}
void loop() {
  switch (Ethernet.maintain()) {                         //按照不同情况输出
    case 1:
      Serial.println("Error: renewed fail");             //更新失败
      break;
    case 2:
      Serial.println("Renewed success");                 //更新成功
      Serial.print("My IP address: ");
      Serial.println(Ethernet.localIP());                //打印 IP 地址
      break;
    case 3:
      Serial.println("Error: rebind fail");              //重新绑定失败
      break;
    case 4:
      Serial.println("Rebind success");                  //重新绑定成功
      Serial.print("My IP address: ");
      Serial.println(Ethernet.localIP());                //打印 IP 地址
      break;
    default:                                             //未发生事件
      break;
  }
}
```

2. Arduino 开发板作为 Web 客户端使用

Arduino 开发板使用以太网扩展板，作为 Web 客户端连接百度网站，网址为 http://www.baiducom，代码如下：

```
#include <SPI.h>
#include <Ethernet.h>
byte mac[] = { 0xDE, 0xAD, 0xBE, 0xEF, 0xFE, 0xED };    //MAC 地址
```

```
char server[] = "www.baidu.com";                      //百度网址
IPAddress ip(192,168,199,126);                        //设置 IP 地址,防止 DHCP 故障
IPAddress myDns(192, 168, 0, 1);                      //设置 DNS
EthernetClient client;                                //客户端类型定义
unsigned long beginMicros, endMicros;                 //测试变量定义
unsigned long byteCount = 0;
bool printWebData = true;                             //是否打印网络数据
void setup() {
  Serial.begin(9600);                                 //初始化串口
  while (!Serial) {
    ;
  }
  Serial.println("Initialize Ethernet with DHCP:");
  if (Ethernet.begin(mac) == 0) {                     //开始连接网络
    Serial.println("Failed to configure Ethernet using DHCP");
    //检测以太网硬件
    if (Ethernet.hardwareStatus() == EthernetNoHardware) {
      Serial.println("Ethernet shield was not found. Sorry, can't run without hardware. :(");
      while (true) {
        delay(1);
      }
    }
    if (Ethernet.linkStatus() == LinkOFF) {
      Serial.println("Ethernet cable is not connected.");
    }
    Ethernet.begin(mac, ip, myDns);                   //配置静态 IP 地址
  } else {
    Serial.print("  DHCP assigned IP ");              //DHCP 分配 IP 地址
    Serial.println(Ethernet.localIP());
  }
  delay(1000);                                        //等待初始化
  Serial.print("connecting to ");
  Serial.print(server);
  Serial.println("...");
  if (client.connect(server, 80)) {                   //如果连接成功,报告给串口
    Serial.print("connected to ");
    Serial.println(client.remoteIP());
    //创建 HTTP 请求
    client.println("GET /search?q=arduino HTTP/1.1");
    client.println("Host: www.baidu.com");
    client.println("Connection: close");
    client.println();
  } else {
    Serial.println("connection failed");              //未连接成功
  }
  beginMicros = micros();
}
void loop() {
  int len = client.available();  //如果服务器端有可用的传入字节,请读取并打印
  if (len > 0) {
```

```
    byte buffer[80];
    if (len > 80) len = 80;
    client.read(buffer, len);
    if (printWebData) {
      Serial.write(buffer, len);                    //显示在串口监视器
    }
    byteCount = byteCount + len;
  }
  if (!client.connected()) {                        //如果服务器断开,停止客户端
    endMicros = micros();
    Serial.println();
    Serial.println("disconnecting.");
    client.stop();
    Serial.print("Received ");
    Serial.print(byteCount);
    Serial.print(" bytes in ");
    float seconds = (float)(endMicros - beginMicros) / 1000000.0;
    Serial.print(seconds, 4);
    float rate = (float)byteCount / seconds / 1000.0;
    Serial.print(", rate = ");
    Serial.print(rate);
    Serial.print(" kbytes/second");
    Serial.println();
    while (true) {
      delay(1);
    }
  }
}
```

3. Arduino 开发板作为 Web 服务器端使用

本示例中 Arduino 开发板使用以太网扩展板作为 Web 服务器端,通过计算机的浏览器进行访问,浏览器显示 Arduino 开发板模拟引脚的值,代码如下:

```
#include <SPI.h>
#include <Ethernet.h>
byte mac[] = { 0xDE, 0xAD, 0xBE, 0xEF, 0xFE, 0xED};     //MAC 地址
IPAddress ip(192,168,199,126);      //IP 地址,根据自己的路由器分配,即浏览器访问的地址
EthernetServer server(80);                              //服务器端类型定义,默认为 80 端口
void setup() {
  Serial.begin(9600);                                   //串口初始化
  while (!Serial) {
    ;
  }
  Serial.println("Ethernet WebServer Example");         //开启以太网连接服务器端
  Ethernet.begin(mac, ip);
  if (Ethernet.hardwareStatus() == EthernetNoHardware) {  //检测以太网硬件
    Serial.println("Ethernet shield was not found.  Sorry, can't run without hardware. :(");
    while (true) {
      delay(1);
    }
```

```
  }
  if (Ethernet.linkStatus() == LinkOFF) {
    Serial.println("Ethernet cable is not connected.");
  }
  server.begin();                                         //开启服务器端
  Serial.print("server is at ");
  Serial.println(Ethernet.localIP());
}
void loop() {
  EthernetClient client = server.available();            //监听客户端访问
  if (client) {
    Serial.println("new client");
    boolean currentLineIsBlank = true;                    // HTTP 请求,以空行结束
    while (client.connected()) {
      if (client.available()) {
        char c = client.read();
        Serial.write(c);
        //如果已经到达行尾(收到换行符)并且该行为空白,则 HTTP 请求已结束,可以发送回复
        if (c == '\n' && currentLineIsBlank) {
          //发送一个标准的 HTTP 响应头
          client.println("HTTP/1.1 200 OK");
          client.println("Content - Type: text/html");
          client.println("Connection: close");            //响应完成后将关闭连接
          client.println("Refresh: 5");                   //每 5s 自动刷新一次页面
          client.println();
          client.println("<!DOCTYPE HTML>");
          client.println("<html>");
          //输出每个模拟输入引脚的值
          for (int analogChannel = 0; analogChannel < 6; analogChannel++) {
            int sensorReading = analogRead(analogChannel);
            client.print("analog input ");
            client.print(analogChannel);
            client.print(" is ");
            client.print(sensorReading);
            client.println("<br />");
          }
          client.println("</html>");
          break;
        }
        if (c == '\n') {                                  //开启新的一行
          currentLineIsBlank = true;
        } else if (c != '\r') {                           //获取当前行的字符
          currentLineIsBlank = false;
        }
      }
    }
    delay(1);                                             //延时等待浏览器接收数据
    client.stop();                                        //关闭连接
    Serial.println("client disconnected");
  }
}
```

10.5
微课视频

10.5 WiFi 通信

本节内容包括 WiFi 通信原理、电路图和实验代码。

10.5.1 原理

无线网络是一种可以将 PC、手持设备等终端以无线方式互相连接的网络，事实上它是一个由高频无线电信号组成的网络。WiFi 是无线网络通信技术的典型应用，由 WiFi 联盟所有，目的是改善基于 IEEE 802.11 标准的无线网路产品之间的互通性。

当前，WiFi 已经成为工作与生活中使用最频繁的网络接入方式，在进行 Arduino 实验时，难免需要接入互联网实现功能，而前面介绍的以太网扩展板的接入方式需要接入网线，具有局限性。所以，可以使用 WiFi 功能，通过 Arduino WiFi 扩展板、ESP8266 模块配合 Arduino 开发板开发程序；或者直接使用支持 Arduino IDE 的 ESP8266 和 ESP32 开发板。本章简单介绍 Arduino WiFi 扩展板程序，重点介绍 ESP8266-01S 模块与 Arduino 开发板配合进行 WiFi 功能的开发。

1. ESP8266 WiFi 模块

ESP8266 是具有 WiFi 的硬件模块，接口丰富，可支持 UART、I2C、PWM、GPIO、ADC 等，适用于各种物联网应用场合。ESP8266 的功能包括串口透传、PWM 调控和 GPIO 控制，如图 10-13 所示。

图 10-13 ESP8266 实物图

ESP8266 模块支持 STA、AP 和 STA＋AP 三种工作模式。STA 模式：ESP8266 模块通过路由器连接互联网，手机或计算机通过互联网实现对设备的远程控制。AP 模式：ESP8266 模块作为热点，实现手机或计算机直接与模块通信，实现局域网无线控制。STA＋AP 模式：两种模式的共存，可以通过互联网控制实现无缝切换，方便操作。

应用领域包括串口 CH340 转 WiFi；工业透传 DTU；WiFi 远程监控/控制；玩具领域；LED 控制；消防、安防智能一体化管理；智能卡终端，无线 POS 机，WiFi 摄像头，手持设备等。

各引脚功能如下：TX 用于串口发送/写入；GND 为接地端；CH_PD 高电平时为可用，低电平时为关机；GPIO2 可悬空；RST 为重置，可悬空；GPIO0 上拉为工作模式，下拉为下载模式，可悬空；VCC：3.3V(不可接 5V)；RX 用于串口接收/读取。

2. AT 指令

AT 指令是应用于终端设备与 PC 应用之间的连接与通信的指令，AT 即 Attention。每个 AT 命令行中只能包含一条 AT 指令；对于 AT 指令的发送，除 AT 两个字符外，最多可以接收 1056 个字符的长度(包括最后的空字符)。

每个 AT 命令行中只能包含一条 AT 指令。对于由终端设备主动向 PC 端报告的指示或响应，也要求一行最多有一个指示或响应，不允许有多条指示或响应。AT 指令以回车作为结尾，响应或上报以回车换行为结尾，执行指令成功返回 OK。AT 指令说明如表 10-6 所示。

表 10-6　AT 指令说明

命令类型	语法格式	说　明
执行命令	AT	返回 OK，表示当前 AT 指令工作正常
设置命令	AT+CWMODE = <mode>	<mode>值：1 为 Station 模式；2 为 AP 模式；3 为 AP+Station 模式；此指令需重启后生效(AT+RST)
查询命令	AT+CWMODE?	返回当前处于哪种模式：+CWMODE:<mode>
执行命令	此指令返回 AP 列表，AT+CWLAP	+CWLAP：<ecn>,<ssid>,<rssi>[,<mode>]。<ecn>为加密方式，0 为 OPEN；1 为 WEP；2 为 WPA_PSK；3 为 WPA2_PSK；4 为 WPA_WPA2_PSK。<ssid>为接入点名称，字符串参数。<rssi>为信号强度。<mode>为连接模式，0 为手动连接，1 为自动连接
设置命令	AT+CWJAP=<ssid>,<pwd>	加入 AP 成功，则返回 OK；失败，则返回 ERROR，<ssid>为接入点名称，<pwd>为密码
查询命令	AT+CWJAP?	返回当前选择的 AP，格式为：+CWJAP:<ssid>
执行命令	AT+CWQAP	退出接入点，OK 表示成功退出
测试命令	AT+CWQAP=?	查询是否支持该命令，OK 表示支持
设置命令	AT+CWSAP=<ssid>,<pwd>,<chl>,<ecn>	设置 AP 模式下的参数，<chl>为通道号
查询命令	AT+CWSAP?	查询当前 AP 参数
设置命令	建立 TCP/UDP 连接 单路连接(AT+CIPMUX=0)： 多路连接(AT+CIPMUX=1) AT+CIPSTART=<id>,<type>,<addr>,<port>	<id>表示连接序号，序号为 0～4，0 号连接客户端或服务器端，其他 ID 只能用于连接远程服务器。<type>为连接类型，为 TCP/UDP。<addr>为远程服务器端 IP 地址，字符串型。<port>为远程服务器端口号
执行命令	AT+CIPSTATUS	分为单路连接(AT+CIPMUX=0)、多路连接 (AT+CIPMUX=1)和服务器端
测试命令	AT+CIPSTATUS=?	返回 OK
设置命令	AT+CIPMUX=<mode>	0 为单连接模式，1 为多连接模式
查询命令	AT+CIPMUX?	格式为：+CIPMUX:<mode>，查询当前是否处在多连接模式
设置命令	单路连接： AT+CIPCLOSE=<id> 多路连接时： AT+CIPCLOSE=<n>[,<id>]	关闭 TCP/UDP 连接，<ID>为关闭模式，0 为慢关(默认值)，1 为快关。<n>整数，表示连接序号，序号为 0～7
执行命令	AT+CIPCLOSE	如果关闭成功，则返回 OK；失败，则返回 ERROR

续表

命令类型	语法格式	说　明
测试命令	AT+CIPCLOSE?	返回 OK
执行命令	AT+CIFSR	获取本地 IP 地址
测试命令	AT+CIFSR=?	响应 OK
设置命令	设置 TCP/IP 应用模式： AT+CIPMODE=<mode>	<mode>为 TCP/IP 应用模式，0 为非透明传输模式，默认模式；1 为透明传输模式
查询命令	AT+CIPMODE?	选择 TCPIP 应用模式，+CIPMODE：<mode>
设置命令	AT+CIOBAUD=<rate>	设置波特率<rate>为所有串口可用速率
查询命令	AT+GMR	查看版本信息
执行命令	AT+RST	重启模块

10.5.2 电路图

如果使用 Arduino WiFi 扩展板，其安装非常简单，按照规定的方向插在 Arduino 开发板上即可。本示例的电路针对 ESP8266 模块，需要的元器件包括 Arduino 开发板、USB 连接线、ESP8266 模块和蜂鸣器。电路连线关系如表 10-7 所示，电路如图 10-14 所示。注意，如果使用 ESP8266-01 模块，在 CH_PD 引脚串联 10kΩ 电阻再连接 3.3V 电源；ESP8266-01S 模块直接连接 3.3V 电源即可。

表 10-7　Arduino 开发板与元器件连线关系

Arduino UNO 开发板	ESP8266	蜂鸣器
1(TX1)	TX	
GND	GND	
3.3V	CH_PD	
—	GPIO2	
—	RST	
—	GPIO0	
3.3V	VCC	
0 (RX0)	RX	
11		+
GND		—

10.5.3 实验代码

本节内容包括通过 Arduino WiFi 扩展板连接一个没有密码的无线网、ESP8266 通过软件串口通信和使用 ESP8266 控制蜂鸣器的实验代码。

1. 通过 Arduino WiFi 扩展板连接一个没有密码的无线网

WiFi.h 库文件为 Arduino IDE 的自带库文件，本示例为 Arduino 扩展板的官方示例，通过 Arduino WiFi 扩展板连接一个没有密码的无线网，程序如下：

```
#include <WiFi.h>
char ssid[] = "yourNetwork";                    //网络的名称
```

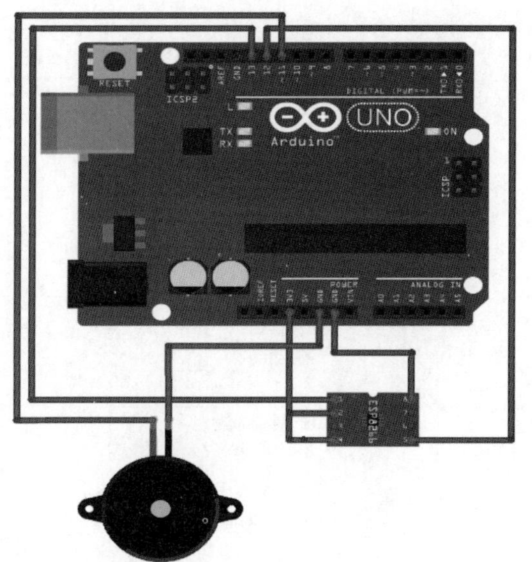

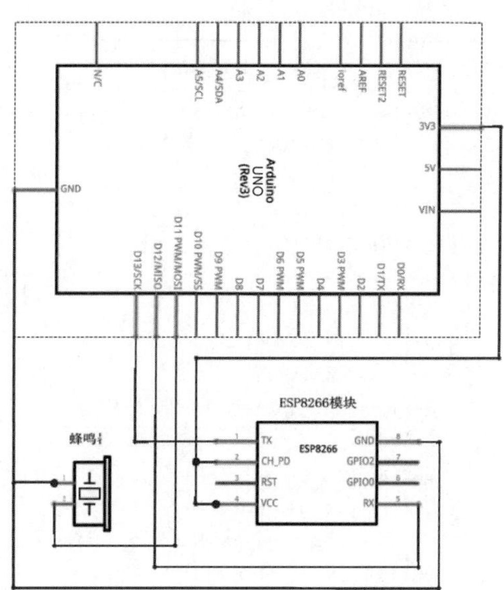

图 10-14 WiFi 示例电路

```
int status = WL_IDLE_STATUS;                            //WiFi 状态
void setup() {
  Serial.begin(9600);                                   //初始化串口并且等待端口打开
  while (!Serial) {
    ;                                                   //等待串口连接
  }
  if (WiFi.status() == WL_NO_SHIELD) {                  //检测插板的连接
    Serial.println("WiFi shield not present");
    while(true);                                        //当插板没有连接上,不再继续
  }
  while ( status != WL_CONNECTED) {                     //尝试连接 WiFi 网络
    Serial.print("Attempting to connect to open SSID: ");
    Serial.println(ssid);
    status = WiFi.begin(ssid);
    delay(10000);                                       //等待 10s 再连接
  }
  Serial.print("You're connected to the network");      //已连接上,打印出数据
  printCurrentNet();
  printWifiData();
}
void loop() {
  delay(10000);                                         //当超过 10s 时检查网络连接
  printCurrentNet();
}
void printWifiData() {
  IPAddress ip = WiFi.localIP();                        //打印 WiFi 插板的 IP 地址
  Serial.print("IP Address: ");
  Serial.println(ip);
  Serial.println(ip);
  byte mac[6];                                          //打印 MAC 地址
```

```
  WiFi.macAddress(mac);
  Serial.print("MAC address: ");
  Serial.print(mac[5],HEX);
  Serial.print(":");
  Serial.print(mac[4],HEX);
  Serial.print(":");
  Serial.print(mac[3],HEX);
  Serial.print(":");
  Serial.print(mac[2],HEX);
  Serial.print(":");
  Serial.print(mac[1],HEX);
  Serial.print(":");
  Serial.println(mac[0],HEX);
  IPAddress subnet = WiFi.subnetMask();                //打印子网掩码
  Serial.print("NetMask: ");
  Serial.println(subnet);
  IPAddress gateway = WiFi.gatewayIP();                //打印网关地址
  Serial.print("Gateway: ");
  Serial.println(gateway);
}
void printCurrentNet() {
  Serial.print("SSID: ");                              //打印所连接无线网络的 SSID
  Serial.println(WiFi.SSID());
  byte bssid[6];                                       //打印所连接硬件的 MAC 地址
  WiFi.BSSID(bssid);
  Serial.print("BSSID: ");
  Serial.print(bssid[5],HEX);
  Serial.print(":");
  Serial.print(bssid[4],HEX);
  Serial.print(":");
  Serial.print(bssid[3],HEX);
  Serial.print(":");
  Serial.print(bssid[2],HEX);
  Serial.print(":");
  Serial.print(bssid[1],HEX);
  Serial.print(":");
  Serial.println(bssid[0],HEX);
  long rssi = WiFi.RSSI();                             //打印信号强度
  Serial.print("signal strength (RSSI):");
  Serial.println(rssi);
  byte encryption = WiFi.encryptionType();             //打印密钥类型
  Serial.print("Encryption Type:");
  Serial.println(encryption,HEX);
}
```

2. ESP8266 通过软件串口通信

本示例实现 ESP8266 的 WiFi 软件串口通信功能，通过 AT 指令测试模块的功能，为后续的应用打下基础，ESP8266 串口的默认通信速率为 115200 波特，程序中硬件串口监视器选择 115200 波特，同时串口监视器的最下方选择“NL 和 CR”，在最上方发送 AT 指令，如图 10-15 所示。

图 10-15 ESP8266 通信串口监视器参数选择

```
#include <SoftwareSerial.h>
SoftwareSerial mySerial(13, 12);                    //软件串口的 RX, TX
void setup() {
  Serial.begin(115200);                             //开启硬件串口
  while (!Serial) {
    ;
  }
  Serial.println("Hello World!");
  mySerial.begin(115200);                           //开启软件串口
  mySerial.println("AT");
}
void loop() {
  if (mySerial.available()) {
    Serial.write(mySerial.read());                  //软件串口读取的值发送给硬件串口
  }
  if (Serial.available()) {
    mySerial.write(Serial.read());                  //硬件串口读取的值发送给软件串口
  }
}
```

3. 使用 ESP8266 控制蜂鸣器

在开始实验之前，需要在手机或者带有 WiFi 的计算机上安装网络调试助手。程序烧录之后，Arduino 开发板实现 TCP 服务器端功能，通过在串口监视器发送“AT+CIFSR”命令获取服务器端的地址，以便手机或者带有 WiFi 的计算机的 TCP 客户端使用。

ESP8266 产生 WiFi 接入点，一般以“ESP”或者“AI-Thinker”开头，本示例没有设置密码，手机或者带有 WiFi 的计算机可以直接连接。网络调试助手使用 TCP 客户端连接，端口为 80，发送以“a”结尾的字符，蜂鸣器鸣响；发送以“b”结尾的字符，则蜂鸣器停止鸣响。代码如下：

```
#include <SoftwareSerial.h>
SoftwareSerial mySerial(13, 12);
//定义软件串口,数字引脚 13 为接收,数字引脚 12 为发送
String comdata;
int buzz = 11;                              //数字引脚 11 连接蜂鸣器
void echo(){                                //定义回显函数,以便在串口监视器上显示
  delay(50);
```

```
  while (mySerial.available()) {
    Serial.write(mySerial.read());
  }
}
void setup() {
  pinMode(buzz,OUTPUT);
  Serial.begin(115200);
  while (!Serial) {
      ;
  }
  Serial.println("Hello World");
  mySerial.begin(115200);
  mySerial.println("AT+RST");                //初始化重启一次 ESP8266
  delay(1500);
  echo();
  mySerial.println("AT");                    //测试 AT 指令
  echo();
  delay(500);
  mySerial.println("AT+GMR");                //查询版本
  echo();
  delay(500);
  mySerial.println("AT+CWMODE=2");           //设置工作模式为 AP 模式
  echo();
  delay(500);
  mySerial.println("AT+CIPMUX=1");           //启用多连接
  echo();
  delay(500);
  mySerial.println("AT+CIPSERVER=1,80");     //启动 TCP 服务器端,IP 地址为默认,端口为 80
  echo();
  delay(1000);
}
void loop() {
    while (mySerial.available() > 0)
    {
        comdata += char(mySerial.read());    //读取手机或者计算机发送的字符
        delay(2);
    }
    if (comdata.length() > 0)
    {
        comdata.trim();
        Serial.println(comdata);
        if (comdata.endsWith("a")){          //判断字符,以"a"结尾则鸣响
          digitalWrite(buzz,HIGH);
          Serial.println("Buzz ON");
        }
        if (comdata.endsWith("b")){          //判断字符,以"b"结尾则停止
          digitalWrite(buzz,LOW);
          Serial.println("Buzz OFF");
        }
        comdata = "";
    }
```

```
    if (Serial.available()) {
    mySerial.write(Serial.read());          //读取硬件串口的数据
    }
}
```

10.6 蓝牙通信

10.6
微课视频

本节内容包括蓝牙通信原理、电路图和实验代码。

10.6.1 原理

蓝牙是一种支持设备短距离通信(一般十几米)的无线电技术,能在移动电话、PDA、无线耳机、相关外设之间进行无线信息交换。利用蓝牙技术,能够有效地简化移动通信终端设备之间的通信,也能够简化设备与因特网之间的通信,从而使数据传输变得更加迅速高效。蓝牙采用分散式网络结构以及快跳频和短包技术,支持点对点及点对多点通信,工作在全球通用的 2.4GHz ISM(工业、科学、医学)频段。其数据速率为 1Mb/s,采用时分双工传输方案实现全双工传输。

蓝牙技术使用高速跳频和时分多址技术,在近距离内低成本地将几台数字化设备(各种移动设备、固定通信设备、计算机及其终端设备、各种数字数据系统)呈网状连接。蓝牙技术是网络中各种外围设备接口的统一桥梁,它省去了设备之间的连线,取而代之以无线方式连接。

1. HC-05/HC-06 模块

目前,与 Arduino 开发板配合使用的蓝牙模块,比较流行的有 HC-05 和 HC-06,其实物如图 10-16 所示。HC-05 可以采取主从切换模式,HC-06 虽然可以做主机也可以做从机,但是不能切换。在外观上,HC-05 模块一般有 6 个引脚,分别是 STATE、RXD、TXD、GND、VCC 和 EN,并在 EN 引脚附近有一个按键,用于进入 AT 设置模式;HC-06 模块只有中间四个引出引脚。

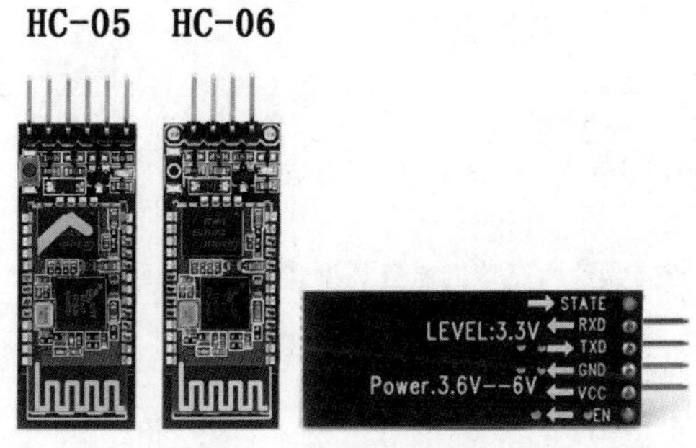

图 10-16 蓝牙模块实物

HC-06 默认为从机,从机能与各种带蓝牙功能的计算机、蓝牙主机、大部分带蓝牙的手机、PDA、PSP 等智能终端配对,从机之间不能配对。蓝牙连接以后自动切换到透传模式,HC-05/06 的配对初始密码为 1234,配对以后当作全双工串口使用,无须了解任何蓝牙协议,但仅支持 8 位数据位、1 位停止位、无奇偶校验的通信格式,不支持其他格式。

2. 蓝牙 AT 指令

通过蓝牙模块 AT 指令，可以设置模块的不同工作状态和功能，主要 AT 指令如表 10-8 所示。

表 10-8 蓝牙模块主要 AT 指令

指令功能	HC-05 指令	HC-06 指令
测试指令	发送：AT 响应：OK	发送：AT；响应：OK
模块复位	发送：AT+RESET 响应：OK	
获取版本号	发送：AT+VERSION? 响应：+VERSION：<Param>OK	
恢复默认状态	发送：AT+ORGL，响应：OK	
获取模块蓝牙地址	发送：AT+ADDR? 响应：+ADDR：<Param>OK	
设置/查询设备名称	发送：AT+NAME=<Param> 响应：OK 发送：AT+NAME? 响应：+NAME:<Param>，OK 为成功；FAIL 为失败	发送：AT+NAMEname 响应：OKname
获取远程蓝牙设备名称	发送：AT+RNAME?<Param1> 响应：+NAME:<Param2>，OK 为成功；FAIL 为失败	
设置模块角色	发送：AT+ROLE=<Param> 响应：OK	发送：AT+ROLE=M，主机模式 响应：OK+ROLE：M 发送：AT+ROLE=S，从机模式 响应：OK+ROLE：S
查询模块角色	发送：AT+ ROLE? 响应：+ ROLE:<Param>OK。0 为从机，1 为主机，2 为回环，默认值为 0	
设置设备类	发送：AT+CLASS=<Param> 响应：OK	
查询设备类	发送：AT+ CLASS? 响应：+CLASS:<Param>，OK 为成功；FAIL 为失败 Param：设备类以及所支持的服务类型，默认值为 0	
设备查询访问码	发送：AT+IAC=<Param> 响应：OK 为成功，FAIL 为失败	
查询访问码	发送：AT+ IAC? 响应：+IAC：<Param>OK	
设置/查询-配对码	发送：AT+PSWD=<Param> 响应：OK 发送：AT+ PSWD? 响应：+ PSWD：<Param>OK，Param 为配对码，默认为 1234	发送：AT+PINxxx 响应：OKsetpin

续表

指令功能	HC-05 指令	HC-06 指令
设置/查询串口参数	发送：AT+UART=< Param >,< Param2 > 响应：OK 发送：AT+ UART? 响应：+ UART=< Param >,< Param2 >,OK	发送：AT+BAUD(1、2、3、4) 响应：OK。1 为 1200；2 为 2400；3 为 4800；4 为 9600(默认)；8 为 115200 等
设置/查询连接模式	发送：AT+CMODE=< Param > 响应：OK 发送：AT+ CMODE? 响应：+ CMODE:< Param > OK，Param：0 为指定蓝牙地址连接模式，1 为任意蓝牙地址连接模式，2 为回环，默认连接模式为 0	
从蓝牙配对列表中删除指定认证设备	发送：AT+PMSAD=< Param >(蓝牙地址) 响应：OK	
从蓝牙配对列表中删除所有认证设备	发送：AT+RMAAD 响应：OK	
获取蓝牙工作状态	发送：AT+STATE; 响应：+ STATE：< Param > OK	
查询蓝牙设备	发送：AT+INQ 响应：+INQ：< Param1 >,< Param2 > <> OK，Param1 为蓝牙地址，Param2 为设备类，Param3 为 RSSI 信号强度	

针对 HC-05 模块，按住引脚附近的按键并通电，蓝牙模块 LED 慢闪(不按快闪)进入 AT 模式，速率为 38400，发送 AT 命令时，需要在 Arduino IDE 的串口监视器下方设置加回车换行符。

HC-06 通电以后蓝牙 LED 快闪，此时开启 AT 模式，串口波特率为 9600，发送 AT 命令的时候，Arduino IDE 的串口监视器下方设置不加回车换行符。HC-06 在未建立与其他设备建立蓝牙连接时，支持通过 AT 指令设置波特率、名称、配对密码，设置的参数断电保存。LED 指示蓝牙连接状态，闪烁表示没有蓝牙连接，常亮表示蓝牙已经与手机连接并打开了端口。

10.6.2 电路图

蓝牙模块的 TXD 为发送端，正常通信必须接另一个设备的 RXD 引脚。RXD 为接收端，正常通信必须接另一个设备的 TXD 引脚。为了测试模块是否正常工作，可以将蓝牙模块的 TXD 引脚和 RXD 引脚通过跳线直接连接，实现自收自发，也就是自己接收自己发送的数据，用来测试本身的发送和接收是否正常，这是最快最简单的测试方法，当出现问题时首先测试是否是模块的故障，也称回环测试。

本示例需要的元器件包括 Arduino 开发板、USB 连接线、导线、HC-06 模块和 LED。硬件串口通信电路连线如表 10-9 所示，电路如图 10-17 所示；软件串口通信电路连接如表 10-10 所示，电路如图 10-18 所示。

表 10-9 硬件串口通信电路连线

Arduino 开发板	HC-06	Arduino 开发板	HC-06
0	TXD	5V	VCC
1	RXD	GND	GND

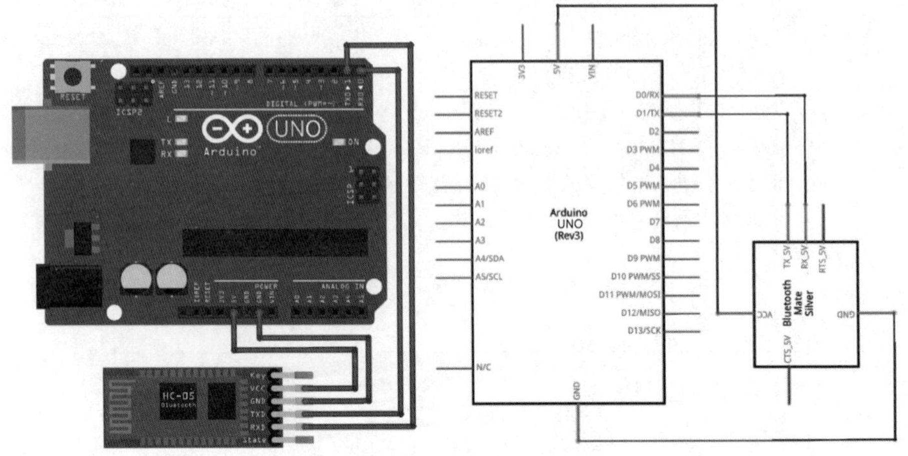

图 10-17 蓝牙硬件串口通信电路

表 10-10 软件串口通信电路连线

Arduino 开发板	HC-06	Arduino 开发板	HC-06
8	TXD	5V	VCC
9	RXD	GND	GND

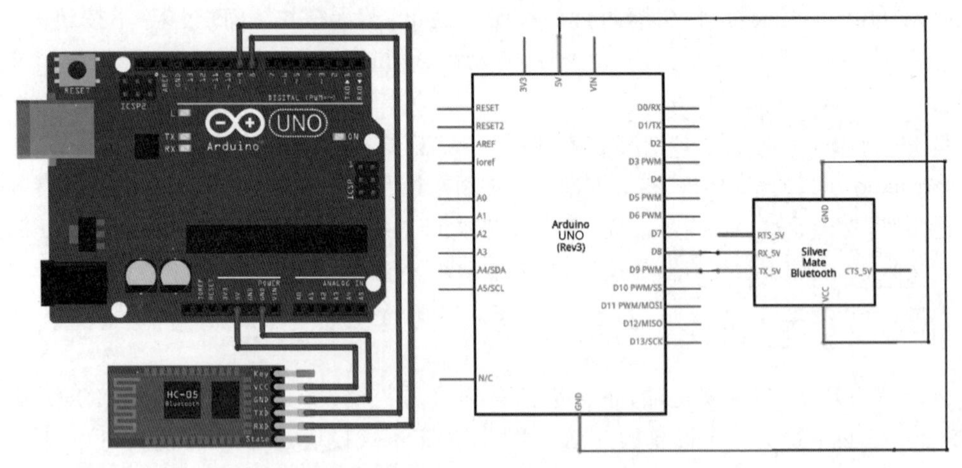

图 10-18 蓝牙软件串口通信电路

10.6.3 实验代码

1. 硬件串口控制 LED 示例

由于 Arduino 开发板使用硬件串口与 Arduino IDE 通信，使用硬件串口的蓝牙或者其他设备会引起冲突。因此，在烧录代码前，先将连接在 Arduino 开发板数字引脚 0 和 1 的导线拔掉，烧录程序完成后再连接导线。

本示例通过串口监视器和蓝牙串口 App 控制 Arduino 开发板上 LED 的亮灭。使用串口监视器进行控制：发送“q”，串口监视器返回“LED ON!”，看到板载 LED 打开；发送“w”，串口监视器返回“LED OFF!”，看到板载 LED 关闭。

```
char val;
int ledpin = 13;
void setup()
{
  Serial.begin(9600);
  pinMode(ledpin,OUTPUT);
}
void loop()
{
  val = Serial.read();
  if(val == 'q')
  {
    digitalWrite(ledpin,HIGH);
    Serial.println("LED ON!");
  }else if(val == 'w'){
    digitalWrite(ledpin,LOW);
Serial.println("LED OFF!");
  }
}
```

2. 软件串口 AT 指令示例

由于蓝牙或者其他设备使用硬件串口与 Arduino IDE 使用硬件串口烧录程序冲突，本示例实现蓝牙软件串口通信，并通过串口监视器测试 AT 指令的功能；另外，可以通过蓝牙串口助手 App 发送消息，显示在 Arduino IDE 的串口监视器上，代码如下：

```
#include <SoftwareSerial.h>
//使用软件串口,数字引脚模拟成软件串口
SoftwareSerial BT(8, 9);                //新建对象,接收数字引脚为 8,发送数字引脚为 9
void setup() {
  Serial.begin(9600);                   //与硬件串口连接
  Serial.println("BT is ready!");
  BT.begin(9600);                       //设置软件串口的波特率
}
void loop() {
   if (BT.available()) {
   Serial.write(BT.read());             //软件串口读取的值发送给硬件串口
  }
  if (Serial.available()) {
   BT.write(Serial.read());             //硬件串口读取的值发送给软件串口
  }
}
```

3. 软件串口控制 LED

本示例通过软件串口，控制 Arduino 板载 LED 的亮灭，代码如下：

```
#include <SoftwareSerial.h>
//使用软件串口,数字引脚模拟成软件串口
SoftwareSerial BT(8, 9);                    //新建对象,接收数字引脚为8,发送数字引脚为9
char val;                                   //存储接收的变量
int ledpin = 13;
void setup() {
  Serial.begin(9600);                       //与硬件串口连接
  Serial.println("BT is ready!");
  pinMode(ledpin,OUTPUT);
  BT.begin(9600);                           //设置软件串口的波特率
}
void loop() {
  //如果接收到蓝牙模块的数据,则输出到串口监视器
  if (BT.available()) {
   val = BT.read();
   Serial.print(val);
     if(val == 'q') {                       //收到q,点亮LED
        digitalWrite(ledpin,HIGH);
        Serial.println("LED ON!");
        }else if(val == 'w'){               //收到w,熄灭LED
          digitalWrite(ledpin,LOW);
          Serial.println("LED OFF!");
          BT.print(val);
          }
     }
}
```

本章习题

1. 如何通过红外遥控一个LED?请给出元器件、电路图和程序代码。

2. 如何通过W5100实现初始化以太网库和网络设置?

3. 如何通过W5100获取以太网扩展板的IP地址?

4. 如何使用Arduino开发板进入AT模式进行蓝牙基本参数的设置?请给出电路图和程序代码。

5. 如何使用Arduino WiFi扩展板实现扫描当前可用的WiFi网络?

6. 如何使用Arduino WiFi扩展板实现连接目标WiFi网络?